渐开线圆柱齿轮传动智能设计及啮合仿真分析

李学艺　曾庆良　江守波　著

科学出版社

北　京

内 容 简 介

渐开线圆柱齿轮传动是机械设备中最常用、最典型的传动形式,其设计制造的智能化水平对实现现代机械产品开发的智能化具有至关重要的作用。本书对渐开线圆柱齿轮传动的智能设计与啮合仿真分析技术进行了系统研究与实现。首先根据齿轮传动原理实现了渐开线圆柱齿轮传动的参数化初步设计及强度校核,然后基于精确的边界约束对齿轮传动进行了结构优化,并对齿轮变位系数的优选进行了探讨。为了对圆柱齿轮传动的啮合性能及强度进行精确分析,利用现代 CAD 与 CAE 技术,在 ANSYS 平台下实现了圆柱齿轮传动的参数化有限元建模与啮合仿真分析,有效获取了齿轮传动过程中任意啮合位置的啮合特性,为齿轮疲劳寿命分析及进一步优化提供依据。

本书可作为高等院校机械类专业研究生和教师的参考书或教材,也适于机械传动尤其是齿轮传动相关领域的科研技术人员阅读,还可供从事数字化设计与仿真分析的高校师生及技术人员参考。

图书在版编目(CIP)数据

渐开线圆柱齿轮传动智能设计及啮合仿真分析/李学艺,曾庆良,江守波著.
—北京:科学出版社,2016
ISBN 978-7-03-048807-7

Ⅰ. 渐… Ⅱ. ①李…②曾…③江… Ⅲ. 圆柱齿轮-齿轮传动-智能设计
Ⅳ. TH132.417

中国版本图书馆 CIP 数据核字(2016)第 132917 号

责任编辑:裴 育 / 责任校对:郭瑞芝
责任印制:赵 博 / 封面设计:蓝正设计

科 学 出 版 社 出版
北京东黄城根北街 16 号
邮政编码: 100717
http://www.sciencep.com
三河市骏杰印刷有限公司印刷
科学出版社发行 各地新华书店经销
*
2016 年 6 月第 一 版 开本:720×1000 B5
2024 年 7 月第八次印刷 印张:14 1/4
字数:287 000

定价:118.00元

(如有印装质量问题,我社负责调换)

前　　言

齿轮机构是各种机械设备中应用最广的动力和运动传动装置之一，并且通常是这些设备的关键部件，其工作性能与寿命直接影响设备的整机性能与寿命。与其他常用机构相比，齿轮机构结构复杂、制造和安装精度要求高、受工作环境的影响大，其结构设计及优化问题一直是机械制造领域的难点问题。随着现代科技的迅猛发展和先进制造技术的持续进步，机械产品的开发向轻量化、智能化和柔性化方向发展，制造企业和相关技术人员必须快速响应市场需求，及时高效地提供高性能、长寿命、低成本、易维护的具有市场竞争力的产品。渐开线圆柱齿轮传动作为最常用、最典型的齿轮传动机构之一，其设计制造的智能化水平对机械产品开发的智能化发展具有至关重要的作用。随着先进制造工艺和制造装备的不断发展，渐开线圆柱齿轮传动的制造工艺与装备取得了长足的进步，但是受其结构及工作性能复杂性的影响，在设计方法和手段方面仍相对滞后，目前仍以传统的经验设计作为主要设计手段，不能适应当前产品开发智能化、轻量化发展的要求，因此提高渐开线圆柱齿轮传动的智能化设计水平是制造业智能化、信息化发展的必然要求。计算机仿真技术和有限元技术的快速发展与广泛应用有效弥补了传统机械设计方法难以精确分析复杂外形零件受载、变形等工作特性的缺陷，为齿轮等复杂产品零件的设计计算与仿真分析提供了行之有效的工具。

本书结合传统齿轮设计方法的快捷性与有限元仿真分析的准确性对渐开线圆柱齿轮传动的智能化设计与啮合仿真分析方法进行研究，并在此基础上开发渐开线圆柱齿轮智能设计及面向 ANSYS 平台的仿真分析系统。该系统利用经典齿轮设计理论可实现渐开线圆柱齿轮传动的参数化初步设计与强度校核计算、基于精确边界约束的齿轮结构优化和齿轮变位系数的优选；然后结合 ANSYS 软件的瞬态仿真分析功能与静接触分析功能，对设计的渐开线圆柱齿轮副进行参数化瞬态啮合分析与静接触分析，有效获取齿轮副在任意啮合位置的载荷、应力、应变等啮合特性参数及相应的变化规律，为齿轮副的精确疲劳寿命分析与进一步结构优化提供可靠的保证。本书的主要素材是作者及课题组成员近十年研究积累的成果，主要内容源于多个纵向科研项目和企业委托项目。相关技术已在企业进行了应用实践，并取得了良好的效果，部分关键技术已先后在国内外多个高水平学术期刊上发表，得到了行业内专家的认可。

山东科技大学万丽荣教授、钟佩思教授、张鑫教授、王全为教授、丁淑辉副教授、王成龙副教授、魏军英讲师和王亮讲师为本书的撰写提供了技术指导。已毕业的硕士研究生李超超、李三帅和王权参与了本书相关课题的研究，书中包含他们的部分研究成果。在读研究生吕永刚、王宁宁、张庆雪、韩文广、赵丹丹和崔燕芳参与了部分章节的编写与文字整理工作。中国煤炭科工集团太原研究院有限公司王步康副总经理、天地科技股份有限公司黄学文研究员、中国计量科学研究院力学与声学计量科学研究所王金涛副研究员为本书相关成果的获取提供了大量帮助。

本书的研究成果是在国家自然科学基金(51375282)、泰山学者建设工程专项经费、山东省自然科学基金(ZR2015EM017、ZR2014EEM021)、山东省科技发展计划课题(2014GGX103043)、山东科技大学领军人才发展计划的资助下取得的。同时，科学出版社为本书出版提供了支持。作者向所有对本书出版提供了帮助的朋友和单位表示诚挚的感谢。

在本书撰写的过程中，参考了国内外专家和同行的大量论文、著作，在此表示感谢。除所列主要参考文献之外，书中还参考了网络等媒体上的文献资料，由于有些资料来源无法考证，难以指明其准确出处，在此一并向这些文献作者表示衷心的感谢。

限于作者水平，书中难免存在不妥之处，恳请读者批评指正。

目　　录

第1章　概　　述

1.1　渐开线圆柱齿轮传动及其应用特点

齿轮传动是机械传动中最重要的传动形式之一，具有效率高、工作性能可靠、传动比稳定等特点，其传递的功率可高达数十万千瓦[1]，因此被广泛应用于各种减速器和机械传动系统。齿轮传动形式多样，按照齿轮结构的不同，可分为圆柱齿轮传动、锥齿轮传动、非圆齿轮传动等，其中圆柱齿轮传动由于结构形式简单、设计制造相对容易，在各种机械装置中应用最为广泛。齿轮啮合传动是通过啮合齿轮的共轭齿廓来实现的，为了保证齿轮传动的准确性与运动平稳性，齿廓曲线的设计不仅要满足传动比的要求，还需综合考虑其承载能力的高低、加工制造的难易以及对中心距偏差的敏感性等因素。对于定传动比齿轮而言，齿廓曲线可采用渐开线、摆线、抛物线、圆弧和余弦曲线等，综合考虑上述各种因素，渐开线齿形比其他齿形具有更多的优点，如传动比恒定不变、中心距变动不影响传动比、渐开线齿廓之间的正压力方向不变等，因此渐开线齿轮在生产中得到了最为广泛的应用[2]。

渐开线圆柱齿轮传动分为渐开线直齿圆柱齿轮传动与渐开线斜齿圆柱齿轮传动。直齿圆柱齿轮端面齿廓为渐开线，在支撑轴无变形的理想条件下为全齿宽啮合，实际承载时受轴与齿轮的变形、齿轮副在轴上不对称布置等因素的影响，直齿圆柱齿轮传动在齿宽方向会产生偏载，无法实现全齿宽啮合，严重影响承载能力与齿轮寿命。此外，直齿圆柱齿轮啮合传动时，接触线与轴向平行，受载时轮齿同时进入和脱离啮合，导致传动平稳性差，冲击、振动和噪声较大。斜齿圆柱齿轮传动有效地克服了直齿圆柱齿轮的上述缺点，其法截面齿廓为渐开线，啮合传动时接触线与齿轮轴线有交角，齿轮轮齿沿齿向逐渐进入和脱离啮合，所受载荷是逐渐加上且逐渐卸掉的，与直齿圆柱齿轮相比，传动平稳，冲击、振动和噪声较小，因此在承载能力和运动平稳性要求较高的场合，多采用斜齿圆柱齿轮传动。

标准圆柱齿轮传动虽具有设计简单、互换性好等优点，但也有一些不足之处，如齿轮齿数少于某特定齿数时会发生根切现象、实际中心距不等于标准中心距时无法安装或侧隙过大、一对啮合齿轮中大小齿轮的承载能力与寿命相差较大等。为了改善标准齿轮的上述不足，须对标准齿轮进行必要的修正，目前采用最广泛的是变位修正法。齿轮变位是通过改变齿轮加工刀具与轮坯的相对位置来实现的，刀具远离轮坯中心，加工的齿轮为正变位齿轮。反之，若刀具趋近轮坯中心，加工的齿轮为负变位齿轮。与标准齿轮相比，变位齿轮的分度圆、基圆与齿距均不变，但齿厚、齿槽宽、齿廓曲线的工作段、齿顶高、齿根高等都发生了变化。齿轮变位修正的程度取决于变位系数，若两啮合齿轮的变位系数均为零，则为标准齿轮传动；若两齿轮的变位系数符号相反且大小相等，则为等变位齿轮传动；若两齿轮变位系数之和不等于零，则为不等变位齿轮传动。通过变位修正法制造渐开线圆柱齿轮，不仅可以避免根切现象，还可以配凑中心距、提高齿轮副的承载能力和缩小机构的结构尺寸，并且不会增加加工制造的难度，因此变位齿轮传动在各种机械中得到了广泛的应用。

目前机械产品的开发向轻量化、智能化和集成化方向发展，需要设计人员快速把握市场的需求，及时地推出适合市场需要、充满竞争力的新产品。渐开线圆柱齿轮传动作为一种典型的齿轮传动机构，其设计制造在现代机械产品开发中占有十分重要的地位。随着制造技术的不断发展，渐开线圆柱齿轮传动的制造工艺与装备已相对比较成熟。但受其结构及工作性能复杂性的影响，其设计技术多年来相对滞后，仍以传统的经验设计法为主要设计手段，难以满足当前制造业智能化、轻量化发展的要求，因此提高齿轮传动机构的智能化设计水平已成为制造业必须面对和解决的重要技术内容。渐开线圆柱齿轮传动的智能设计涉及机械传动、材料力学、计算机仿真和有限元等多个技术领域，是一项复杂的系统工程，要实现其智能化设计，须解决两大技术问题，即渐开线圆柱齿轮传动参数化设计及优化技术和渐开线圆柱齿轮传动仿真分析技术。

1.2　渐开线圆柱齿轮传动参数化设计及优化技术

1.2.1　渐开线圆柱齿轮传动参数化设计

与大多数机械零件相比，齿轮机构的设计比较复杂，不仅涉及齿数、压力角、中心距等数十个结构参数，还需考虑载荷、工作环境等工况参数，设计过程中需同时满足齿根弯曲、齿面接触等多种强度准则，计算量大且需要使用大量的经验公式，因此采用传统的手工设计方法过程繁杂、效率低、不适于后续的改进与结构优化。多年来，国内外许多学者与工程技术人员基于不同的应用平台和编程环境，对渐开线圆柱齿轮传动的数字化设计及智能技术进行了大量研究，尤其是在参数化设计与校核方面取得了大量研究成果。南京航空航天大学李迪[3]根据齿轮强度计算的国家标准，在 MATLAB 环境下分别实现了行星齿轮齿面接触强度、齿根弯曲强度校核的计算，并开发了齿轮强度计算模块。合肥工业大学黄康等[4]利用 C 语言开发了齿轮强度计算数据库，对涉及齿轮强度计算的表格、线图实现了规范化管理，并基于该数据库结合 CAD 技术开发了齿轮传动设计系统，可根据设计数据自动生成工程图。王英姿等[5]对齿轮传动参数化设计过程中的数据处理问题以及系统构建问题进行了研究，对设计过程中的数表处理、线图的表达、设计参数的圆整处理等内容进行了研究与实现，最后在 Visual Basic(VB)环境下开发出了齿轮传动参数化设计系统，有效提高了齿轮设计效率。强增、陈定方、殷国富、翁妙凤等先后对齿轮传动设计专家系统进行了研究和开发，解决了专家系统知识库、数据库、推理机制策略构建等诸多关键问题，实现了齿轮传动的方案自动设计、强度自动校核等功能[6-9]。肖志信、朱学凯、贺艳、于春丽等先后在 VB 集成开发环境下，基于参数化、模块化设计思想，实现了齿轮传动设计中各种表格和线图的查询与提取，开发了具有良好人机界面的齿轮传动设计系统，有效提高了设计效率与质量，大大降低了设计工作中的数据查阅及计算强度[10-13]。罗斐[14]分析了齿轮传动设计过程中图表数据的特点，提出了对国家标准和设计手册中的相关数据、公式、表格、曲线进行程序化处理的有效方法。太原理工大学刘晓洁[15]基于齿轮传动的快速设计理论、方法和技术，以 Access 作为数据库，同样在 VB 环境下开发了齿轮传动比优化分配模块，可以根据用户的需求自动选择齿轮传动类型及几何参数，并通过后续的三维建模处理，实现了渐开线齿轮设计、校核、建模及装配的一体化。在齿轮系统开发及应用方面，郑州机械研究所以渐开线圆柱齿轮减速器为研究对象，经过多年的研究，自主开发了齿轮传动参数化设计系统，该系统不仅可以实现齿轮参数的设计与计算，还具有计算机绘图功能，为减速器的设计和生产提供了高效、可靠的工具[16]。此外，南京华强时代软件工程有限公司采用国内外最新标准，结合国内外齿轮最新研究成果和实践经验开发的渐开线圆柱齿轮设计专家系统，具有原始设计、精度计算、强度校核及齿轮测绘等功能模块。由于 VB 编程相对于其他软件开发语言具有简单、易用、高效等特点，对开发人员的编程技能要求较低，所以上述齿轮传动设计系统绝大多数是基于 VB 开发的。国外对齿轮传动参数化设计的研究起步较早，已开发了许多成熟的参数化设计软件。瑞士 KISSsoft 公司开发的 KISSsoft 齿轮设计软件是一款享誉全球的齿轮设计、齿轮传动系统设计及轴和轴承设计的专业软件工具，也是世界上功能最强、覆盖面最宽、技术最深、实用性最强，集传动系统选配、设计与开发为一体的大型专业软件，其专业领域包括风电齿轮箱、汽车变速箱及机械工业齿轮箱等，应用于汽车、航空航天、船舶、工程机械、农业机车、风力工业等领域。英国 Romax 公司开发的 Romax Designer 软件主要用于齿轮传动系统虚拟样机的设计和分析，在传动系统设计领域享有盛名，能完成包括圆柱齿轮传动在内的各种齿轮传动系统的设计分析，包括平行轴传动系、相交轴传动系、行星齿轮传动系的解决方案，覆盖了从概念设计，部件强度、可靠性等具体设计，到系统振动噪声预估等设计内容，此外，英国 SMT 公司的 MASTA 软件和 Dontyne Systems 公司的 Gear Production Suite 软件都具有参数化设计功能。

1.2.2 渐开线圆柱齿轮结构优化

传统的齿轮设计方法采用了大量的经验公式，对许多影响因素进行了近似处理，为了保证强度、寿命和可靠性等要求，还需使用安全系数，因此设计结果偏安全。这样不仅浪费材料和增加制造成本，也会影响设备重量和整机性能，因此需要对传统法设计的齿轮结构进行优化。随着优化理论以及计算机数值分析技术的发展，国内外学者对齿轮的结构优化问题进行了大量研究并取得了丰硕的研究成果。华南理工大学迟永滨等[17]研究了给定中心距下圆柱齿轮的优化方法与策略，重点考虑了运行效率和全局最优性。东北大学刘颖等[18]对单级直齿圆柱齿轮传动的可靠性优化设计方法进行了探讨，建立了以体积为目标函数的可靠性优化数学模型，并给出了实现方法。王保民和陈惠等[19,20]基于 MATLAB 软件优化工具箱实现了两级圆柱齿轮减速器的结构优化。高明信[21]采用 FORTRAN 语言，对两级展开式直齿圆柱齿轮进行了参数优化设计，所选取的优化方法为内点法，在构造惩罚函数时使用了鲍威尔方法，并采用两次插值方法进行了一维搜索，设计计算的过程比较详细和精确。

同国内学者相比，国外研究人员在处理齿轮传动的结构优化问题时，往往还考虑使用寿命、动载系数等其他因素。Thompson 等[22]针对多级圆柱齿轮减速器的优化问题，提出了最小体积与齿面疲劳寿命的多目标权衡优化方法，在降低减速器总体积的前提下，同时保证了各齿轮具有足够的齿面疲劳寿命。Vetadjokoska[23]对行星齿轮传动的多目标优化问题进行了研究，建立了相应的数学模型，采用“最小值-最大值”概率逼近方法求解，编写了优化程序，并证明了该方法的可行性和有效性。Tudose 等[24]以两级斜齿轮减速器传动优化设计问题为研究对象，在考虑了减速器中轴和轴承等辅助零件尺寸匹配的前提下，对该减速器使用两种优化算法进行了多目标自动最优设计，同样对优化问题中的最小总体积和最长有效寿命进行了权衡分析，优化结论可推广到后续的多级齿轮传动。美国加利福尼亚大学的 Vanderplaats 等[25]对齿轮优化问题进行了深入探讨，建立的齿轮传动优化问题数学模型不仅考虑了最小体积、最小尺寸等常规目标，还考虑了齿轮的动载系数、最长寿命、弯曲强度、齿面接触疲劳强度、点蚀等因素，提出了目标函数和约束条件可以互换的优化原则，并在 NASA 刘易斯研究中心（Lewis Research Center）所提供的 COPES/ADS 齿轮优化程序的基础上，分别针对圆柱齿轮传动和圆锥齿轮传动开发了通用性更强的优化程序。Tripathi 等[26]针对现有多级行星齿轮传动多目标优化往往集中于单对直齿或斜齿圆柱齿轮的缺陷，分别使用经典的 SQP 序列规划法和新开发的 NSGA-Ⅱ 方法完成了行星齿轮传动的优化问题。Fauroux 等[27]基于框架方法对减速器的三维尺寸进行全方位优化，以减速器中传动机构的最小容积作为优化目标对减速器结构进行优化。Rao 等[28]采用 4 种不同的混合优化方法，针对四级圆柱齿轮传动中的约束和无约束优化问题进行了详细地研究。Hiroyuki 等[29]在考虑润滑、齿轮修形等条件下，对微型减速器的尺寸以及工作性能的优化问题进行了探讨。Datseris[30]以最小体积为优化目标，提出了启发式离散-组合齿轮传动优化方法，并证明了该方法的优化效率比自适应优化、随机梯度优化等其他方法的效率都要高。由此可见，在理论深度上，国外学者在齿轮传动的优化方面所做的科研工作要相对深入，考虑的因素也更加全面。

1.2.3 渐开线圆柱齿轮变位系数优选

齿轮变位对于改善齿轮的啮合性能、提高齿轮的承载能力具有非常重要的影响，同时可以起到配凑中心距的作用。由于变位系数的选取通常是在满足强度条件、根切条件、重合度条件等诸多限制条件下，以达到某种工作性能为目标而寻求最优的变位系数，所以其本质上也属于优化问题。在近几十年里，国内外很多学者对圆柱齿轮变位系数选取问题进行了深入研究。

国内方面，现有的齿轮变位系数选取通常采用线图法或封闭图法，其中线图法是哈尔滨工业大学王知行[31]针对封闭图法的缺点提出的，与德国 DIN3992 标准、瑞士 VSM15525 标准、封闭图等方法相比，线图法在处理直齿圆柱齿轮传动时简便快捷、准确度高。周振东等[32]针对线图法在处理斜齿圆柱齿轮传动时的不足，对线图法进行了改进，提出了“当量法面啮合角”的概念，使之可用于各种圆柱齿轮传动的设计。唐锦茹[33]、沈永鹤[34]根据变位系数选择的基本条件和质量要求，以两齿轮保持最佳的抗弯强度为最优目标，建立了变位系数优选问题的数学模型，并在计算机上编程实现。程友联等[35]以等弯曲强度为理论依据，给出了按这种原则分配变位系数的图解法，并绘制了主动轮、从动轮的几何系数线图，可以根据齿轮的材质、中心距是否确定等进行变位系数的分配。封闭图法和线图法可以保证两齿轮具备大致相等的滑动率或者弯曲强度，但是选取变位系数时需手工查取图表，精度较低，因此近年来设计人员开始采用计算机编程来实现变位的精确优选分配。

国外方面，齿轮变位系数选取时所考虑的限制因素、采取的方法较国内更广泛。Antal[36]以等滑动率为最优目标，在 MATLAB 中实现了斜齿圆柱齿轮传动变位系数的分配问题，弥补了以往方法只能针对直齿圆柱齿轮的不足。Arikan[37]对非标准中心距直齿圆柱齿轮变位系数的选取进行了探讨，在保证重合度、齿厚等必要限制条件和已知总变位系数的前提下，给出了不同目标下的变位系数配对组合。Baglioni 等[38]研究了变位系数对直齿圆柱齿轮传动效率的影响，在保证齿轮最大承载能力、一定的磨损安全系数和尽可能小的振动噪声等条件下，对圆柱齿轮的齿形参数和变位系数进行了优选。Spitas 等[39]基于复合形法，以尽可能提高齿根抗弯曲能力和保持两齿轮具备相等的抗点蚀能力为优化目标，对圆柱齿轮进行了优化，并采用二维光弹法验证了优化结果的有效性。Li[40]研究了变位系数对齿面接触强度、齿根弯曲强度等性能参数的影响，并利用有限元法进行了验证。Mirica 等[41]分析了 DIN3992、PD6457、ISO/TR4467 等现有变位系数分配方法，以保证齿根弯曲强度安全系数为条件，对不同的方法进行了详细的比较。Houser 等[42]以齿形参数和变位系数为优化变量，将结构优化和变位系数的优选相结合，建立了总体优化问题的数学模型。

1.3 渐开线圆柱齿轮传动仿真分析技术

1.3.1 渐开线圆柱齿轮参数化实体建模

传统的齿轮设计及优化是基于机械原理、材料力学等基础理论总结出来的设计理论和长期实践归纳出的设计经验来实现的，在设计过程中进行了大量简化，采用了大量经验公式和线图，难以对设计结果进行准确评价与优化。随着 CAD 和 CAE 技术的发展与应用，国内外许多学者采用仿真模拟技术对齿轮传动啮合过程进行仿真分析，有效克服了传统设计方法的缺陷，为齿轮传动的精确设计与优化提供了技术保证。

实体模型的构建是齿轮传动仿真分析的前提和基础。为了准确模拟齿轮啮合过程，必须建立齿轮传动的真实模型。与一般机械零件相比，齿轮齿面为复杂曲面，建立真实齿面的精确模型比较困难，目前常用的方法有两种：一是利用齿轮啮合原理推导齿面方程，根据齿面方程建立齿轮模型；二是模拟切齿加工过程生成齿轮模型。在基于啮合原理建立齿轮模型方面，逄明华等[43]推导了斜齿轮渐开线和齿根过渡曲线方程，并在 MATLAB 下构建了齿廓曲面和齿根过渡曲面，结合齿顶圆、齿根圆方程，在 MATLAB 中模拟生成了不同参数类型的斜齿轮齿廓曲面。杜新宇等[44]在 MATLAB 中精确计算了渐开线和螺旋线的方程，将计算的数据点导入 UG 软件，运用相关实体建模命令建立了圆柱齿轮的实体模型。罗善明等[45]利用端面齿形沿螺旋线拉伸的方式在 Pro/E 软件中完成了渐开线斜齿轮的参数化建模，并研究了齿轮副有侧隙虚拟装配方法。孟凡净等[46]利用啮合原理和微分几何分别推导了弧齿直齿轮及斜齿轮的齿面方程，在 MATLAB 中计算得到齿面数据点云，基于 Pro/E 软件的曲面拟合功能获取齿廓曲面并进而完成齿轮实体模型的构建与装配。Yang[47]根据推导的齿面方程实现了非对称轮齿斜齿轮的实体建模与装配。在模拟切齿加工生成齿轮模型方面，中南大学唐进元等[48]在 CATIA V5 中构建了螺旋锥齿轮的 SGM 法虚拟加工几何模型，获取了齿面数据点，再利用 NURBS 曲面造型理论对齿面数据点进行曲面重构，生成了包含齿轮工作齿面及齿根过渡曲面的完整齿廓曲面，最后建立了适于 LTCA 加载接触分析的齿轮副网格模型。重庆大学栾小东[49]开发了一套齿轮切齿仿真软件，可以用来模拟直齿轮和螺旋锥齿轮在虚拟刀具条件下的加工，并建立齿轮的实体模型。Fetvaci 等[50]对传统的非对称直齿轮的加工模拟进行了研究，开发了一套计算机程序，通过二维平面图形的动态显示来模拟刀具加工和齿廓曲面的生成。

现有的绝大多数商用CAD/CAE软件，如Pro/E、SolidWorks、UG和CATIA等均可用于渐开线圆柱齿轮传动的实体建模，但直接使用这些CAD软件完成渐开线圆柱齿轮传动的建模比较繁杂，不便于后续的调整与修改，因此许多学者基于不同的CAD软件进行了二次开发，构建了简便实用的齿轮参数化实体设计系统。秦朗等[51]在AutoCAD 2000环境下采用VB编程实现了渐开线直齿圆柱齿轮的参数化三维建模。何茂先、宋丽华等[52,53]在Pro/E平台下对直齿圆柱齿轮的参数化设计、实体建模、装配仿真与干涉检查进行了研究与实现，有效提高了齿轮设计开发效率。李臻[54]在SolidWorks平台下采用Visual C++ 6.0开发语言进行二次开发，实现了渐开线圆柱齿轮参数化实体造型，并开发了系统界面模块和齿形计算模块等，大大提高了齿轮设计效率。崔亮[55]基于渐开线齿轮的成形原理，在UG平台下完成了直齿圆柱齿轮的参数化建模及有限元分析。周学良等[56]在UG NX环境下利用UG/Open进行二次开发，实现了渐开线斜齿圆柱齿轮的参数化实体建模。肖石林等[57]阐述了利用CATIA软件的建模功能生成渐开线直齿圆柱齿轮的方法及步骤。王波[58]探讨了在CATIA环境中利用参数化公式实现渐开线斜齿轮建模的方法，并对参数化在产品设计中的重要性进行了说明。包家汉等[59]利用APDL和UIDL，在ANSYS中实现了直齿圆柱齿轮的参数化建模与有限元强度分析。李常义、孙建国等[60,61]重点研究了基于ANSYS软件的渐开线圆柱齿轮参数化生成原理及技术实现方法，获得了良好的实际应用效果。

1.3.2 渐开线圆柱齿轮静接触分析

静接触分析是力学的一个分支，主要研究物体在力的作用下处于平衡的规律，以及如何建立各种力系的平衡条件，是研究力系简化和物体受力分析的基本方法。齿轮的静接触分析主要包括齿面接触应力分析和齿根弯曲应力分析等。在理论研究方面，1881年，德国物理学家Hertz利用弹性力学方法推导出两弹性圆柱体接触面上的载荷分布公式，奠定了齿面接触强度计算的理论基础。1908年，奥地利科学家Videky把Hertz接触应力理论首先应用于计算轮齿齿面应力，并绘出了沿啮合线最大接触应力变化图。Winter[62]指出了Hertz接触模型的粗略性，即Hertz公式适用于弹性范围内只承受法向压力的均质各向同性体，而准确的接触强度评估应考虑啮合轮齿间滑动、齿面的表面状况以及弹流润滑等因素。

近年来，随着计算机技术与有限元分析软件的发展，有限元理论得到了广泛应用，国外许多学者基于有限元理论对齿轮啮合过程中啮合刚度、应力分布与变化等进行了一系列的研究。Ohno和Tanak[63]基于三维有限元分析技术研究了齿廓修形齿轮啮合时的接触特性，对修形齿轮与未修形齿轮在不同啮合点时的接触应力进行了对比分析。Chen和Tsay[64]应用有限元软件ABQUS的静接触分析功能对斜齿圆柱齿轮的接触压力、综合应力与弯曲应力进行了分析计算，并与Hertz接触应力进行了对比，结果表明，二者接触应力的变化趋势基本一致且数值接近。国内学者也对渐开线圆柱齿轮的静接触分析进行了大量研究。胡爱萍等[65]对外啮合直齿圆柱齿轮传动的接触强度计算进行了研究，绘制了渐开线外啮合标准直齿圆柱齿轮传动的应力比随两轮齿数比和小齿轮齿数的变化曲线。张芳芳等[66]在CATIA软件中实现了渐开线齿轮的参数化设计，并利用CATIA软件自带的CAE模块，结合渐开线齿轮传动原理，进行了齿轮有限元强度分析，并与传统算法进行了对比。陈清胜[67]利用ANSYS软件对直齿圆柱齿轮进行了齿根应力分析，并为齿轮强度准确计算与结构优化提供了参考。陈赛克[68]在ANSYS环境下建立了轮齿平面有限元模型，并进行了应力分析计算。刘春旭[69]利用ANSYS软件计算了圆柱齿轮的齿根应力，并与理论值进行了比较分析。芮井中等[70]利用ANSYS软件提供的子模型技术，对有限宽度(齿宽系数为0.03～1.2)渐开线直齿圆柱齿轮齿根附近的三维弹性应力场进行了详细分析，结果表明，齿根应力沿宽度分布是不均匀的，其最大值及相应位置与宽度有关，齿根附近总位移沿宽度分布也不均匀，在靠近端面附近有较明显的变化。

1.3.3 渐开线圆柱齿轮瞬态啮合仿真分析

传统的齿轮啮合分析和有限元静强度分析主要是针对齿轮特定的啮合位置进行的，而齿轮啮合过程所受载荷、应力大小及分布随着齿轮的运转呈周期性非线性变化，轮齿所受极限应力通常不在齿顶、齿根和节圆等特殊啮合位置，要准确分析齿轮的啮合特性及承载能力，需要精确把握齿轮在每一啮合位置的工作特性，即对齿轮的瞬态啮合情况进行准确分析。近年来，随着有限元技术和计算机仿真技术的迅速发展和广泛应用，齿轮瞬态啮合仿真分析已成为现代齿轮设计与优化的重要手段，并受到了国内外学者的普遍关注。

Lee[71]基于有限元法和多体动力学技术对直齿圆柱齿轮传动的动态接触特性进行了分析，并通过数值模拟论证了轮齿质量在齿轮动态分析中的重要性。Huang等[72]基于齿轮传动基本原理推导了多种渐开线齿轮的齿面方程，采用C语言编程直接构建齿轮有限元网格模型，并在LS-DYNA软件中进行了圆柱齿轮动力学响应分析，通过实验对比验证了算法的有效性。Patil等[73]基于ANSYS的APDL建立了渐开线直齿圆柱齿轮的参数化模型，利用拉格朗日乘子接触算法计算啮合齿轮副在啮合过程中的应力，并对传动过程中摩擦系数对接触特性的影响进行了分析研究。Romlay[74]提出一种基于瞬态有限元法的直齿圆柱齿轮静应力及动力学特性分析方法，利用有限元瞬态分析技术构建静应力分析与动力学特性分析复合模型，将静应力分析与动力学分析合并处理，通过求解计算获取齿轮工作周期中任意啮合位置的应力情况和动力学特征，仿真实例表明，动力学特性系数对齿轮副的应力分析有较大影响。Jiang等[75]对NGW型渐开线行星齿轮传动的瞬态啮合特性进行了仿真分析，齿轮副几何模型在 SolidWorks 中构建，然后导入 ANSYS Workbench 中生成有限元模型，根据非线性有限元接触理论和 ANSYS 的瞬态分析功能对行星齿轮副进行瞬态啮合分析，获取了齿轮啮合过程中的最大应力、应变曲线和各齿轮齿面的应力变化规律。

国内研究文献方面，周长江等[76]基于齿轮啮合原理建立了渐开线直齿圆柱齿轮的简化模型及二维和三维动态分析有限元模型，通过分析计算获取了齿根危险截面测点的应力历程和轮齿受载点的变形历程。魏义存[77]对风力发电齿轮箱中齿轮副的瞬态啮合特性进行了仿真模拟，分析了齿轮副瞬时啮合过程中各齿轮的应力分布和振动情况，并探讨了修形对齿轮啮合瞬态特性的影响。由于齿轮瞬态啮合分析涉及几何建模、有限元建模和求解计算等多项内容，现有的各种 CAD/CAE 软件在功能上各有侧重，如 Pro/E 软件建模功能较强，但分析功能较弱，ANSYS 软件仿真分析功能较强，但建模功能不如 Pro/E、UG 等软件。许多学者在进行齿轮啮合仿真分析时往往同时采用多种软件，齿轮的建模和分析分别采用不同的软件完成。武志斐等[78]应用 ADAMS、Pro/E 和 MSC. Marc 三种软件的仿真分析功能对渐开线斜齿轮传动进行了瞬态动力学分析，获取了受波动载荷时斜齿轮啮合过程中的动态特性。孔杰等[79]利用 UG NX 软件的建模功能与 ANSYS 软件的瞬态分析功能研究了通用机床变速箱齿轮组的啮合瞬态动力学特性，得到了啮合齿轮组工作时的应力分布及应力集中情况。陈坤等[80]应用 SolidWorks 的建模功能、HyperMesh 的有限元网格划分功能和 ANSYS 的分析功能对 MC 尼龙斜齿轮的啮合传动过程进行了仿真分析，获得了齿轮啮合过程中应力分布规律和齿根应力谱，为齿轮疲劳寿命计算与结构优化提供了依据。

1.4 本章小结

本章首先对渐开线圆柱齿轮传动的类型及应用特点进行了归纳分析，然后分别介绍了国内外学者在渐开线圆柱齿轮传动参数化设计与优化技术以及啮合仿真分析技术两大领域的研究现状和所取得的大量研究成果。

参考文献

[1] 濮良贵，陈国定，吴立言. 机械设计. 9版. 北京：高等教育出版社，2013.
[2] 孙桓，陈作模，葛文杰. 机械原理. 8版. 北京：高等教育出版社，2013.
[3] 李迪. NGW 型行星齿轮传动的优化设计研究. 南京：南京航空航天大学硕士学位论文，2009.
[4] 黄康，柯尊衷，赵小勇. 齿轮传动系统的计算机辅助设计. 合肥工业大学学报，1999，22(4)：32-35.

[5] 王英姿,聂松辉,李武. 齿轮传动参数化设计系统研究. 机械设计与制造,2011,(9):167-169.
[6] 强增,原思聪. 齿轮设计专家系统的研究与开发. 制造业信息化,2003,(6):13-16.
[7] 陈定方,胡贤金. 齿轮传动设计专家系统(GDDES)研究. 计算机辅助设计与图形学学报,1990,(1):58-62.
[8] 殷国富,赵汝嘉. 齿轮传动设计专家系统(CGDES)的研制. 机械设计与研究,1989,(3):2-6.
[9] 翁妙凤,陶振融,王毅. 齿轮传动设计专家系统的设计与实现. 镇江船舶学院学报,1992,6(2):51-56.
[10] 肖志信,彭程. 基于VB的齿轮传动参数化设计技术探讨. 现代机械,2007,(4):34-36.
[11] 朱学凯,宋国民. 基于VB的齿轮传动设计. 机械制造与研究,2011,40(1):23-24,40.
[12] 贺艳,张敏. 基于 Visual Basic 的通用齿轮传动设计计算系统的研究. 西北煤炭,2004,2(1):39-41.
[13] 于春丽. 利用VB开发齿轮传动设计系统. 科技创新与应用,2013,(34):49-50.
[14] 罗斐. 齿轮传动设计中数据程序化处理. 湖南农机,2013,40(7):88-90.
[15] 刘晓洁. 齿轮传动系统的快速设计. 太原:太原理工大学硕士学位论文,2006.
[16] 刘忠明,袁和相,杨寿夜,等. 齿轮传动计算机辅助设计系统的研究. 机械传动,1998,22(1):18-20.
[17] 迟永滨,黄向东. 给定中心距时圆柱齿轮的自动化设计. 机械传动,2001,25(3):45-48.
[18] 刘颖,彭雪鹏. 单级直齿圆柱齿轮减速器的可靠性优化设计. 机械设计与制造,2006,(4):11-13.
[19] 王保民,程伟,邹颖康,等. 基于MATLAB的二级斜齿圆柱齿轮减速器的优化设计. 机械工程师,2012,(8):21-23.
[20] 陈惠,詹少华,阮进化. 基于MATLAB复合形法的二级圆柱齿轮减速器的优化设计. 煤矿机械,2011,32(8):31-33.
[21] 高明信. 二级直齿圆柱齿轮传动的优化设计. 机械设计与制造,1986,(4):6-10.
[22] Thompson D F,Gupta S,Shukla A. Tradeoff analysis in minimum volume design of multi-stage spur gear reduction units. Mechanism and Machine Theory,2000,(35):609-627.
[23] Vetadjokoska E. The possibilities of the min-max approach for the multicriterion optimization of planetary gear trains. Proceedings of the 11th World Congress in Mechanism and Machine Science,Tianjin,2004:436-439.
[24] Tudose L,Buiga O,Stefanache C,et al. Automated optimal design of a two-stage helical gear reducer. Structural and Multidisciplinary Optimization,2010,42(3):429-435.
[25] Vanderplaats G N,Chen X,Zhang N T. NASA contractor report 4201:Gear optimization. Washington:National Aeronautics and Space Administration,1988.
[26] Tripathi V K,Chauhan H M. Multi objective optimization of planetary gear train. Simulated Evolution and Learning,2010,6457:578-582.
[27] Fauroux J C,Sartor M,Paredes M. Using the skeleton method to define a preliminary geometrical model for three-dimensional speed reducers. Engineering with Computers,2000,16(2):117-130.

[28] Rao R V, Savsani V J. Mechanical Design Optimization Using Advanced Optimization Techniques. London: Springer-Verlag, 2012.

[29] Hiroyuki T, Kunihiko N, Norisato S, et al. Optimization of mechanical interface for a practical micro-reducer. 13th Annual International Conference on Micro Electro Mechanical Systems, Miyazaki, 2000: 170-175.

[30] Datseris P. Weight minimization of a speed reducer by heuristic and decomposition techniques. Mechanism and Machine Theory, 1982, 17(4): 255-262.

[31] 王知行. 渐开线齿轮变位系数选择的新方法. 哈尔滨工业大学学报, 1978, (Z1): 129-147.

[32] 周振东, 黄五一. 对82版《机械工程手册》齿轮篇"选择变位系数线图"的一点商榷意见. 机电设备, 1997, (6): 40-41.

[33] 唐锦茹. 渐开线齿轮变位系数的优化选择. 水利电力机械, 1991, (3): 17-19.

[34] 沈永鹤. 齿轮的等弯曲强度计算. 机械制造, 1993, (2): 13-14.

[35] 程友联, 冯昌. 等齿根强度变位系数的图解确定. 纺织高校基础科学学报, 1996, 9(2): 157-160.

[36] Antal T A. A new algorithm for helical gear design with addendum modification. Mechanika, 2009, 36(3): 53-57.

[37] Arikan M A S. Determination of addendum modification coefficients for spur gears operating at non-standard center distances. ASME International Design Engineering Technical Conferences and Computers and Information in Engineering Conference, Chicago, 2003, 4: 489-499.

[38] Baglioni S, Cianetti F, Landi L. Influence of the addendum modification on spur gear efficiency. Mechanism and Machine Theory, 2012, 49(3): 216-233.

[39] Spitas V, Spitas C. Optimizing involute gear design for maximum bending strength and equivalent pitting resistance. Journal of Mechanical Engineering Science, 2007, 221(4): 479-488.

[40] Li S. Effect of addendum on contact strength, bending strength and basic performance parameters of a pair of spur gears. Mechanism and Machine Theory, 2008, 43(12): 1557-1584.

[41] Mirica R F, Dobre G, Miric R F, et al. On the distribution of the profile shift coefficients between mating gears in the case of cylindrical gear. 12th IFToMM World Congress, Besancon, 2007: 1-6.

[42] Houser D R, Harianto J, Iyer N, et al. A multi-variable approach to determining the "best" gear design. ASME Power Transmission and Gearing Conference, Baltimore, 2000: 1-8.

[43] 逄明华, 丛晓霞. 渐开线斜齿轮曲面精确建模及MATLAB仿真. 矿山机械, 2010, (24): 47-51.

[44] 杜新宇, 王小林, 闫谦鹏. 基于MATLAB、UG的渐开线圆柱齿轮有限元建模与分析. 机械传动, 2011, 36(7): 39-42.

[45] 罗善明, 王建, 吴晓铃, 等. 渐开线斜齿轮的参数化建模方法与虚拟装配技术. 机械传动, 2006, 30(3): 26-29.

[46] 孟凡净,周哲波. 弧齿直齿轮和斜齿轮啮合的数学建模及实体造型的实现. 机械科学与技术,2011,30(4):656-660.

[47] Yang S C. Mathematical model of a helical gear with asymmetric involute teeth and its analysis. The International Journal of Advanced Manufacturing Technology,2005,26(5):448-456.

[48] 唐进元,蒲太平,戴进. SGM法加工的螺旋锥齿轮几何建模研究. 机械传动,2008,32(1):43-46.

[49] 栾小东. 基于ACIS的齿轮切齿仿真方法及其软件系统研究. 重庆:重庆大学硕士学位论文,2006.

[50] Fetvaci C,Imrak E. Mathematical model of a spur gear with asymmetric involute teeth and its cutting simulation. Mechanics Based Design of Structures and Machines,2008,36(1):34-46.

[51] 秦朗,邵平. 渐开线直齿圆柱齿轮的参数化三维造型. 淮南工业学院学报,2001,21(3):26-29.

[52] 何茂先,殷晨波,肖乐. 基于Pro/E的渐开线齿轮的参数化建模研究. 机械与电子,2006,(3):72-74.

[53] 宋丽华,毛君,邱剑飞. 基于Pro/E的直齿圆柱齿轮模型建立与运动仿真分析. 煤矿机械,2009,30(2):205-207.

[54] 李臻. 基于SolidWorks的齿轮设计与三维造型软件的开发. 兰州:兰州理工大学硕士学位论文,2006.

[55] 崔亮. 基于UG的圆柱直齿轮参数化建模及有限元分析. 机械工程师,2010,(3):111-113.

[56] 周学良,阮景奎. 基于UG/Open的齿轮参数化建模. 湖北汽车工业学院学报,2004,18(2):23-25.

[57] 肖石林,鲍务均. 渐开线齿轮在CATIA中的三维参数化建模与应用. 起重运输机械,2004,(10):19-21.

[58] 王波. 基于CATIA环境下的斜齿轮三维参数建模及参数化应用. 机械,2004,31(6):33-35.

[59] 包家汉,张玉华,薛家国. 基于ANSYS的齿轮参数化建模及其应用. 安徽工业大学学报(自然科学版),2005,22(1):35-38.

[60] 李常义,潘存云,姚齐水,等. 基于ANSYS的渐开线圆柱齿轮参数化几何造型技术研究. 机电工程,2004,21(9):35-38.

[61] 孙建国. 渐开线圆柱齿轮修形及动力接触特性研究. 重庆:重庆大学硕士学位论文,2008.

[62] Winter H. 齿轮承载能力计算的进展. 齿轮,1986,10(6):31-43.

[63] Ohno K,Tanak N. A contact stress analysis for helical gear with 3-dimensional finite element method. Transactions of the Japan Society of Mechanical Engineers,1998,64(628):4821-4826.

[64] Chen Y C,Tsay C B. Stress analysis of a helical gear set with localized bearing contact. Finite Elements in Analysis and Design,2002,38(8):707-723.

[65] 胡爱萍,刘善淑,陈权. 标准直齿圆柱齿轮传动接触强度计算的研究. 机械设计,2008,25(11):45-48.

[66] 张芳芳,宋涛. 渐开线齿轮参数化设计及齿根应力分析. 汽车零部件,2011,(5):52-55.
[67] 陈清胜. 基于 ANSYS 的直齿圆柱齿轮的齿根应力分析. 现代制造技术与装备,2010,(4):15-17.
[68] 陈赛克. 基于 ANSYS 的渐开线直齿圆柱齿轮齿根应力的有限元分析. 仲恺农业技术学院学报,2005,18(3):10-14.
[69] 刘春旭. 直齿圆柱齿轮的齿根应力分析. 科学之友,2011,(8):13-14.
[70] 芮井中,吴志学. 直齿圆柱齿轮齿根三维弹性应力分析. 机械传动,2010,34(1):41-44.
[71] Lee K. Analysis of the dynamic contact between rotating spur gears by finite element and multi-body dynamics techniques. Proceedings of the Institution of Mechanical Engineers, London,2001:423-435.
[72] Huang K J,Su H W. Approaches to parametric element constructions and dynamic analyses of spur/helical gears including modifications and undercutting. Finite Elements in Analysis and Design,2010,46(12):1106-1113.
[73] Patil S,Karuppanan S,Atanasovska I,et al. Frictional tooth contact analysis along line of action of a spur gear using finite element method. Procedia Materials Science, 2014, 5:1801-1809.
[74] Romlay F R M. Modeling of a surface contact stress for spur gear mechanism using static and transient finite element method. Journal of Structural Durability & Health Monitoring, 2008,4(1):19-27.
[75] Jiang X L,Zhang S H,Jia Y X,et al. Analysis on transient dynamic load of planetary gear pair. Advanced Materials Research,2014,988:353-358.
[76] 周长江,唐进元,吴远新. 基于精确模型的齿根应力和轮齿变形载荷历程分析. 机械设计与研究,2004,20(3):67-70.
[77] 魏义存. 风电齿轮啮合瞬态性能分析. 北京:华北电力大学硕士学位论文,2008.
[78] 武志斐,王铁,张瑞亮. 斜齿轮传动的啮合瞬态动力学分析. 第四届中国 CAE 工程分析技术年会,西安,2008:287-290.
[79] 孔杰,蒋宏婉. 通用机床变速箱齿轮组啮合瞬态动力学分析. 现代机械,2015,(2):22-25.
[80] 陈坤,栾义,邓旭辉,等. MC 尼龙斜齿轮匀速啮合过程瞬态动力学分析. 机械设计与制造,2012,(3):110-112.

第2章 渐开线圆柱齿轮传动参数化设计及强度校核

传统方法在对齿轮传动进行初步设计及强度计算时,需要根据国家标准及齿轮设计手册,查取大量的图表、曲线等,设计、计算工作不仅繁琐而且容易出现失误,在不满足强度条件的情况下往往需要经过多次试算才能最终得到满意的设计方案。基于参数化的思想,结合数据库技术,可实现渐开线圆柱齿轮传动的参数化初步设计及强度计算,避免了因初算不满足设计要求而反复设计增加冗余工作量的不足,从而有效地提高了设计效率,而且强度计算模块可为后续的结构优化和变位系数优选奠定基础。

2.1 参数化设计及强度校核的总体流程

参数化初步设计模块是整个渐开线圆柱齿轮传动设计及优化流程中的第一个模块。初步设计模块可以根据给定的初始工况参数(输入转速、输入转矩/功率等),进行传动比的计算并确定初始传动方案,然后对初步设计中的细节(如初选齿轮材料、初算中心距、初选模数等)进行详细计算,最后得到初始设计方案。

确定设计方案后,需要对该方案进行强度校核以保证其强度要求,强度校核包括齿面接触强度校核和齿根弯曲强度校核两个方面。由于在强度校核时涉及很多系数,而这些系数的计算又严重依赖于其他中间参数,所以将强度计算模块再次划分为三个模块:参数计算模块、齿面接触强度校核模块和齿根弯曲强度校核模块。

参数计算模块介于初步设计模块和齿面接触强度校核模块之间,用于根据参数化初步设计模块得到的几何参数、材料参数和动力参数等,对接触强度校核和弯曲强度校核中所需的各中间参数进行计算。

利用参数计算模块得到的各中间参数,可以计算出接触强度校核模块中所需要的三类系数(修正载荷类系数、修正计算应力类系数及修正许用应力类系数),进而对接触强度的计算值、许用值和安全系数进行详细计算。

弯曲强度校核模块的实现有赖于接触强度校核模块的实现,这是因为弯曲强度计算中的修正载荷系数与接触强度计算过程中的各关键系数直接相关,所以该模块安排于接触强度计算模块之后。

一套可靠的传动方案必须保证接触强度和弯曲强度的安全系数均大于等于1[1],如果接触强度校核和弯曲强度校核过程中的任意一个环节不满足强度要求,则需要返回到初步设计模块中,对传动方案进行修改,通过重选齿轮材料、改变中心距、调整模数、改变齿宽、调整变位系数等措施,使校核后的设计方案满足强度要求,最终实现传动方案的初步设计及强度计算。

基于上述的分析,初步设计和强度计算过程包含四个模块:初步设计模块、中间参数计算模块、齿面接触强度校核模块、齿根弯曲强度校核模块,各模块之间循序渐进,互相依赖。参数化初步设计和强度计算的总体流程如图 2.1 所示。

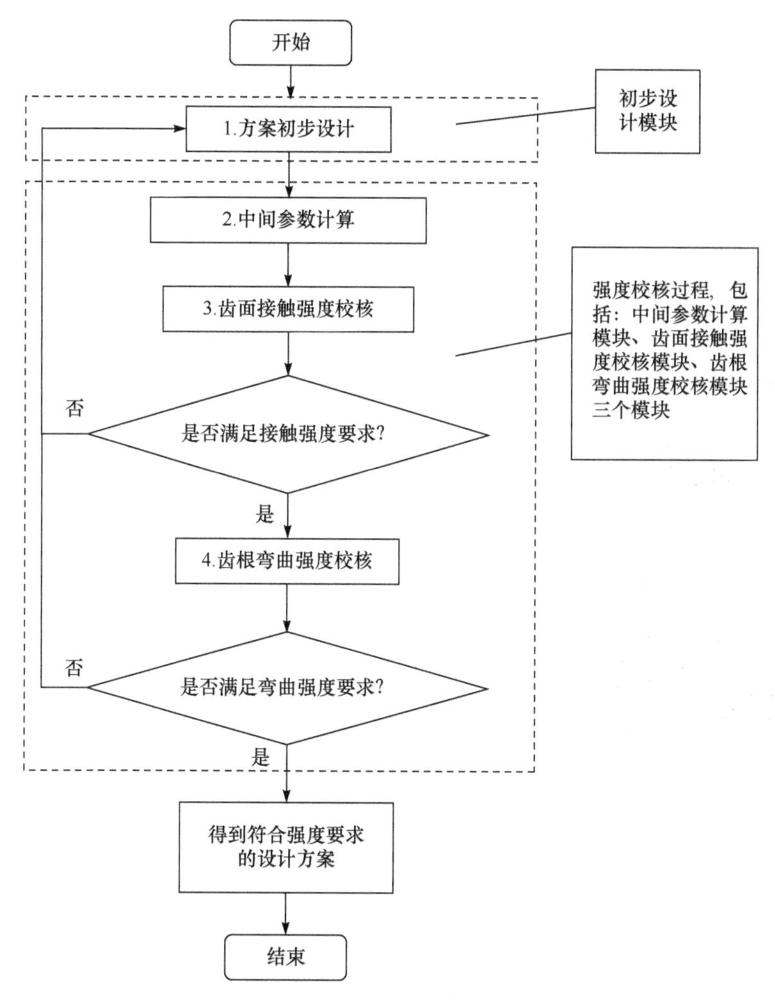

图 2.1　参数化设计和强度计算的总体流程

2.2　渐开线圆柱齿轮传动参数化初步设计

2.2.1　初步设计的详细流程

初步设计旨在根据初始参数(如输入转速、输入功率/转矩等),选择齿轮合适的布置形式及材料,并根据齿面接触强度原则或齿根弯曲强度原则,对中心距、模数等进行初算，最终得到齿数、齿宽、变位系数等其他的主要参数，从而形成初始的设计方案。初步设计的详细流程如图 2.2 所示。

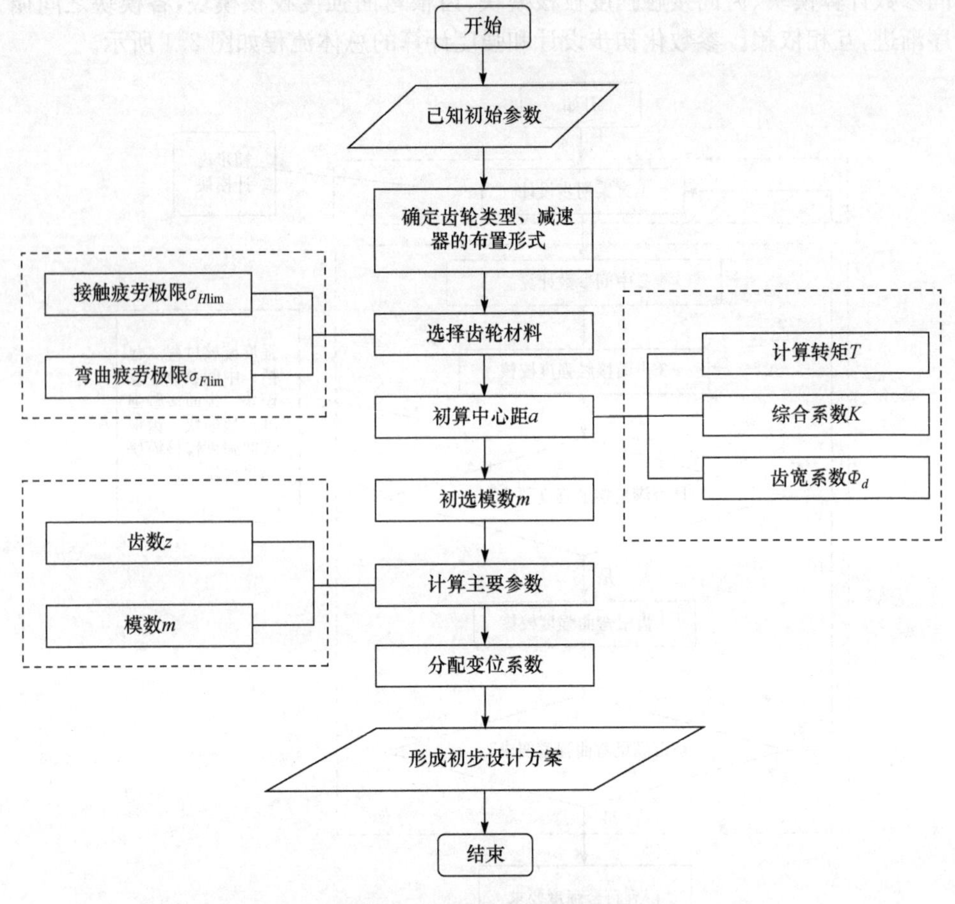

图 2.2　初步设计的详细流程

1. *确定初始参数*

实际对齿轮传动进行初步设计时，初始参数通常为输入功率 P、输入转速 n_1、齿数比 u 及工作寿命 L_h 等。

2. *确定齿轮类型、布置形式*

这一阶段主要根据转速的高低、载荷工况、工作形式等因素，确定齿轮类型采用直齿或斜齿、减速器形式使用开式或闭式、齿轮副的精度等级以及两轴承是否对称布置。

3. 选择齿轮材料及热处理

根据工况，分别选择主动轮、从动轮的材料及热处理方式，由此可以分别得到两个齿轮的接触疲劳极限 $\sigma_{H\lim}$ 和弯曲疲劳极限 $\sigma_{F\lim}$。

4. 初算中心距

中心距在最初是估算而不是精确计算得来的。在初算中心距之前，首先需要计算主动轮传递的转矩 T_1，如式(2-1)所示，然后根据载荷特性和齿轮的材料特性按照表 2.1 选择综合系数 K。

$$T_1=9550\frac{P}{n_1} \tag{2-1}$$

表 2.1　综合系数 K

载荷特性		平稳载荷	中等冲击载荷	较大冲击载荷
接触强度	软齿面(HB<350)	2.7～3.2	3.4～4.0	4.8～5.6
	硬齿面(HB>350)	2.4～2.9	3.0～3.6	4.2～5.0
弯曲强度		2.1～2.7	2.6～3.3	3.6～4.6

根据齿轮相对轴承的布置形式和齿面硬度特性，按照表 2.2 选择相应的齿宽系数 Φ_d 和 Φ_a，其中 Φ_d 代表与分度圆直径相比的齿宽系数，Φ_a 为与中心距相比的齿宽系数，且两者之间满足：$\Phi_d=0.5(u+1)\Phi_a$。

表 2.2　齿宽系数 Φ_d 推荐值

齿宽系数 Φ_d		齿轮相对轴承的位置		
		对称布置	非对称布置	悬臂布置
齿面硬度	一个或一对齿轮	0.8～1.4	0.6～1.2	0.3～0.4
	两个齿轮(HB>350)	0.4～0.9	0.3～0.6	0.2～0.25

根据齿轮的接触强度或弯曲强度计算主动轮转矩、综合系数、齿宽系数等参数，并按接触强度和弯曲强度两个原则初算中心距。接触强度原则主要针对闭式软齿面齿轮，因为这类齿轮的失效形式通常为齿面点蚀[2]；弯曲强度原则主要针对开式或半开式齿轮传动，因为这类齿轮的失效形式主要是轮齿折断[3]。由于绝大多数减速器采用闭式结构，且按照接触强度得到的齿轮参数往往是满足弯曲强度要求的，所以统一按照接触强度的原则对中心距进行初算，如式(2-2)所示：

$$a=A_a(u+1)\sqrt[3]{\frac{KT_1}{\Phi_a\sigma_{H\lim}^2 u}} \tag{2-2}$$

式中，A_a 为中心距系数，对于直齿轮、斜齿轮、人字齿轮取值各不相同，需按国家标准查取，同时中心距 a 应尽量取标准值。

5. 初选模数

表 2.3 为模数推荐值。初定中心距 a 后，便可以根据表中推荐值初选模数 m。

表 2.3　模数 m 推荐值

系列	推荐值
第一系列	0.1　0.12　0.15　0.2　0.25　0.3　0.4　0.5　0.6　0.8　1　1.25　1.5　2　2.5　3 4　5　6　8　10　12　16　20　25　32　40　50
第二系列	0.35　0.7　0.9　1.75　2.25　2.75　(3.25)　3.5　(3.75)　4.5　5.5　(6.5)　7　9 (11)　14　18　22　28　36　45

对软齿面外啮合齿轮传动，可以按照以下原则对模数进行初选：平稳载荷，$m=0.01a$；中等冲击载荷，$m=0.015a$；启动频繁、大冲击载荷，$m=0.03a$。对于硬齿面，则一般要大于上述取值。同时，模数 m 的选取还应满足国家标准并优先选择第一系列。

6. 计算主要齿轮参数

由于中心距 a、法面模数 m_n、齿数比 u 均已确定，可按下式初定主动轮齿数 z_1。对斜齿轮而言，由于此时螺旋角 β 未知，齿数 z_1 为估算值：

$$z_1 \approx \frac{2a}{m_n(u+1)} \tag{2-3}$$

初选主动轮齿数 z_1 后，按照 $z_2=uz_1$ 可以计算出从动轮齿数 z_2，然后反算出螺旋角 β：

$$\beta=\arccos\frac{m_n(z_1+z_2)}{2a} \tag{2-4}$$

对于齿宽 B，由于已经选取齿宽系数 Φ_a，所以齿宽可以按下式计算：

$$B=a\Phi_a \tag{2-5}$$

至此，齿轮传动的初始设计参数均已计算完成。

7. 分配变位系数

变位系数的分配通常有等弯曲强度原则、等滑动率原则等多种分配方式，以满足配凑中心距、提高承载能力的要求。由于在初步设计阶段，齿根弯曲强度计算所需要的各系数尚未计算完成，所以在此阶段，变位系数仅按等滑动率原则分配，在完成接触强度计算、弯曲强度计算、结构优化之后，再详细对变位系数进行分配。

8. 形成初步设计方案

根据上述步骤，可以完成齿轮传动的初步设计，然后分别进行齿面接触强度校核和齿根弯曲强度校核。如果设计方案不满足两者中的任意一种校核，则应返回到初步设计阶段重新进行设计计算，直到设计方案满足强度要求。

2.2.2　齿轮传动参数化设计的实现过程

齿轮传动的初步设计计算过程中，涉及大量的参数，如齿数、模数、工况参数、材料参数等，这些参数有数十个，如果再考虑中间参数计算过程，则所有需要计算的参数会多达上百个。如何对这些参数合理归类、有效管理，对于减少计算量、提高计算效率有重要的意义。

通过对国家标准 GB/T 3480—1997 详细分析可以发现，对于一对相啮合的齿轮副，初步设计过程所涉及的参数可以分为三大类：几何参数、材料属性参数、工况参数。图 2.3 为单级渐开线圆柱齿轮所涉及的各类参数。

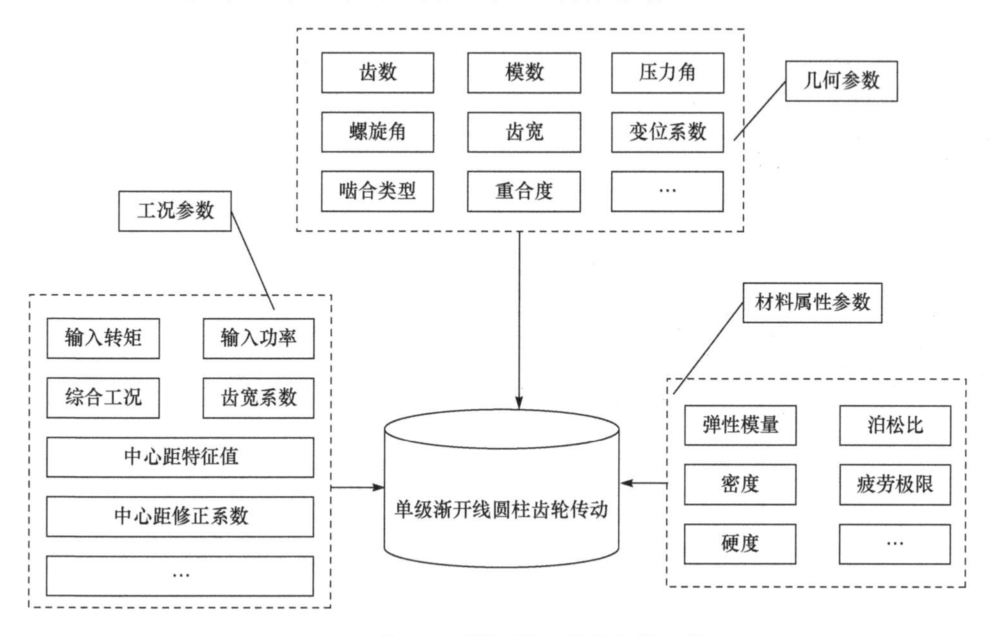

图 2.3　单级渐开线圆柱齿轮的各类参数

利用 C++语言中“类”的概念，结合面向对象的思想，对以上各类参数分别进行封装，对于一对渐开线圆柱齿轮传动而言，根据这三类系数便可以实现其他中间参数的计算，进而实现齿面接触强度和齿根弯曲强度的校核。

1. 几何参数类的定义

```
    //几何参数类定义
class CPARA_GEOM
{
```

```
    int z1;                //小齿轮齿数
    int z2;                //大齿轮齿数
    double zmin;           //不产生根切的最小齿数
    double m;              //模数
    double alpha;          //压力角
    double beta;           //螺旋角
    double b1;             //小齿轮齿宽
    double b2;             //大齿轮齿宽
    double hax;            //齿顶高系数
    double cx;             //顶隙系数
    double x1;             //小齿轮变位系数
    double x2;             //大齿轮变位系数
    double xsigma;         //总变位系数,对于外啮合是x2+x1,对于内啮合是x2-x1
    int iq;                //精度等级
    double i;              //传动比
    double a;              //中心距
    double a_round;        //圆整后中心距
    int mesh_type;         //啮合类型,1为外啮合,-1为内啮合,默认为外啮合
    int helical;           //0为直齿,1为斜齿,默认为0
    BOOL bALimit;          //是否限定中心距,默认为不限定中心距
    double eps_alpha;      //端面重合度
    double sa1;            //主动轮齿顶厚
    double sa2;            //从动轮齿顶厚
};
```

2. 材料属性参数类的定义

```
    //材料属性参数类定义
class CPARA_MAT
{
    int mat1;              //小齿轮材料代号
    int mat2;              //大齿轮材料代号
    double e1;             //小齿轮弹性模量
    double e2;             //大齿轮弹性模量
    double u1;             //小齿轮泊松比
    double u2;             //大齿轮泊松比
    double dens1;          //小齿轮密度
    double dens2;          //大齿轮密度
    double sighlim1;       //小齿轮材料接触疲劳极限
```

```
    double sighlim2;        //大齿轮材料接触疲劳极限
    double sigflim1;        //小齿轮材料弯曲疲劳极限
    double sigflim2;        //大齿轮材料弯曲疲劳极限
    double hb1;             //小齿轮齿面布氏硬度
    double hb2;             //大齿轮齿面布氏硬度
};
```

3. 工况参数类定义

```
    //工作参数类定义
class CPARA_WK
{
    double t;               //输入转矩
    double n1;              //小齿轮转速
    double n2;              //大齿轮转速
    double K;               //综合工况系数
    double fa;              //齿宽系数 Φa
    double fd;              //齿宽系数 Φd
    double Aa;              //中心距特征值
    double Aa_modi;         //修正系数
};
```

在定义了这三类参数之后，一对单级渐开线圆柱齿轮传动的初步设计过程中的参数可以使用 CPARA_GEOM、CPARA_MAT、CPARA_WK 这三个类来表达：

```
    //初步设计参数类定义
class CPARA_DESIGN
{
    CPARA_GEOM  gm;
    CPARA_MAT   mt;
    CPARA_WK    wk;
};
```

对于两级圆柱齿轮传动，分为低速级和高速级两级传动，可以分别定义低速级和高速级对象为 low_stage、high_stage，然后对每级传动中的齿形几何参数、材料属性参数、工况参数进行设置和计算。这样，两级（或以后开发多级传动）的数据互相独立、互不影响，且可以对任意一组参数实现快速计算，这就是参数化初步设计的思想。图 2.4 为两级渐开线圆柱齿轮传动的参数化表达过程。

由此可见，只要预先定义了齿轮传动计算的参数化“模板”（即各参数类），便可以对任意一级中的初步设计、中间计算、齿面接触强度校核、齿根弯曲强度校核进

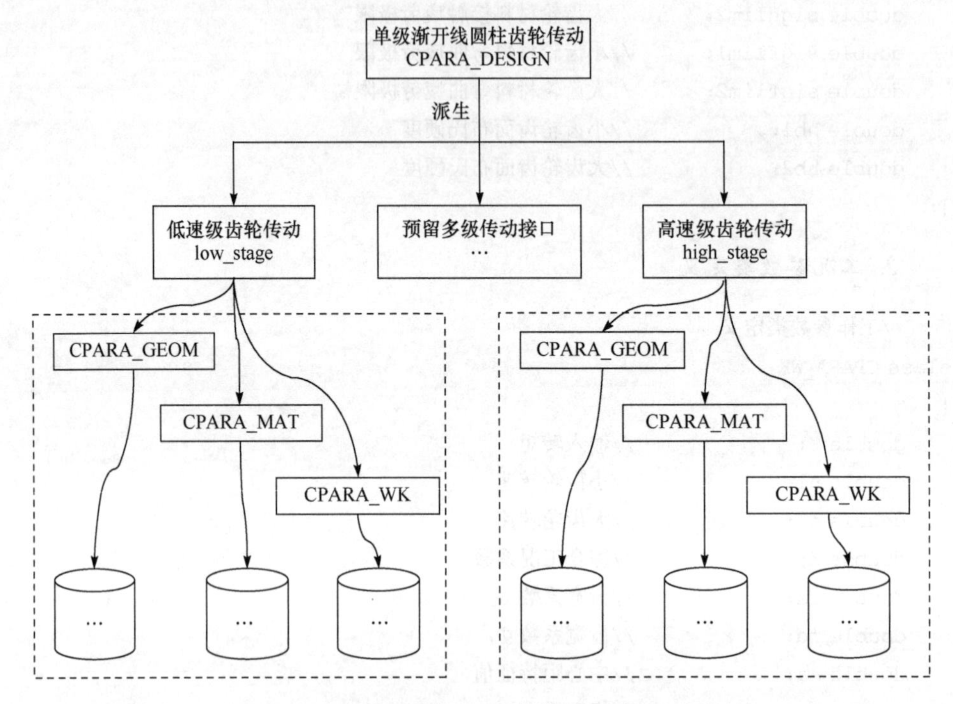

图 2.4 两级渐开线圆柱齿轮传动的参数化表达

行快速计算，且各级之间的参数互不影响，保持各自的独立性。这对提高程序计算的效率和可读性、减少计算工作量具有显著的作用，而且为下一步圆锥齿轮、行星轮系甚至蜗轮-蜗杆传动的设计及强度计算工作也奠定了基础。

2.3 初步设计及强度校核过程中的数据自动查取

在圆柱齿轮传动的初步设计及强度校核过程中，需要从国家标准[4]或齿轮手册[5]中查取大量的曲线、图表等。如何在计算机中对这些参数进行有效地表达及快速、准确地查取，对于实现齿轮参数化初步设计、提高强度校核的效率和精度非常重要。

2.3.1 初步设计及强度校核过程中的数据处理方法

根据国家标准 GB/T 3480—1997 及齿轮设计手册的定义，渐开线圆柱齿轮初步设计及强度校核过程中用于计算各系数的中间参数主要有两大类。第一类为连续型的曲线参数，这类参数虽然以曲线的形式给出，但对国家标准及手册进行详细的研究可以发现，用于计算各关键系数的曲线大多有现成的公式相对应，因此这类参数非常适合用程序来表达；第二类为离散型的表格参数，如载荷系数、模数标准值、中心距标准值等，这类参数没有现成的公式相对应，往往需要根据一定的条件手工查取，为了在计算机中实现这类数据的有效管理和快速、准确查取，需要用到数据库技术。基于上述分析，对于参数化初步设计及强度校核过程中的两类数据，分别采用两种方法进行表达。

1. 工程数据的程序化处理

程序化处理是在计算机上根据曲线对应的原始公式进行编程，再利用已知的输入参数，快速、准确地计算出输出值的方法。同传统的插值方法相比，该方法效率更高，计算误差更小，且在实现上难度较小。

2. 利用数据库技术管理工程数据

数据库技术在处理离散型的表格参数时非常有效，将各种已有的参数事先保存到数据库中，然后在初步设计及强度计算模块中根据一定的条件对数据进行自动、快速查取和后续计算。由于这种方法需要使用数据库技术和接口，在实现时具有一定的难度。这里将重点介绍基于数据库方法的工程数据自动查取。

2.3.2 工程数据自动查取的实现

1. 工程数据的存储

常规的表格通常都是二维表格，根据行向和列向条件的限制唯一确定表格中的参数。但在工程设计尤其是齿轮传动的设计及强度计算中，表格的维数往往是三维甚至更高，这种表格需要根据三个甚至四个限制条件才能查到唯一的数值。而在使用数据库技术进行表达时，为了提高查取效率应尽量采用二维表格进行数据存储或读取，所以应对高维表格进行降维处理。

对于 n 维表格，这里采取的降维方法为，将前 $n-1$ 维合并为一个维数，然后同第 n 维共同形成一个二维表格，从而快速查找和读取数据。下面以单个齿距偏差 f_{pt} 的存储和读取为例对降维方法进行介绍。

表 2.4 为单个齿距偏差 f_{pt} 的数据表。在查取表中数据时，需要根据分度圆直径 d、模数 m 和精度等级三个限制条件查取。为了便于在计算机中存储和查取，对分度圆直径 d 和模数 m 分别进行编码，编码依据是分度圆直径为主识别码，模数为副识别码。如表 2.4 所示，按照分度圆直径由小到大的顺序依次编码为 1，2，3，…，将模数按照由小到大的顺序依次编码为 1，2，3，…，再将主识别码和副识别码进行合并得到行识别码，即行识别码＝主识别码×10＋副识别码。例如，$20\text{mm}<d\leqslant 50\text{mm}$、$3.5\text{mm}<m\leqslant 6\text{mm}$ 的行识别码为：$2\times 10+3=23$，再根据精度等级便可以唯一确定齿距偏差值。

表 2.4　单个齿距偏差 $\pm f_{pt}$　　(单位:μm)

分度圆直径 d/mm	模数 m/mm	精度等级 5	6	7	8	9	10	11	12
$5\leqslant d\leqslant 20$ (主识别码 1)	$0.5\leqslant m\leqslant 2$(副识别码 1)	4.7	6.5	9.5	13.0	19.0	26.0	37.0	53.0
	$2<m\leqslant 3.5$(副识别码 2)	5.0	7.5	10.0	15.0	21.0	29.0	41.0	59.0
$20<d\leqslant 50$ (主识别码 2)	$0.5\leqslant m\leqslant 2$(副识别码 1)	5.0	7.0	10.0	14.0	20.0	28.0	40.0	56.0
	$2<m\leqslant 3.5$(副识别码 2)	5.5	7.5	11.0	15.0	22.0	31.0	44.0	62.0
	$3.5<m\leqslant 6$(副识别码 3)	6.0	8.5	12.0	17.0	24.0	34.0	48.0	68.0
	$6<m\leqslant 10$(副识别码 4)	7.0	10.0	14.0	20.0	28.0	40.0	56.0	79.0
$50<d\leqslant 125$ (主识别码 3)	$0.5\leqslant m\leqslant 2$(副识别码 1)	5.5	7.5	11.0	15.0	21.0	30.0	43.0	61.0
	$2<m\leqslant 3.5$(副识别码 2)	6.0	8.5	12.0	17.0	23.0	33.0	47.0	66.0
	$3.5<m\leqslant 6$(副识别码 3)	6.5	9.0	13.0	18.0	26.0	36.0	52.0	73.0
	$6<m\leqslant 10$(副识别码 4)	7.5	10.0	15.0	21.0	30.0	42.0	59.0	84.0
	$10<m\leqslant 16$(副识别码 5)	9.0	13.0	18.0	25.0	35.0	50.0	71.0	100.0
	$16<m\leqslant 25$(副识别码 6)	11.0	16.0	22.0	31.0	44.0	63.0	89.0	125.0
$125<d\leqslant 280$ (主识别码 4)	$0.5\leqslant m\leqslant 2$(副识别码 1)	6.0	8.5	12.0	17.0	24.0	34.0	48.0	67.0
	$2<m\leqslant 3.5$(副识别码 2)	6.5	9.0	13.0	18.0	26.0	36.0	51.0	73.0
	$3.5<m\leqslant 6$(副识别码 3)	7.0	10.0	14.0	20.0	28.0	40.0	56.0	79.0
	$6<m\leqslant 10$(副识别码 4)	8.0	11.0	16.0	23.0	32.0	45.0	64.0	90.0
	$10<m\leqslant 16$(副识别码 5)	9.5	13.0	19.0	27.0	38.0	53.0	75.0	107.0
	$16<m\leqslant 25$(副识别码 6)	12.0	16.0	23.0	33.0	47.0	66.0	93.0	132.0
	$25<m\leqslant 40$(副识别码 7)	15.0	21.0	30.0	43.0	61.0	86.0	121.0	171.0
$280<d\leqslant 560$ (主识别码 5)	$0.5\leqslant m\leqslant 2$(副识别码 1)	6.5	9.5	13.0	19.0	27.0	38.0	54.0	76.0
	$2<m\leqslant 3.5$(副识别码 2)	7.0	10.0	14.0	20.0	29.0	41.0	57.0	81.0
	$3.5<m\leqslant 6$(副识别码 3)	8.0	11.0	16.0	22.0	31.0	44.0	62.0	88.0
	$6<m\leqslant 10$(副识别码 4)	8.5	12.0	17.0	25.0	35.0	49.0	70.0	99.0
	$10<m\leqslant 16$(副识别码 5)	10.0	14.0	20.0	29.0	41.0	58.0	81.0	115.0
	$16<m\leqslant 25$(副识别码 6)	12.0	18.0	25.0	35.0	50.0	70.0	99.0	140.0
	$25<m\leqslant 40$(副识别码 7)	16.0	22.0	32.0	45.0	63.0	90.0	127.0	180.0
	$40<m\leqslant 70$(副识别码 8)	22.0	31.0	45.0	63.0	89.0	126.0	178.0	252.0
$560<d\leqslant 1000$ (主识别码 6)	$0.5\leqslant m\leqslant 2$(副识别码 1)	7.5	11.0	15.0	21.0	30.0	43.0	61.0	86.0
	$2<m\leqslant 3.5$(副识别码 2)	8.0	11.0	16.0	23.0	32.0	46.0	65.0	91.0
	$3.5<m\leqslant 6$(副识别码 3)	8.5	12.0	17.0	24.0	35.0	49.0	69.0	98.0
	$6<m\leqslant 10$(副识别码 4)	9.5	14.0	19.0	27.0	38.0	54.0	77.0	109.0
	$10<m\leqslant 16$(副识别码 5)	11.0	16.0	22.0	31.0	44.0	63.0	89.0	125.0
	$16<m\leqslant 25$(副识别码 6)	13.0	19.0	27.0	38.0	53.0	75.0	106.0	150.0
	$25<m\leqslant 40$(副识别码 7)	17.0	24.0	34.0	47.0	67.0	95.0	134.0	190.0
	$40<m\leqslant 70$(副识别码 8)	23.0	33.0	46.0	65.0	93.0	131.0	185.0	262.0

续表

分度圆直径 *d*/mm	模数 *m*/mm	精度等级							
		5	6	7	8	9	10	11	12
1000＜*d*≤1600 (主识别码7)	2＜*m*≤3.5(副识别码2)	9.0	13.0	18.0	26.0	36.0	51.0	72.0	103.0
	3.5＜*m*≤6(副识别码3)	9.5	14.0	19.0	27.0	39.0	55.0	77.0	109.0
	6＜*m*≤10(副识别码4)	11.0	15.0	21.0	30.0	42.0	60.0	85.0	120.0
	10＜*m*≤16(副识别码5)	12.0	17.0	24.0	34.0	48.0	68.0	97.0	136.0
	16＜*m*≤25(副识别码6)	14.0	20.0	29.0	40.0	57.0	81.0	114.0	161.0
	25＜*m*≤40(副识别码7)	18.0	25.0	36.0	50.0	71.0	100.0	142.0	201.0
	40＜*m*≤70(副识别码8)	24.0	34.0	48.0	68.0	97.0	137.0	193.0	273.0
1600＜*d*≤2500 (主识别码8)	3.5＜*m*≤6(副识别码3)	11.0	15.0	21.0	30.0	43.0	61.0	86.0	122.0
	6＜*m*≤10(副识别码4)	12.0	17.0	23.0	33.0	47.0	66.0	94.0	132.0
	10＜*m*≤16(副识别码5)	13.0	19.0	26.0	37.0	53.0	74.0	105.0	149.0
	16＜*m*≤25(副识别码6)	15.0	22.0	31.0	43.0	61.0	87.0	123.0	174.0
	25＜*m*≤40(副识别码7)	19.0	27.0	38.0	53.0	75.0	107.0	151.0	213.0
	40＜*m*≤70(副识别码8)	25.0	36.0	50.0	71.0	101.0	143.0	202.0	286.0
2500＜*d*≤4000 (主识别码9)	6＜*m*≤10(副识别码4)	13.0	18.0	26.0	37.0	52.0	74.0	105.0	148.0
	10＜*m*≤16(副识别码5)	15.0	21.0	29.0	41.0	58.0	82.0	116.0	165.0
	16＜*m*≤25(副识别码6)	17.0	24.0	33.0	47.0	67.0	95.0	134.0	189.0
	25＜*m*≤40(副识别码7)	20.0	29.0	40.0	57.0	81.0	114.0	162.0	229.0
	40＜*m*≤70(副识别码8)	27.0	38.0	53.0	75.0	106.0	151.0	213.0	301.0
4000＜*d*≤6000 (主识别码10)	6＜*m*≤10(副识别码4)	15.0	21.0	29.0	42.0	59.0	83.0	118.0	167.0
	10＜*m*≤16(副识别码5)	16.0	23.0	32.0	46.0	65.0	92.0	130.0	183.0
	16＜*m*≤25(副识别码6)	18.0	26.0	37.0	52.0	74.0	104.0	147.0	208.0
	25＜*m*≤40(副识别码7)	22.0	31.0	44.0	62.0	88.0	124.0	175.0	248.0
	40＜*m*≤70(副识别码8)	28.0	40.0	57.0	80.0	113.0	160.0	226.0	320.0
6000＜*d*≤8000 (主识别码11)	10＜*m*≤16(副识别码5)	18.0	25.0	36.0	50.0	71.0	101.0	142.0	201.0
	16＜*m*≤25(副识别码6)	20.0	28.0	40.0	57.0	80.0	113.0	160.0	226.0
	25＜*m*≤40(副识别码7)	23.0	33.0	47.0	66.0	94.0	133.0	188.0	266.0
	40＜*m*≤70(副识别码8)	30.0	42.0	60.0	84.0	119.0	169.0	239.0	338.0
8000＜*d*≤10000 (主识别码12)	10＜*m*≤16(副识别码5)	19.0	27.0	38.0	54.0	77.0	108.0	153.0	217.0
	16＜*m*≤25(副识别码6)	21.0	30.0	43.0	60.0	85.0	121.0	171.0	242.0
	25＜*m*≤40(副识别码7)	25.0	35.0	50.0	70.0	99.0	140.0	199.0	281.0
	40＜*m*≤70(副识别码8)	31.0	44.0	62.0	88.0	125.0	177.0	250.0	353.0

基于这样的编码原则，可以将表 2.4 进行降维处理，得到如表 2.5 所示的二维表，由行识别码和列识别码可以唯一确定一个数据。

表 2.5 降维处理后的单个齿距偏差±f_{pt} （单位：μm）

行识别码	精度等级（列识别码）							
	5	6	7	8	9	10	11	12
11	4.7	6.5	9.5	13.0	19.0	26.0	37.0	53.0
12	5.0	7.5	10.0	15.0	21.0	29.0	41.0	59.0
21	5.0	7.0	10.0	14.0	20.0	28.0	40.0	56.0
22	5.5	7.5	11.0	15.0	22.0	31.0	44.0	62.0
23	6.0	8.5	12.0	17.0	24.0	34.0	48.0	68.0
24	7.0	10.0	14.0	20.0	28.0	40.0	56.0	79.0
31	5.5	7.5	11.0	15.0	21.0	30.0	43.0	61.0
32	6.0	8.5	12.0	17.0	23.0	33.0	47.0	66.0
33	6.5	9.0	13.0	18.0	26.0	36.0	52.0	73.0
34	7.5	10.0	15.0	21.0	30.0	42.0	59.0	84.0
35	9.0	13.0	18.0	25.0	35.0	50.0	71.0	100.0
36	11.0	16.0	22.0	31.0	44.0	63.0	89.0	125.0
41	6.0	8.5	12.0	17.0	24.0	34.0	48.0	67.0
42	6.5	9.0	13.0	18.0	26.0	36.0	51.0	73.0
43	7.0	10.0	14.0	20.0	28.0	40.0	56.0	79.0
44	8.0	11.0	16.0	23.0	32.0	45.0	64.0	90.0
45	9.5	13.0	19.0	27.0	38.0	53.0	75.0	107.0
46	12.0	16.0	23.0	33.0	47.0	66.0	93.0	132.0
47	15.0	21.0	30.0	43.0	61.0	86.0	121.0	171.0
51	6.5	9.5	13.0	19.0	27.0	38.0	54.0	76.0
52	7.0	10.0	14.0	20.0	29.0	41.0	57.0	81.0
53	8.0	11.0	16.0	22.0	31.0	44.0	62.0	88.0
54	8.5	12.0	17.0	25.0	35.0	49.0	70.0	99.0
55	10.0	14.0	20.0	29.0	41.0	58.0	81.0	115.0
56	12.0	18.0	25.0	35.0	50.0	70.0	99.0	140.0
57	16.0	22.0	32.0	45.0	63.0	90.0	127.0	180.0
58	22.0	31.0	45.0	63.0	89.0	126.0	178.0	252.0
61	7.5	11.0	15.0	21.0	30.0	43.0	61.0	86.0
62	8.0	11.0	16.0	23.0	32.0	46.0	65.0	91.0
63	8.5	12.0	17.0	24.0	35.0	49.0	69.0	98.0
64	9.5	14.0	19.0	27.0	38.0	54.0	77.0	109.0
65	11.0	16.0	22.0	31.0	44.0	63.0	89.0	125.0

续表

行识别码	精度等级(列识别码)							
	5	6	7	8	9	10	11	12
66	13.0	19.0	27.0	38.0	53.0	75.0	106.0	150.0
67	17.0	24.0	34.0	47.0	67.0	95.0	134.0	190.0
68	23.0	33.0	46.0	65.0	93.0	131.0	185.0	262.0
72	9.0	13.0	18.0	26.0	36.0	51.0	72.0	103.0
73	9.5	14.0	19.0	27.0	39.0	55.0	77.0	109.0
74	11.0	15.0	21.0	30.0	42.0	60.0	85.0	120.0
75	12.0	17.0	24.0	34.0	48.0	68.0	97.0	136.0
76	14.0	20.0	29.0	40.0	57.0	81.0	114.0	161.0
77	18.0	25.0	36.0	50.0	71.0	100.0	142.0	201.0
78	24.0	34.0	48.0	68.0	97.0	137.0	193.0	273.0
83	11.0	15.0	21.0	30.0	43.0	61.0	86.0	122.0
84	12.0	17.0	23.0	33.0	47.0	66.0	94.0	132.0
85	13.0	19.0	26.0	37.0	53.0	74.0	105.0	149.0
86	15.0	22.0	31.0	43.0	61.0	87.0	123.0	174.0
87	19.0	27.0	38.0	53.0	75.0	107.0	151.0	213.0
88	25.0	36.0	50.0	71.0	101.0	143.0	202.0	286.0
94	13.0	18.0	26.0	37.0	52.0	74.0	105.0	148.0
95	15.0	21.0	29.0	41.0	58.0	82.0	116.0	165.0
96	17.0	24.0	33.0	47.0	67.0	95.0	134.0	189.0
97	20.0	29.0	40.0	57.0	81.0	114.0	162.0	229.0
98	27.0	38.0	53.0	75.0	106.0	151.0	213.0	301.0
104	15.0	21.0	29.0	42.0	59.0	83.0	118.0	167.0
105	16.0	23.0	32.0	46.0	65.0	92.0	130.0	183.0
106	18.0	26.0	37.0	52.0	74.0	104.0	147.0	208.0
107	22.0	31.0	44.0	62.0	88.0	124.0	175.0	248.0
108	28.0	40.0	57.0	80.0	113.0	160.0	226.0	320.0
115	18.0	25.0	36.0	50.0	71.0	101.0	142.0	201.0
116	20.0	28.0	40.0	57.0	80.0	113.0	160.0	226.0
117	23.0	33.0	47.0	66.0	94.0	133.0	188.0	266.0
118	30.0	42.0	60.0	84.0	119.0	169.0	239.0	338.0
125	19.0	27.0	38.0	54.0	77.0	108.0	153.0	217.0
126	21.0	30.0	43.0	60.0	85.0	121.0	171.0	242.0
127	25.0	35.0	50.0	70.0	99.0	140.0	199.0	281.0
128	31.0	44.0	62.0	88.0	125.0	177.0	250.0	353.0

经过降维后的数据表格，编码方式简单明了，便于在计算机中录入和查取。图 2.5为按此方法存储在 Access 文件中的单个齿距偏差 f_{pt} 数据表，其中 DM 代表行识别码，PRES 代表列识别码(精度等级)。

DM	PRES	NUM
11	5	4.7
11	6	6.5
11	7	9.5
11	8	13.0
11	9	19.0
11	10	26.0
12	5	5.0
12	6	7.5
12	7	10.0
12	8	15.0
12	9	21.0
12	10	29.0
21	5	5.0
21	6	7.0
21	7	10.0
21	8	14.0
21	9	20.0
21	10	28.0
22	5	5.5
22	6	7.5
22	7	11.0
22	8	15.0
22	9	22.0
22	10	31.0
23	5	6.0
23	6	8.5
23	7	12.0

图 2.5　f_{pt} 在 Access 文件中的表达(精度 5～10 级)

2. 工程数据的读取

基于上述降维编码方法，在 Visual C++中使用 OLE DB(基于 COM 的数据存储对象)来完成同 Access 数据库文件的连接及数据读取[6]。在确定行识别码时需要按照已定的编码原则对分度圆直径 d 和模数 m 进行编码，如以下代码所示：

```
if(m_d2<=20)          m_dflag=1;
else if(m_d2<=50)     m_dflag=2;
……
if(m_m<=2)            m_mflag=1;
else if(m_m<=3.5)     m_mflag=2;
else if(m_m<=6)       m_mflag=3;
```

```
else if(m_m<=10)          m_mflag=4;
……
```

由此得到行识别码为

```
int nflag=10*m_dflag+m_mflag;
```

然后使用OLE DB创建ADODB实例，根据行识别码DM和列识别码PRES进行数据库的连接以及齿距偏差的自动查取，其实现代码如下：

```
CoInitialize(NULL);                                  //连接操作初始化
HRESULT hr;
char strcmd[300];
char *tablefpt="fpt";
_ConnectionPtr pConn(__uuidof(Connection));          //构造连接指针
_RecordsetPtrp Rst(__uuidof(Recordset));             //构造数据集指针
hr=pConn.CreateInstance("ADODB.Connection");         //创建连接实例
char strtemp[300];
sprintf_s(strtemp,300,"Provider=Microsoft.Jet.OLEDB.4.0;
         DataSource=%s\\database\\database.mdb",curpath);
pConn->Open(strtemp,"","",adModeUnknown);
//构造列查询字符串
sprintf_s(strcmd,300,"select * from %s where DM=%d and PRES=%d",
         tablefpt,nflag,m_iq);
pRst=pConn->Execute(strcmd,NULL,adCmdText);
while(!pRst->adoEOF)
{
  m_fpt=pRst->GetCollect("NUM");                     //查取基节极限偏差的值
  m_fpt *=cos(m_alpha*PI/180);
  pRst->MoveNext();
}
if(pConn->State)
  pConn->Close();
if(pRst->State)
  pRst->Close();
CoUninitialize();
```

2.3.3 工程数据处理的细节问题

在齿轮传动的初步设计和强度计算中，往往会遇到工程数据取整、四舍五入、圆整为标准值等问题[7]，为了在计算机中实现这些问题，有必要对这些细节进行讨论。

1. 数据圆整

数据圆整的方式有四舍五入圆整(如齿数)或按 0.5 间隔圆整。Visual C++ 中提供有现成的 ifix()函数,按照四舍五入的圆整方式为:x=ifix(x+0.5);按 0.5 间隔的圆整方式为:x=ifix(x)+0.5。

2. 工程数据的存储

国家标准及手册中含有大量的标准值(如模数、中心距等),这类参数由于数据量较小,可以直接在程序中使用 if-else 分支结构语句编程实现,在选取标准值时根据已知条件逐个进行判断,以得到标准值。

3. 恒等比较

在计算机中,只有整型数据之间可以直接比较是否相等;而对于浮点型数据,由于精度问题无法直接实现恒等比较,所以应采用比较两浮点数之间差值的方法进行比较。在给定精度阈值 ε^* 的情况下,浮点型数据的恒等比较判断方法如下:

$$\mathrm{fabs}(x-y)\leqslant\varepsilon^* \tag{2-6}$$

2.4 本章小结

本章对渐开线圆柱齿轮传动的参数化初步设计及强度校核过程进行了研究。根据国家标准和齿轮设计手册等资料,将初步设计及强度校核计算过程中的参数分为几何参数、材料属性参数和工况参数,实现了单级渐开线圆柱齿轮传动的参数化计算,为两级圆柱齿轮和后续圆锥齿轮传动、行星齿轮传动的设计计算提供了保证。采用数据库技术实现了工程数据的存储及自动查取,可以在程序中根据给定条件快速、准确地查取所需数据,有效提高了计算效率。基于参数化思想开发的初步设计和强度校核计算模块为后续的结构优化和性能优化奠定了坚实的基础。

参考文献

[1] 濮良贵,陈国定,吴立言. 机械设计. 9 版. 北京:高等教育出版社,2013.
[2] 李楷模. 基于齿轮传动影响因素的优化设计. 机械工程师,2008,(10):43-44.
[3] 毛新财. 齿轮传送设计 Expert/CAD 系统的研究. 西安:长安大学硕士学位论文,2001.
[4] 国家技术监督局. GB/T 3480—1997. 渐开线圆柱齿轮承载能力计算方法. 北京:中国标准出版社,1997.
[5] 齿轮手册编委会. 齿轮手册. 北京:机械工业出版社,2010.
[6] 袁明. 应用 ODBC 和 OLE DB 的 VC++数据库编程技术. 电脑知识与技术,2009,5(10):2550-2555.
[7] 钟志伟,周彦伟. 现代设计方法. 武汉:武汉理工大学出版社,2001.

第3章　基于精确约束条件的渐开线圆柱齿轮结构优化

齿轮传动在设计过程中，为了保证必要的强度和足够的安全系数，经常会造成齿数、模数、齿宽等参数的冗余。因此，有关齿轮的结构优化设计，尤其是轻量化设计，一直是机械优化设计领域的重要研究课题。然而，齿轮优化问题涉及齿轮的强度约束条件，在精确计算齿轮强度时需要查取大量的图表、曲线，导致计算量较大，因此现有方法在处理齿轮优化问题时，大多将强度约束条件中的关键系数作为常量或进行简化和近似，从而造成了优化结果不彻底。作者以齿轮强度计算模块为基础，开发针对齿轮优化问题专用的齿轮强度独立计算模块，用以精确计算约束条件中的各关键系数，并以两级圆柱齿轮传动为例，以最小总中心距或最小总体积为目标函数，建立圆柱齿轮结构优化问题的数学模型，最后利用 MATLAB 自带的优化工具箱实现了圆柱齿轮的结构优化。

3.1　渐开线圆柱齿轮结构优化的理论基础

齿轮的结构优化属于非常典型的优化问题。在对渐开线圆柱齿轮的结构进行优化之前，首先需要建立该优化问题的数学模型。一个完整的优化问题数学模型，包括优化变量、目标函数和约束条件三个部分[1]。

3.1.1　优化变量

现实过程中的优化方案可以使用一组参数(如性能参数、几何参数等)来表达，这些参数分为常量和优化变量两大类。在一个优化问题中，不同的优化变量之间必须互相独立。

在优化问题的数学模型中，优化变量通常使用一组列向量来表达。如果一个优化问题包括 n 个优化变量，则该问题成为 n 维优化问题，其中的优化变量则构成了一个 n 维列向量，如式(3-1)所示：

$$\boldsymbol{Y}=[y_1, y_2, \cdots, y_n]^{\mathrm{T}} \tag{3-1}$$

式中，$y_i(i=1,2,\cdots,n)$为各优化变量。优化问题的最终结果都是以优化变量构成的列向量表达的。

3.1.2　目标函数

通常，一个给定的优化设计问题，都以满足某种最优目标为目的。齿轮的结构优化需要在满足强度条件、润滑条件和重合度条件等约束条件下，尽量减小齿轮的质量或体积，这就是齿轮优化问题的最优目标。在优化问题的数学模型中，最优目标是以目标函数来表达的，目标函数作为各优化变量的函数，可以用来评估一个优化方案的优劣，目标函数的表达式如式(3-2)所示：

$$f(\boldsymbol{Y})=f(y_1,y_2,\cdots,y_n) \tag{3-2}$$

在机械优化问题中，为了规范起见，通常将目标函数的极小值作为最优值；反之，当需要求解目标函数的极大值时，只要求解 $-f(\boldsymbol{Y})$ 的极小值即可。这样，目标函数的极小化过程可以进一步表示为

$$\min f(\boldsymbol{Y})=\min f(y_1,y_2,\cdots,y_n) \tag{3-3}$$

对于一个优化问题，如果只追求单一目标（如质量、体积或尺寸等）的最优化，则该优化问题为单目标优化问题；如果需要同时兼顾某几个目标的最优化，则该优化问题称为多目标优化问题。多目标优化问题在求解时，需要为各目标分配不同的权重，因此其求解方法和求解过程较单目标优化问题要相对复杂。

3.1.3 约束条件

约束条件是优化问题中需要考虑的各种限制条件，对于齿轮的结构优化，需要限制一对齿轮副的中心距在某一个范围内、齿轮的齿面计算接触应力需要小于等于其许用接触应力等。约束条件可以分为不等式约束和等式约束[2]，如式(3-4)和式(3-5)所示：

$$g_i(\boldsymbol{Y})\leqslant 0 \quad (i=1,2,\cdots,p) \tag{3-4}$$

$$h_j(\boldsymbol{Y})=0 \quad (j=1,2,\cdots,q) \tag{3-5}$$

式中，p 为不等式约束的个数；q 为等式约束的个数。

约束条件根据性质和作用的不同，通常可以分为边界约束条件和性能约束条件。优化变量本身通常具有一定的取值范围，如在齿轮结构优化中，为了避免根切，齿数通常需要大于 17，这类约束条件属于优化变量本身的约束，因此称为边界约束条件；另一种约束则是为了达到或满足某种性能，由设计变量推导出来的，这类约束条件称为性能约束条件。通常，在一个优化问题中，边界约束条件和性能约束条件都是不可或缺的。

在确定了以上三个要素之后，优化问题的完整数学模型就可以表示为

$$\begin{aligned}&\min f(\boldsymbol{Y}), \quad y\in \mathbf{R}^n\\ &\text{s.t.}\ \ g_i(\boldsymbol{Y})\leqslant 0 \quad (i=1,2,\cdots,p)\\ &\qquad h_j(\boldsymbol{Y})=0 \quad (j=1,2,\cdots,q)\end{aligned} \tag{3-6}$$

3.2　基于精确约束条件的渐开线圆柱齿轮结构优化方法

3.2.1　渐开线圆柱齿轮结构优化中的强度约束条件分析

渐开线圆柱齿轮结构优化问题通常具有众多的约束条件，如强度条件、润滑条件、重合度条件等，对于两级渐开线圆柱齿轮优化，通常还需要施加尺寸干涉条件。在这些约束条件中，首先需要确保齿轮的强度约束条件，即齿面计算接触应力和齿根计算弯曲应力必须小于其对应的许用接触应力和许用弯曲应力。然而，在计算齿面接触应力和齿根弯曲应力时，都需要涉及诸多的关键系数，如动载系数、齿向载荷分布系数、齿间载荷分配系数等。这些关键系数的计算值是否精确，会对齿轮的计算应力产生很大的影响，进而影响强度约束条件。因此，有必要对强度约束条件进行分析以确保约束条件的精确性。

1. 齿面接触强度约束条件分析

国家标准 GB/T 3480—1997 中详细定义了齿面接触强度核算的强度约束条件，如式(3-7)所示：

$$\sigma_H \leqslant \sigma_{HP} \tag{3-7}$$

式中，σ_H 为各齿轮在节点或单齿啮合区内界点的计算接触应力的最大值；σ_{HP} 为相应的许用接触应力。计算接触应力的计算公式如式(3-8)所示：

$$\sigma_H = Z_{BD} Z_H Z_E Z_\varepsilon Y_\beta \sqrt{K_A K_V K_{H\beta} K_{H\alpha} \frac{F_t}{d_1 B} \frac{u \pm 1}{u}} \tag{3-8}$$

式中，Z_{BD} 为单对齿啮合系数；Z_H 为节点区域系数；Z_E 为弹性影响系数；Z_ε 为重合度系数；Y_β 为螺旋角系数；K_A 为使用系数；K_V 为动载系数；$K_{H\beta}$ 为接触强度计算的齿向载荷分布系数；$K_{H\alpha}$ 为接触强度计算的齿间载荷分布系数；F_t 为端面内分度圆上的名义切向力；B 为工作齿宽，是指一对齿轮副中的较小齿宽；d_1 为小齿轮分度圆直径；u 为齿数比。

国家标准 GB/T 3480—1997 中给出了各系数详细的计算过程。在接触强度计算中，最为关键的三个系数为 K_V、$K_{H\beta}$ 和 $K_{H\alpha}$。这三个系数的计算较为复杂，涉及齿数、模数和齿宽等原始计算参数，因此需要分别对这三个系数进行详细分析。

在计算动载系数 K_V 时，首先需要计算临界转速比 N。临界转速比 N 与小齿轮的临界转速 n_{E1} 相关，在计算临界转速 n_{E1} 时又要用到小齿轮的齿数 z_1 和诱导质量 m_{red}，而诱导质量 m_{red} 取决于齿轮的齿数 z、模数 m 和齿宽 B。然后，根据临界转速比 N 的不同运行转速区间，分别选用不同的公式对动载系数 K_V 进行计算。在这些公式中又包含了 C_v 系列影响系数，B_p、B_f、B_k 等对动载荷有影响的无量纲参数，有效基节偏差 f_{pbeff} 和有效齿形公差 f_{feff} 等，这些系数都直接或间接地取决于齿

宽 B 和模数 m 等参数。综上所述，动载系数 K_V 的计算流程如图 3.1 所示。

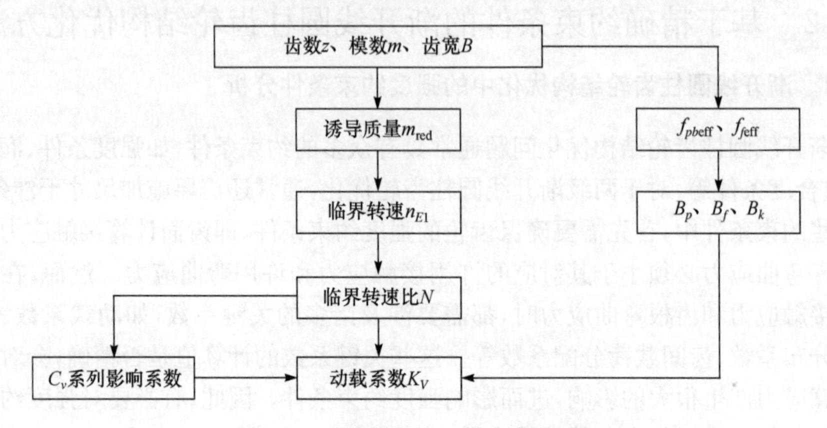

图 3.1　动载系数 K_V 的计算流程图

$K_{H\beta}$的取值也与众多的影响因素有关。其中比较重要的有：齿轮副的接触精度、啮合刚度、轮齿（轴及轴承）的变形、轴向载荷及轴上的附加载荷以及设计中有无元件变形补偿措施等。因此，要精确计算齿向载荷分布系数 $K_{H\beta}$，通常需要实际精密的测量和全面分析已知的影响因素。通过对计算过程进行详细的分析，可以发现齿向载荷分布系数 $K_{H\beta}$ 主要与计算齿宽 B_{ca}、啮合刚度 C_γ、初始啮合齿向误差 $F_{\beta x}$、综合变形产生的啮合齿向误差分量 f_{sh}、制造/安装误差产生的啮合齿向误差分量 f_{ma}、齿向跑合量 y_β 和跑合系数 x_β 等参数有关，这些系数需要根据齿数 z、模数 m、齿宽 B 和螺旋角 β 等主要参数查表获得。图 3.2 为齿向载荷分布系数 $K_{H\beta}$ 的计算流程。

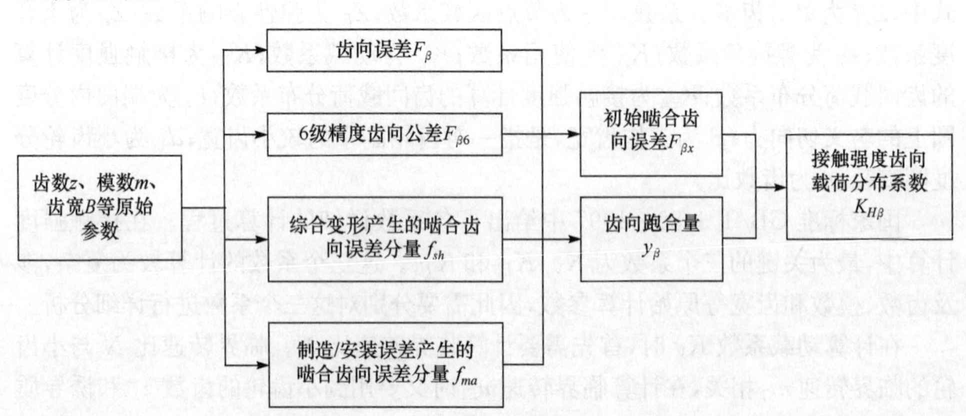

图 3.2　接触强度齿向载荷分布系数 $K_{H\beta}$ 的计算流程图

$K_{H\alpha}$ 的计算过程相对比较简单，其主要与总重合度 ε_γ、啮合刚度 C_γ、基节极限偏差 f_{pb} 和齿廓跑合量 y_α 等参数有关。其中，总重合度 ε_γ 与齿数 z 和模数 m 有关;齿廓跑合量 y_α 则需要根据模数 m、分度圆直径 d(最终取决于齿数 z 和模数 m)和精度等级综合查取。齿间载荷分布系数 $K_{H\alpha}$ 的计算流程如图 3.3 所示。

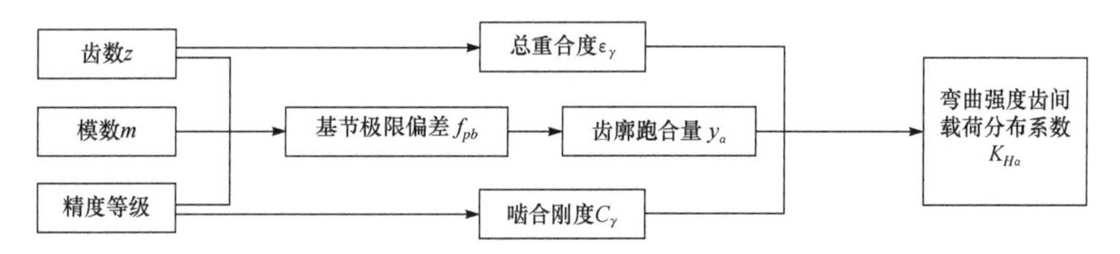

图 3.3　接触强度齿间载荷分布系数 $K_{H\alpha}$ 的计算流程

2. 齿根弯曲强度约束条件分析

与齿面接触强度 σ_H 的计算过程类似,齿根弯曲强度 σ_F 的计算过程也较为复杂,涉及较多的关键系数。国家标准 GB/T 3480—1997 中定义的齿根弯曲强度的校核条件为计算齿根应力 σ_F 应小于等于许用齿根弯曲应力 σ_{FP},如式(3-9)所示:

$$\sigma_F \leqslant \sigma_{FP} \tag{3-9}$$

计算齿根应力 σ_F 的计算公式为

$$\sigma_F = \frac{F_t}{Bm_n} Y_F Y_S Y_\beta K_A K_V K_{F\beta} K_{F\alpha} \tag{3-10}$$

式中,F_t 为端面内分度圆上的名义切向力;m_n 为法面模数;Y_F 为载荷作用于单对齿啮合区外界点时的齿形系数;Y_S为载荷作用于单对齿啮合区外界点时的应力修正系数;$K_{F\beta}$为弯曲强度计算的齿向载荷分布系数;$K_{F\alpha}$为弯曲强度计算的齿间载荷分布系数。

通过对国家标准 GB/T 3480—1997 分析,可以发现影响计算齿根应力的几个关键系数也是 K_V、$K_{F\beta}$和 $K_{F\alpha}$。这几个系数与齿数、模数、齿宽和螺旋角等主要参数密切相关,同时也直接决定齿根弯曲应力的大小,进而影响弯曲强度的约束条件。由于动载系数 K_V 与主要参数的关系已经在前文中分析,且弯曲强度齿间载荷分布系数 $K_{F\alpha}$与接触强度齿间载荷分布系数 $K_{H\alpha}$ 相同,所以本节主要分析齿向载荷分布系数 $K_{F\beta}$与齿轮主要参数的关系以及对齿根弯曲强度的影响。

弯曲强度齿向载荷分布系数 $K_{F\beta}$考虑了载荷沿齿宽方向分布时,载荷对齿根弯曲应力的影响,按式(3-11)计算:

$$K_{F\beta} = (K_{H\beta})^M \tag{3-11}$$

式中,M 为幂指数,由式(3-12)求得:

$$M = \frac{(B/h)^2}{1+(B/h)+(B/h)^2} \tag{3-12}$$

由式(3-11)和式(3-12)可知,$K_{F\beta}$不仅取决 $K_{H\beta}$,还受幂指数的影响,而幂指数与齿宽和齿高直接相关。图 3.4 为弯曲强度齿向载荷分布系数 $K_{F\beta}$ 的计算流程图。

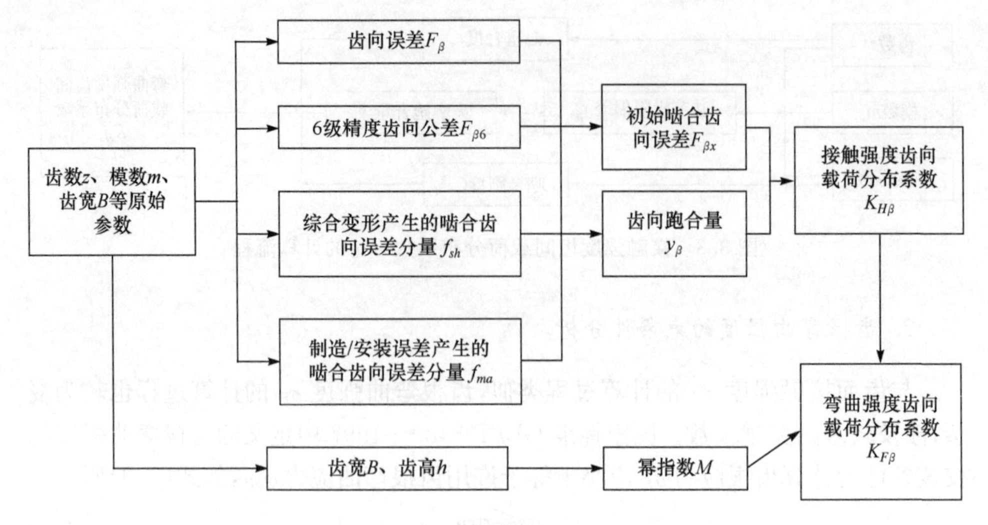

图 3.4　弯曲强度齿向载荷分布系数 $K_{F\beta}$ 的计算流程图

3.2.2　精确约束条件优化方法的实现过程

通过对齿面接触强度和齿根弯曲强度约束条件的分析发现，虽然影响齿轮应力的系数比较多，但归根结底都与齿轮的齿数 z、模数 m、齿宽 B 和螺旋角 β 等这些基本的原始参数有关。这些参数的改变会极大地影响动载系数、齿向载荷分布系数和齿间载荷分布系数的值，从而改变齿轮的计算应力，进而影响约束条件。

传统的方法在进行齿轮结构优化时，只单纯将该问题作为“优化问题”来考虑，即主要集中于选取优化变量、正确建立数学模型和约束条件等方面[3,4]，而对具体的约束条件往往只采取近似的方法，如采用线性逼近来替代。在计算时涉及众多的图表、曲线，已经超出了优化问题本身的范畴，因此以往方法只将各系数采用近似处理甚至视为常量对待，这种方法的缺陷是显而易见的。

显然，在齿轮结构优化问题的每一步迭代过程中，如果以齿数 z、模数 m、齿宽 B 和螺旋角 β（对于斜齿轮）等主要参数作为优化变量，则每完成一次迭代，动载系数、齿向载荷分布系数和齿间载荷分布系数等关键系数的值必定会跟随主要参数的变化而变化，从而更新强度约束条件中各系数的值。更新后的约束条件将参与下一次迭代过程，又生成新的主要参数……此过程往复迭代，直到满足收敛条件，停止迭代。上述过程是精确约束条件优化方法的基本原理，该原理如图 3.5 所示。

齿轮精确约束条件优化方法的实现有赖于齿面接触强度和齿根弯曲强度的参数化快速、准确计算。基于前述章节中开发的齿面接触强度和齿根弯曲强度计算模块，可以有效实现圆柱齿轮精确约束条件优化方法。实际执行该优化方法之前，需要保存两类配置文件：一类是齿轮强度计算过程中的相关配置参数，这类参数只与齿轮、轴的结构及布置形式有关，在优化过程中可以视为常量；另一类则是与主要参数密切相关的各关键系数，这类参数在每次迭代过程后都必须跟随优化变量的变化而实时更新。精确约束条件优化方法的基本流程如图 3.6 所示。

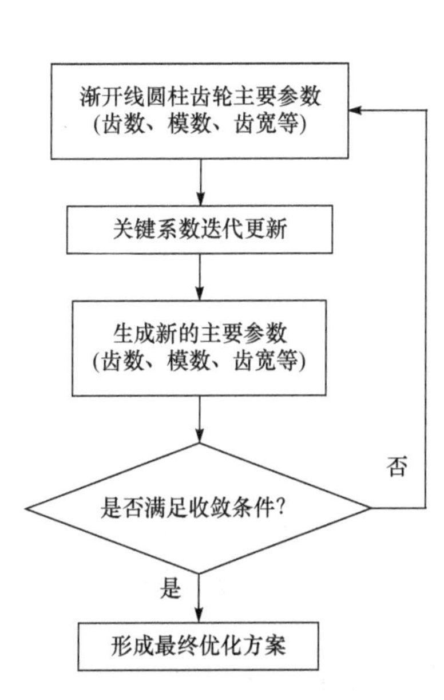

图 3.5　渐开线圆柱齿轮精确约束条件优化原理

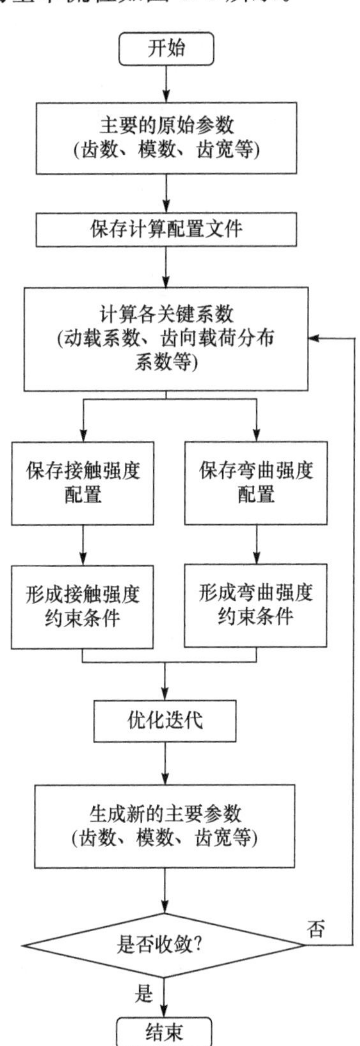

图 3.6　精确约束条件优化方法的基本流程

3.3 两级渐开线圆柱齿轮联合优化问题的数学模型

同单级渐开线圆柱齿轮结构优化问题相比，两级联合优化问题包含更多的约束条件，在目标函数的选取及优化细节的设置上也更加复杂。因此，两级渐开线圆柱齿轮联合优化问题更具代表性，从某种程度上而言，单级优化问题只是两级联合问题的特例。本节重点研究两级渐开线圆柱齿轮优化问题数学模型的建立及优化过程中的一些细节问题。

图 3.7 为外啮合两级展开式渐开线圆柱齿轮减速器的结构简图。高速级由齿轮 1 和 2 组成，低速级由齿轮 3 和 4 组成。高速级、低速级的中心距分别为 a_1 和 a_2。两级的总中心距为 a_1 与 a_2 之和。在对两级渐开线圆柱齿轮传动进行优化时，无论使用哪种优化算法，首先都应建立正确的数学模型，包括确定合适的设计变量、预期的优化目标以及详细的约束条件。

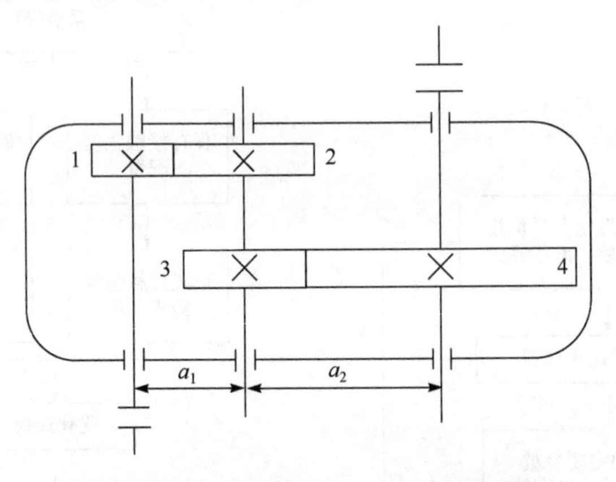

图 3.7 两级渐开线圆柱齿轮减速器结构简图

3.3.1 联合优化问题的优化变量

在两级渐开线圆柱齿轮减速器优化过程中，优化变量的正确选取对于优化方案是否准确具有重要的影响。在确定优化变量时，需要综合考虑目标函数以及各优化变量之间是否具有关联。

齿轮的齿数为整型变量而模数为离散型变量，这里按照一般的非线性规划方法，先将齿数和模数均作为连续型变量对待[5]。优化过程结束后，再对各级齿轮的齿数和模数进行必要的圆整，并重新校核强度。由于对模数圆整时采取的是“向上圆整”的方法，所以圆整后的优化结果仍可以保证满足强度要求。

齿宽系数在优化过程中被视为随齿数或模数变化的已知量，在这种情况下，齿宽虽不直接作为优化变量，但数值受优化变量的直接影响，属于优化变量的派生变量。由于目标函数为最小总中心距或最小总体积，所以在不同的优化目标函数中，齿宽需要分别处理，针对固定齿宽和固定齿宽系数这两种情况，需要分别对齿宽做出相应的限制。

另外，两级减速器有不同的结构形式，最常见的有两级展开式和两级同轴式。对于这两种不同的结构形式，目标函数的表达式都是不同的，由此产生的一系列细节问题都需要认真考虑。

考虑上述因素，所确定的设计优化变量为：高速级小齿轮齿数 z_1、模数 m_1、螺旋角 β_1、高速级齿数比 u_1、低速级小齿轮齿数 z_3、模数 m_2 和螺旋角 β_2，共7个设计变量，如式(3-13)所示：

$$\boldsymbol{Y}=[y_1,y_2,y_3,y_4,y_5,y_6,y_7]^{\mathrm{T}}=[z_1,m_1,\beta_1,u_1,z_3,m_2,\beta_2]^{\mathrm{T}} \tag{3-13}$$

3.3.2　联合优化问题的目标函数

渐开线圆柱齿轮减速器在设计时，除满足必要的强度条件和干涉条件外，一般都是以结构紧凑、体积最小为主要目的。因此，将两级渐开线圆柱齿轮联合优化问题的目标函数确定为最小总中心距或最小总体积，以分别达到尺寸或体积最小的目的。为简化计算流程，在构造目标函数之前，首先单独计算低速级和高速级的中心距和体积。

根据式(3-13)中所确定的优化变量，可以建立高速级中心距 a_1、低速级中心距 a_2 的表达式，分别如式(3-14)和式(3-15)所示：

$$a_1=\frac{y_1y_2(y_4+1)}{2\cos y_3} \tag{3-14}$$

$$a_2=\frac{y_5y_6\left(\dfrac{u_\Sigma}{y_4}+1\right)}{2\cos y_7} \tag{3-15}$$

式中，u_Σ为两级渐开线圆柱齿轮减速器的总齿数比，在初步设计时已事先确定，为已知量。

在建立高速级和低速级体积的表达式时，考虑到圆柱齿轮结构复杂，通常含有腹板、倒角、轴孔等诸多特征，为了简化计算，提高计算的效率，将各齿轮均按照实体式计算，以简化统一计算体积的数学表达式。基于这种简化方式，分别建立了高速级齿轮副体积 V_1 和低速级齿轮副体积 V_2 的计算公式：

$$V_1=\frac{\pi B_1}{4}\left(\frac{y_1y_2}{\cos y_3}\right)^2(y_4^2+1) \tag{3-16}$$

$$V_2=\frac{\pi B_2}{4}\left(\frac{y_5y_6}{\cos y_7}\right)^2\left[\left(\frac{u_\Sigma}{y_4}\right)^2+1\right] \tag{3-17}$$

式中，B_1 和 B_2 分别为高速级和低速级齿轮副的工作齿宽。这里，齿宽不作为优化变量，但根据实际的情况由齿宽系数对其做出限制，后文将对齿宽问题进行单独讨论。

针对两级渐开线圆柱齿轮减速器中常用的两级展开式和两级同轴式结构，分别以最小总中心距和最小总体积建立目标函数。

1. 两级展开式结构

两级展开式渐开线圆柱齿轮减速器的结构形式比较典型，无论是最小总中心距还是最小总体积，目标函数均为高速级和低速级的代数和。因此，以最小总中心距为最优目标的目标函数为

$$\min f(\boldsymbol{Y})=a_1+a_2=\frac{1}{2}\left[\frac{y_1y_2(y_4+1)}{\cos y_3}+\frac{y_5y_6\left(\dfrac{u_\Sigma}{y_4}+1\right)}{\cos y_7}\right] \tag{3-18}$$

同理，以最小总体积为优化目标的目标函数可以表示为

$$\min f(\boldsymbol{Y})=V_1+V_2=\frac{\pi}{4}\left\{B_1\left(\frac{y_1y_2}{\cos y_3}\right)^2(y_4^2+1)+B_2\left(\frac{y_5y_6}{\cos y_7}\right)^2\left[\left(\frac{u_\Sigma}{y_4}\right)^2+1\right]\right\} \tag{3-19}$$

2. 两级同轴式结构

同两级展开式相比，两级同轴式渐开线圆柱齿轮减速器结构比较特殊，高速级与低速级共用两根齿轮轴，因此高速级和低速级的中心距是相同的，此时 $a_1=a_2$ 成为附加的约束条件，如式(3-20)所示：

$$\frac{y_1y_2(y_4+1)}{\cos y_3}=\frac{y_5y_6\left(\dfrac{u_\Sigma}{y_4}+1\right)}{\cos y_7} \tag{3-20}$$

以最小总中心距为最优目标时，两级渐开线圆柱齿轮减速器优化问题的目标函数退化为单级传动的目标函数，如式(3-21)所示：

$$\min f(\boldsymbol{Y})=\frac{y_1y_2(y_4+1)}{2\cos y_3} \tag{3-21}$$

以最小总体积为优化目标时，目标函数与式(3-19)相同，但需要在约束条件中附加式(3-20)所示的等式约束条件。

3.3.3 联合优化问题的约束条件

同普通的单级渐开线圆柱齿轮优化问题相比，两级渐开线圆柱齿轮联合优化

更加复杂，对约束条件的要求也更高，需要同时考虑很多因素[6]。本书在对两级渐开线圆柱齿轮减速器进行结构优化时，所考虑的约束条件主要有满足强度条件、尺寸条件、润滑条件及各优化变量的限制条件等。其中，强度条件、尺寸条件和润滑条件构成了性能约束条件，而各优化变量的限制条件则作为边界约束条件。性能约束条件的详细表述如下。

强度约束条件：高速级和低速级各齿轮的计算接触应力和计算弯曲应力都应相应地小于许用接触应力和许用弯曲应力。

尺寸约束条件：对于两级展开式齿轮结构，保证高速级大齿轮不与输出轴发生尺寸干涉，低速级小齿轮不与输入轴发生尺寸干涉；对于两级同轴式齿轮结构，尺寸约束条件退化为式(3-20)所示的等式约束条件。

润滑约束条件：高速级和低速级的大齿轮都可以浸润到润滑油中，使两级中的各个齿轮都可以得到润滑。

基于上述考虑，可以详细建立两级渐开线圆柱齿轮联合优化问题的各约束条件。

1. 强度约束条件

(1) 高速级小齿轮和大齿轮的计算接触应力小于其许用接触应力，分别如式(3-22)和式(3-23)所示：

$$g_1(\boldsymbol{Y})=Z_{BD}Z_HZ_EZ_\varepsilon Y_\beta\sqrt{\frac{2000T_1\cos^3 y_3}{y_1^3y_2^3\Phi_{d1}}K_AK_VK_{H\beta}K_{H\alpha}}-\frac{\sigma_{H\lim 1}Z_{NT1}Z_{L1}Z_{V1}Z_{R1}Z_{W1}Z_{y1}}{S_{H\min}}\leqslant 0 \tag{3-22}$$

$$g_2(\boldsymbol{Y})=Z_{BD}Z_HZ_EZ_\varepsilon Y_\beta\sqrt{\frac{2000T_1\cos^3 y_3}{y_1^3y_2^3\Phi_{d1}}K_AK_VK_{H\beta}K_{H\alpha}}-\frac{\sigma_{H\lim 2}Z_{NT2}Z_{L2}Z_{V2}Z_{R2}Z_{W2}Z_{y2}}{S_{H\min}}\leqslant 0 \tag{3-23}$$

式中，$\sigma_{H\lim 1}$($\sigma_{H\lim 2}$)为高速级小(大)齿轮的接触疲劳极限；Z_{NT1}(Z_{NT2})为高速级小(大)齿轮接触强度计算的寿命系数；Z_{L1}(Z_{L2})为高速级小(大)齿轮的润滑剂系数；Z_{V1}(Z_{V2})为高速级小(大)齿轮的速度系数；Z_{R1}(Z_{R2})为高速级小(大)齿轮的粗糙度系数；Z_{W1}(Z_{W2})为高速级小(大)齿轮的齿面工作硬化系数；Z_{y1}(Z_{y2})为高速级小(大)齿轮接触强度计算的尺寸系数；$S_{H\min}$为齿轮接触强度的最小安全系数。

(2) 高速级小齿轮和大齿轮的计算弯曲应力小于其许用弯曲应力，如式(3-24)和(3-25)所示：

$$g_3(\boldsymbol{Y})=\frac{2000T_1\cos^2 y_3}{y_1^2y_2^3\Phi_{d1}}Y_{F1}Y_{S1}Y_\beta K_AK_VK_{F\beta}K_{F\alpha}-\frac{\sigma_{F\lim 1}Y_{ST1}Y_{NT1}Y_{\delta relT1}Y_{RrelT1}Y_{y1}}{S_{F\min}}\leqslant 0 \tag{3-24}$$

$$g_4(\boldsymbol{Y})=\frac{2000T_1\cos^2 y_3}{y_1^2 y_2^3 \Phi_{d1}}Y_{F2}Y_{S2}Y_\beta K_A K_V K_{F\beta}K_{F\alpha}-\frac{\sigma_{F\lim 2}Y_{ST2}Y_{NT2}Y_{\delta relT2}Y_{RrelT2}Y_{y2}}{S_{F\min}}\leqslant 0 \tag{3-25}$$

式中，$Y_{F1}(Y_{F2})$为高速级小(大)齿轮载荷作用于单对齿啮合区外界点时的齿廓系数；$Y_{S1}(Y_{S2})$为高速级小(大)齿轮载荷作用于单对齿啮合区外界点时的应力修正系数；$Y_{ST1}(Y_{ST2})$为高速级小(大)齿轮的应力修正系数；$Y_{NT1}(Y_{NT2})$为高速级小(大)齿轮弯曲强度计算的寿命系数；$Y_{\delta relT1}(Y_{\delta relT2})$为高速级小(大)齿轮的相对齿根圆角敏感系数；$Y_{RrelT1}(Y_{RrelT2})$为高速级小(大)齿轮的相对齿根表面状况系数；$Y_{y1}(Y_{y2})$为高速级小(大)齿轮弯曲强度计算的尺寸系数；$S_{F\min}$为齿轮弯曲强度的最小安全系数。

(3) 低速级小齿轮和大齿轮的计算接触应力小于其许用接触应力，如式(3-26)和式(3-27)：

$$g_5(\boldsymbol{Y})=Z'_{BD}Z'_H Z'_E Z'_\varepsilon Y'_\beta\sqrt{\frac{2000T_1 y_4\cos^3 y_7}{y_5^3 y_6^3\Phi_{d2}}K'_A K'_V K'_{H\beta}K'_{H\alpha}}-\frac{\sigma_{H\lim 3}Z'_{NT1}Z'_{L1}Z'_{V1}Z'_{R1}Z'_{W1}Z'_{y1}}{S'_{H\min}}\leqslant 0 \tag{3-26}$$

$$g_6(\boldsymbol{Y})=Z'_{BD}Z'_H Z'_E Z'_\varepsilon Y'_\beta\sqrt{\frac{2000T_1 y_4\cos^3 y_7}{y_5^3 y_6^3\Phi_{d2}}K'_A K'_V K'_{H\beta}K'_{H\alpha}}-\frac{\sigma_{H\lim 4}Z'_{NT2}Z'_{L2}Z'_{V2}Z'_{R2}Z'_{W2}Z'_{y2}}{S'_{H\min}}\leqslant 0 \tag{3-27}$$

式中，上标“′”代表低速级齿轮接触强度计算涉及的各系数。

(4) 低速级小齿轮和大齿轮的计算弯曲应力小于其许用弯曲应力，如式(3-28)和式(3-29)所示：

$$g_7(\boldsymbol{Y})=\frac{2000T_1 y_4\cos^2 y_7}{y_5^2 y_6^3\Phi_{d2}}Y'_{F1}Y'_{S1}Y'_\beta K'_A K'_V K'_{F\beta}K'_{F\alpha}-\frac{\sigma_{F\lim 3}Y'_{ST1}Y'_{NT1}Y'_{\delta relT1}Y'_{RrelT1}Y'_{y1}}{S'_{F\min}}\leqslant 0 \tag{3-28}$$

$$g_8(\boldsymbol{Y})=\frac{2000T_1 y_4\cos^2 y_7}{y_5^2 y_6^3\Phi_{d2}}Y'_{F2}Y'_{S2}Y'_\beta K'_A K'_V K'_{F\beta}K'_{F\alpha}-\frac{\sigma_{F\lim 4}Y'_{ST2}Y'_{NT2}Y'_{\delta relT2}Y'_{RrelT2}Y'_{y2}}{S'_{F\min}}\leqslant 0 \tag{3-29}$$

式中，上标“′”代表低速级齿轮弯曲强度计算涉及的各系数。

2. 尺寸约束条件

1）两级展开式

高速级大齿轮不与输出轴发生干涉，低速级小齿轮不与输入轴发生干涉：

$$g_9(\boldsymbol{Y})=\frac{y_2(y_1y_4+2h_a^*)}{2\cos y_3}-y_5y_6\frac{\frac{u_\Sigma}{y_4}+1}{2\cos y_7}+S_1\leqslant 0 \tag{3-30}$$

$$g_{10}(\boldsymbol{Y})=\frac{y_6\left(y_5\frac{u_\Sigma}{y_4}+2h_a^*\right)}{2\cos y_7}-y_1y_2\frac{y_4+1}{2\cos y_3}+S_2\leqslant 0 \tag{3-31}$$

式中，S_1 为高速级大齿轮齿顶圆与输出轴轴线的最小距离；h_a^* 为齿顶高系数；S_2 为低速级小齿轮齿顶圆与输入轴轴线的最小距离。

2）两级同轴式

尺寸约束条件退化为等式约束条件：

$$h_1(\boldsymbol{Y})=\frac{y_1y_2(y_4+1)}{\cos y_3}-\frac{y_5y_6\left(\frac{u_\Sigma}{y_4}+1\right)}{\cos y_7}=0 \tag{3-32}$$

3. 润滑约束条件

为保证高速级和低速级均满足润滑条件，应使高速级齿数比 u_1 和低速级齿数比 u_2 满足以下关系：

$$u_1=(1.2\sim1.4)u_2 \tag{3-33}$$

变换后可得高速级齿数比的约束条件为

$$g_{11}(\boldsymbol{Y})=1.2u_\Sigma-y_4^2\leqslant 0 \tag{3-34}$$

$$g_{12}(\boldsymbol{Y})=y_4^2-1.2u_\Sigma\leqslant 0 \tag{3-35}$$

4. 边界约束条件

1）高速级和低速级小齿轮不发生根切：

$$g_{13}(\boldsymbol{Y})=y_1-\frac{2h_a^*}{\sin^2\left(\arctan\frac{\tan\alpha_n}{\cos y_3}\right)}\leqslant 0 \tag{3-36}$$

$$g_{14}(\boldsymbol{Y})=y_5-\frac{2h_a^*}{\sin^2\left(\arctan\frac{\tan\alpha_n}{\cos y_7}\right)}\leqslant 0 \tag{3-37}$$

式中，α_n 为齿轮分度圆法面压力角。

2）高速级和低速级小齿轮齿数最大值限制为 40：

$$g_{15}(\boldsymbol{Y})=y_1-40\leqslant 0 \tag{3-38}$$

$$g_{16}(\boldsymbol{Y})=y_5-40\leqslant 0 \tag{3-39}$$

3）高速级和低速级模数限制为 2～10：

$$g_{17}(\boldsymbol{Y})=2-y_2\leqslant 0 \tag{3-40}$$

$$g_{18}(\boldsymbol{Y})=y_2-10\leqslant 0 \tag{3-41}$$

$$g_{19}(\boldsymbol{Y})=2-y_6\leqslant 0 \tag{3-42}$$

$$g_{20}(\boldsymbol{Y})=y_6-10\leqslant 0 \tag{3-43}$$

4）高速级和低速级螺旋角限制为 8°～15°：

$$g_{21}(\boldsymbol{Y})=\frac{8\pi}{180}-y_3\leqslant 0 \tag{3-44}$$

$$g_{22}(\boldsymbol{Y})=y_3-\frac{15\pi}{180}\leqslant 0 \tag{3-45}$$

$$g_{23}(\boldsymbol{Y})=\frac{8\pi}{180}-y_7\leqslant 0 \tag{3-46}$$

$$g_{24}(\boldsymbol{Y})=y_7-\frac{15\pi}{180}\leqslant 0 \tag{3-47}$$

3.3.4 两级传动联合优化的细节问题

1. 对两级传动螺旋角的处理

渐开线圆柱齿轮传动中如果存在螺旋角，则不可避免地会产生轴向力作用。两级传动设计过程中，为了减小轴向力，通常两级选用相同的螺旋角。但个别也会出现两级螺旋角不等的情况，这时减速器中就需要使用推力球轴承或角接触球轴承。如果两级螺旋角 β_1 和 β_2 相等，就会产生额外的等式约束条件：

$$h_2(\boldsymbol{Y})=y_3-y_7=0 \tag{3-48}$$

2. 对两级传动齿宽的处理

渐开线圆柱齿轮传动设计过程中，齿宽通常使用齿宽系数 Φ_d 来表达。齿宽系数的定义如式(3-49)所示：

$$\Phi_d=\frac{B}{d} \tag{3-49}$$

式中，d 为分度圆直径。

在齿轮的结构优化问题中，齿宽系数 Φ_d 通常作为已知量给出，此时齿宽就与齿轮的分度圆直径相关，而分度圆直径由齿数、模数和螺旋角决定，因此齿宽就成为齿数、模数和螺旋角这三个优化变量的派生变量。为了追求优化过程的灵活性，可以按固定齿宽或固定齿宽系数对齿宽进行限制。在优化过程中，如果固定齿宽，则会使齿宽系数 Φ_d 变化；如果固定齿宽系数 Φ_d，则齿宽 B 需要同齿数、模数和螺旋角相关联，构成额外的约束条件。式(3-50)和式(3-51)分别为高速级和低速级的齿宽等式约束条件：

$$h_3(\mathbf{Y})=B_1-\Phi_{d1}\frac{y_1y_2}{\cos y_3}=0 \tag{3-50}$$

$$h_4(\mathbf{Y})=B_2-\Phi_{d2}\frac{y_5y_6}{\cos y_7}=0 \tag{3-51}$$

式中，Φ_{d1} 和 Φ_{d2} 分别为高速级和低速级的齿宽系数。

3.4　两级渐开线圆柱齿轮结构优化及对比分析

3.4.1　两级渐开线圆柱齿轮结构优化计算

以某型两级渐开线斜齿圆柱齿轮减速器为例，分别使用常规设计方法、传统优化方法和本书提出的优化方法进行结构设计与优化。

1. 初始条件

已知该型减速器的工况参数为：输入功率 $P=10\text{kW}$，输入转速 $n_1=2250\text{r/min}$，输出转速 $n_2=187.5\text{r/min}$，总齿数比 $u_\Sigma=12$。根据两级等强度原则分配各级的传动比，高速级齿数比 $u_1=5.13$，低速级齿数比 $u_2=2.34$。

2. 两级渐开线圆柱齿轮常规设计结果

使用所开发的初步设计模块，分别对两级渐开线圆柱齿轮减速器的高速级和低速级进行常规设计。高速级和低速级的精度等级、材料、齿轮的接触疲劳极限 $\sigma_{H\lim}$、弯曲疲劳极限 $\sigma_{F\lim}$、齿宽系数 Φ_d 和综合系数 K 等原始参数汇总于表 3.1。

表 3.1　工况参数及材料属性参数

	精度等级	材料	$\sigma_{H\lim}$/MPa	$\sigma_{F\lim}$/MPa	Φ_d	K
高速级	8	渗碳淬火钢	1200/1200	600/600	1.0	2.5
低速级	8	渗碳淬火钢	1200/1200	600/600	0.8	2.5

根据原始工况参数和材料属性参数，分别对高速级和低速级进行常规设计，得到的常规设计结果如表 3.2 所示。

表 3.2　常规设计结果

数据项	z_1	z_2	m_1/mm	β_1/(°)	B_1/mm	B_2/mm	z_3	z_4	m_2/mm	β_2/(°)	B_3/mm	B_4/mm	a_Σ/mm
数据值	26	133	3	8.97309	80	75	34	80	4.5	5.28352	125	120	499.04

3. 两级渐开线圆柱齿轮优化结果

在常规设计完成后，使用基于精确约束条件优化方法开发的优化模块，分别对高速级和低速级的最小总中心距进行优化。在处理涉及齿轮强度的各关键系数时，分别采用传统定系数优化方法和本书提出的优化方法对同一组参数进行优化。

在整个优化过程中，将所有的变量均按连续型变量处理。由于齿数为整型变量，而模数为离散型变量，在优化完成后需要对高速级和低速级的齿数和模数进行圆整，并根据需要调整中心距。待中心距确定之后，再根据等滑动率原则或等弯曲强度原则分配变位系数，得到最终的优化结果。

表 3.3 为两级齿轮减速器传统定系数优化方法与本书优化方法得到的结果。

表 3.3 两种优化方法得到的优化结果

方法	z_1	z_2	m_1/mm	β_1/(°)	B_1/mm	B_2/mm	z_3	z_4	m_2/mm	β_2/(°)	B_3/mm	B_4/mm	a_Σ/mm
传统优化方法	25	93	3	11.40534	75	70	31	99	3.5	11.69013	95	90	412.88
本书优化方法	23	92	2.75	14.85120	70	65	30	93	3.0	14.71726	80	75	354.35

使用两种方法完成齿轮结构优化之后，重新对其齿面接触强度安全系数、齿根弯曲强度安全系数进行校核，并将原始设计的安全系数同样汇总在一起，得到的结果如表 3.4 所示。

表 3.4 不同设计方法安全系数对比

安全系数			常规设计	传统定系数优化方法	本书优化方法
齿面接触强度	高速级	主动轮 S_{H1}	1.188	1.127	1.039
		从动轮 S_{H2}	1.249	1.173	1.084
	低速级	主动轮 S'_{H1}	1.348	1.215	1.004
		从动轮 S'_{H2}	1.392	1.259	1.013
齿根弯曲强度	高速级	主动轮 S_{F1}	3.394	3.507	3.528
		从动轮 S_{F2}	3.476	3.625	3.666
	低速级	主动轮 S'_{F1}	3.963	3.435	2.488
		从动轮 S'_{F2}	4.010	4.469	2.514

3.4.2 与传统优化方法的对比分析

由表 3.2、表 3.3 中的结果可知，两种优化方法得到的小齿轮齿数、模数和齿宽较常规设计均有下降，由此计算的最小总中心距也随之下降，使用本书优化方法所得的最小中心距为 354.35mm，较常规设计得到的中心距减少 28.99%，较传统定系数优化方法得到的中心距减少 14.18%。使用本书提出的优化方法取得的优化效果更为明显。

图 3.8 为根据表 3.4 绘制而成的安全系数对比曲线。从图中可以看出，采用本书优化方法求得的安全系数，除高速级主、从动轮的弯曲强度安全系数较其他两种方法略大外，其他各安全系数均有较大幅度的下降，且优化后各级的接触强度安全系数均大于 1.0，弯曲强度安全系数均大于 1.3；而传统方法优化得并不彻底，优化结果偏安全，采用本书方法优化后的结果在保证最小总中心距的同时，也同样满足强度要求。

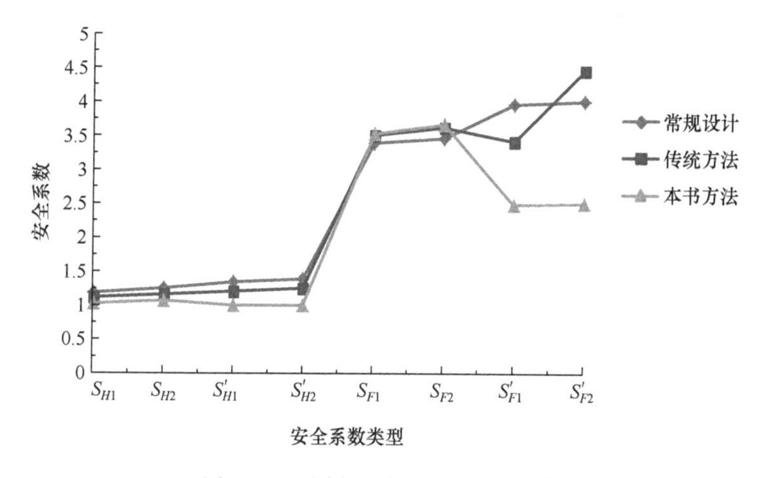

图 3.8　不同方法安全系数对比曲线

由此可见，采用定系数约束条件的传统优化方法优化不彻底，优化效果不够理想，仍有很大的优化空间。而使用本书的优化方法，在每次迭代过程中，根据迭代所得到的齿数、模数、齿宽和螺旋角重新计算并修正相关系数，然后进行下一次迭代计算，可以保证优化效果最佳，中心距最小。

3.5　本章小结

本章对基于精确约束条件的渐开线圆柱齿轮结构优化方法进行了研究。首先根据齿轮强度计算标准和机械结构优化设计的相关理论，分析了对齿轮接触强度和弯曲强度有重要影响的关键系数。然后基于参数分析，准确选取了两级渐开线圆柱齿轮传动的优化变量，以最小总中心距或最小总体积为最优目标建立了优化问题的目标函数，并分析了齿轮优化问题中的强度约束条件、尺寸约束条件和润滑约束条件等，建立了两级渐开线圆柱齿轮传动结构优化问题的优化数学模型。最后分别使用常规设计、传统优化方法和本书优化方法对两级渐开线圆柱齿轮进行了优化计算及对比分析。分析结果表明，本书提出的精确约束优化方法较传统定系数优化方法更为准确和彻底，为渐开线圆柱齿轮的结构优化提供了有力的保证。

参考文献

[1] 金哲. 圆锥滚子轴承优化设计 CAD 系统的研究与开发. 杭州：浙江大学硕士学位论文，2005.

[2] 冯光财，朱建军，陈正阳，等. 基于有效约束的附不等式约束平差的一种新算法. 测绘学报，2007，36(2)：119-123.

[3] 赵明侠. 行星齿轮减速器的优化设计. 硅谷，2011，(19)：74-75.

[4] 周迪勋，殷载立. 齿轮传动优化设计. 机械，1987，(3)：8-12.

[5] 孟祥战. 航空发动机星型齿轮传动系统优化设计. 南京：南京航空航天大学硕士学位论文，2004.

[6] 唐锦茹. 渐开线齿轮变位系数的优化选择. 水利水电机械，1991，(3)：17-19.

第 4 章　渐开线圆柱齿轮变位系数的优选

4.1　变位系数对齿轮强度的影响及选择原则

渐开线圆柱齿轮的变位系数具有诸多的优点，合理、准确地选择变位系数，不仅可以提高齿轮强度和承载能力，还可以降低振动和噪声，从而延长齿轮传动机构的使用寿命。因此，变位系数的优选问题，在渐开线圆柱齿轮传动的设计中具有非常重要的意义。

4.1.1　变位系数对齿轮强度的影响

1. 变位系数对齿面接触强度的影响

变位系数对齿轮接触疲劳强度影响较大，因此合理的变位系数对于提高轮齿接触强度、改善啮合性能非常重要。

通常，啮合点处的齿面接触应力被视为齿面接触强度的判断指标。啮合点处的齿面接触应力与该点的综合曲率半径的平方根成反比[1]。如果变位系数的总和增大，则啮合角也相应地增大，使综合曲率半径也变大，从而降低轮齿的齿面接触应力，提高齿轮的承载能力，而且可以防止点蚀的发生。

2. 变位系数对齿根弯曲强度的影响

变位系数对齿根弯曲强度的影响较为复杂，实际上，齿根弯曲应力与诸多系数有关，如齿形系数、应力修正系数和螺旋角系数等。因此，单凭变位系数无法直接决定齿轮的弯曲强度。若已知变位系数总和，分配各齿轮变位系数时，为了避免轮齿发生折断导致齿轮失效，通常需要选择合理的变位系数使两齿轮尽量具有相同的齿根弯曲强度，从而提高轮齿的寿命。

4.1.2　变位系数的常用选择原则

1. 等滑动率原则

为了尽量减少齿轮的点蚀和磨损现象，两个齿轮应尽量拥有相等的相对滑动率，即等滑动率原则。德国学者 Nimann 和 Winter[2] 曾指出，在影响齿轮啮合性能的众多几何参数中，最重要的是相对滑动速度，相对滑动的程度可以使用滑动率来表达。主、从动轮的齿顶与对应齿轮相啮合的位置是滑动率最大的位置。在高速、重载场合下，滑动率会严重影响齿轮的传动性能，因此需要按照最大滑动率大致相等的原则去分配变位系数，在此之前首先需要推导出滑动率的计算公式。

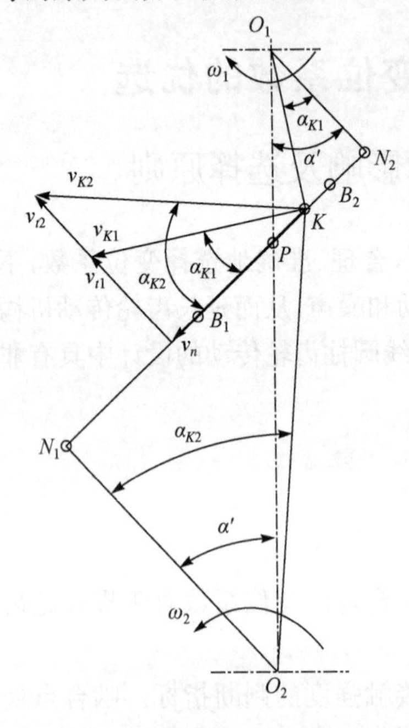

图 4.1　渐开线圆柱齿轮啮合示意图

图 4.1 为一对渐开线圆柱齿轮在 K 点处的啮合示意图。图中，v_{K1} 和 v_{K2} 分别为主、从动轮在 K 点处的线速度；v_{t1} 和 v_{t2} 分别为两齿轮在 K 点处的切向速度。

从图中可以看出，主、从动轮在 K 点处的线速度 v_{K1} 和 v_{K2} 并不相等，而渐开线圆柱齿轮传动为线接触高副传动，为了保证连续传动，两齿轮在啮合点 K 处的公法线方向的速度 v_n 应相等。这就造成了在啮合点 K 处，两齿轮切线方向的速度 v_{t1} 和 v_{t2} 不相等。因此，在整条啮合线上，除了啮合节点 P 处之外，两齿轮在啮合线上其他点都存在相对滑动现象，由此产生了相对滑动切向速度 v_{21}：

$$v_{21}=v_{t2}-v_{t1} \tag{4-1}$$

主、从动轮之间的相对滑动程度可以使用滑动率的概念来表达。滑动率 η 的定义为：在啮合线上的接触点处，主、从动轮齿面之间相对切向速度与该点的切向速度之比[3]。基于此定义，可以分别得到主、从动轮的滑动率 η_1、η_2：

$$\eta_1=\frac{v_{t2}-v_{t1}}{v_{t1}} \tag{4-2}$$

$$\eta_2=\frac{v_{t1}-v_{t2}}{v_{t2}} \tag{4-3}$$

主、从动轮在某点啮合时，其齿面间的相对滑动速度 v_{21} 和 v_{12} 大小相等、方向相反，因此仅需要考虑相对滑动率在数值上的变化。由于

$$|v_{12}|=|v_{21}|=|v_{t1}-v_{t2}|=\omega_2 N_2K-\omega_1 N_1K=(\omega_1+\omega_2)PK \tag{4-4}$$

两齿轮的滑动率可以进一步表示为

$$\eta_1=\frac{v_{t2}-v_{t1}}{v_{t1}}=\frac{(\omega_1+\omega_2)PK}{\omega_1 N_1K}=\frac{PK}{N_1K}\left(\frac{u+1}{u}\right) \tag{4-5}$$

$$\eta_2=\frac{v_{t1}-v_{t2}}{v_{t2}}=\frac{(\omega_1+\omega_2)PK}{\omega_2 N_2K}=\frac{PK}{N_2K}(u+1) \tag{4-6}$$

式中，ω_1、ω_2 分别为主、从动轮的角速度；u 为齿轮副的齿数比。

由式(4-5)和式(4-6)可以看出，滑动率 η 为啮合点 K 的位置函数，由此可以绘制外啮合齿轮传动滑动率曲线，如图 4.2 所示。

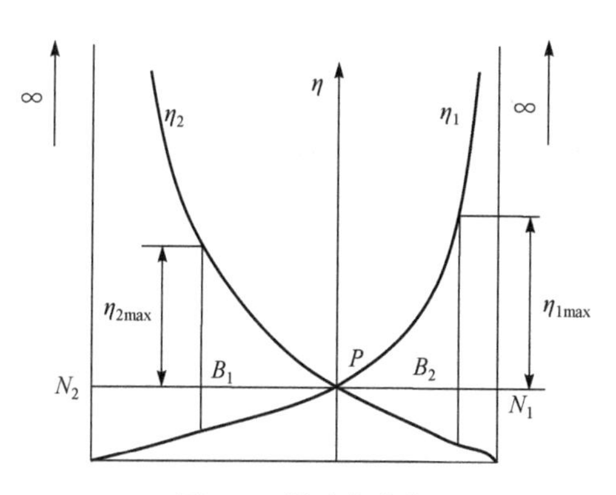

图 4.2　滑动率曲线

结合图 4.1 和图 4.2 可以看出，在理论啮合线的起点 N_1 处，$\eta_1=\infty$；在啮合节点 P 处，$\eta_1=\eta_2=0$；在理论啮合线的终点 N_2 处，$\eta_2=\infty$。实际上，齿轮在啮合时，无法达到理论啮合线的端点 N_1、N_2，而只能在实际啮合线上的端点 B_1、B_2 啮合。在 B_2 点处，主动轮的滑动率 η_1 达到最大值为 η_{1max}；而在 B_1 点处，从动轮的滑动率 η_2 达到最大值为 η_{2max}。根据齿轮啮合原理的相关知识，可以分别计算出主、从动轮滑动率的最大值 η_{1max}、η_{2max}：

$$\eta_{1max}=\frac{PB_2}{N_1B_2}\left(\frac{u+1}{u}\right)=\frac{\tan\alpha_{a2}-\tan\alpha'}{\left(1+\frac{z_1}{z_2}\right)\tan\alpha'-\tan\alpha_{a2}}\left(\frac{u+1}{u}\right) \tag{4-7}$$

$$\eta_{2max}=\frac{PB_1}{N_2B_1}(u+1)=\frac{\tan\alpha_{a1}-\tan\alpha'}{\left(1+\frac{z_2}{z_1}\right)\tan\alpha'-\tan\alpha_{a1}}(u+1) \tag{4-8}$$

为了降低两齿轮的磨损，延长齿轮的使用寿命，应尽量使两轮的最大滑动率相等，如式(4-9)所示。由最大滑动率相等来确定变位系数的原则称为等滑动率原则。

$$\eta_{1max}=\eta_{2max} \tag{4-9}$$

2. 等弯曲强度原则

为了避免因主、从动轮齿根弯曲应力不同而导致的轮齿折断，在分配变位系数时应考虑使主、从动轮的计算弯曲强度 σ_{F1}、σ_{F2} 尽量相等：

$$\sigma_{F1}=\sigma_{F2} \tag{4-10}$$

根据国家标准 GB/T 3480—1997 中齿根应力的计算公式，可推导出单个齿轮的齿根弯曲应力：

$$\sigma_F=\frac{F_t}{Bm_n}Y_FY_SY_\beta K_AK_VK_{F\beta}K_{F\alpha} \tag{4-11}$$

式中,各符号的含义可参考国家标准 GB/T 3480—1997。

对于一对互相啮合的齿轮副,主动轮和从动轮所受的力 F_t、工作齿宽 B、法面模数 m_n、螺旋角系数 Y_β、使用系数 K_A、动载系数 K_V、齿向载荷分布系数 $K_{F\beta}$ 和齿间载荷分配系数 $K_{F\alpha}$ 均相同。因此,等弯曲强度的表达式可以用式(4-12)来表示:

$$Y_{F1}Y_{S1}=Y_{F2}Y_{S2} \tag{4-12}$$

4.2 渐开线圆柱齿轮变位系数优选的数学模型

渐开线圆柱齿轮变位系数的优化选择问题,是在考虑一定的约束条件(如保证不发生根切、不发生干涉,保证必要的齿顶厚度和重合度)下,遵循一定的分配原则(等弯曲强度原则或等滑动率原则等)进行各齿轮变位系数的分配,以达到齿轮最佳的工作性能。因此,齿轮的变位系数优选问题,从某种意义上是一种单目标非线性约束优化问题。借助现代机械优化理论以及前文所述的精确约束优化方法,渐开线圆柱齿轮传动变位系数的优选得以实现。

4.2.1 渐开线圆柱齿轮变位系数优选的实现

同渐开线圆柱齿轮的结构优化问题相似,传统变位系数的优选仍然存在优化不彻底的问题。其主要原因为,传统方法在计算齿根弯曲应力、构造约束条件时,使用了简化的方法来取代实际的约束条件,从而导致变位系数优选不够精确[4]。由于变位系数的变化对齿面接触强度和齿根弯曲强度都有很大的影响,需要构造更为精确的目标函数和约束条件。

基于前述章节的参数化强度计算模块,开发了渐开线圆柱齿轮变位系数优选模块,用以选择合适的变位系数,提高齿轮的承载能力。具体方法为:将齿面接触强度、齿根弯曲强度计算模块封装为独立的计算模块,在每次优化迭代过程中被调用,实现各约束条件随优化变量的更新而同步更新,确保变位系数优选的精确性。该过程可用图 4.3 所示的流程图表示。

4.2.2 变位系数优选问题的优化变量

在之前的工作中,由于已经对单级或两级渐开线圆柱齿轮完成了结构优化,得到了预期工况下最优的齿数、模数、螺旋角、齿宽和传动比等参数,因此这里对变位系数优选的目的主要是在配凑中心距的前提下,尽量改善齿轮的工作性能,即性能优化。此时,优化变量为一对齿轮副的变位系数 x_{n1}、x_{n2}:

$$\boldsymbol{Y}=[y_1,y_2]^{\mathrm{T}}=[x_{n1},x_{n2}]^{\mathrm{T}} \tag{4-13}$$

对于两级齿轮传动,需要分别对高速级和低速级分配变位系数,其优选过程与单级齿轮传动相同。

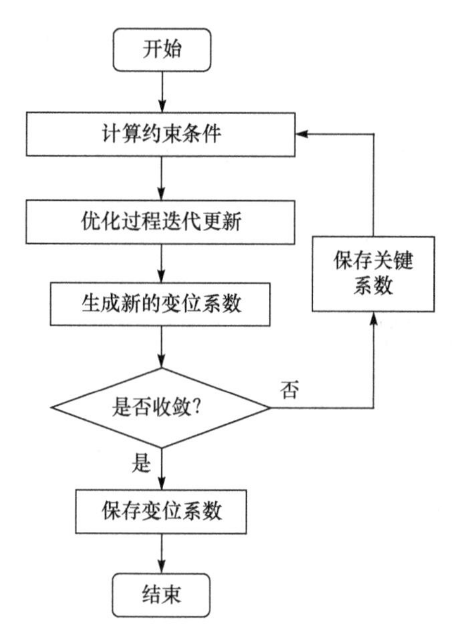

图 4.3　圆柱齿轮变位系数优选流程图

4.2.3　变位系数优选问题的目标函数

结合上述分析，分别以等滑动率原则和等弯曲强度原则构造变位系数优选问题的目标函数。

1. 以等滑动率为最优目标

这种情况下，需要保证主、从动轮具有相同的最大滑动率，目标函数如式(4-14)所示：

$$\min f(\boldsymbol{Y})=|\eta_{1\max}-\eta_{2\max}| \tag{4-14}$$

2. 以等弯曲强度为最优目标

等弯曲强度原则要求主、从动轮具有相同的齿根弯曲应力，这时目标函数应构造为

$$\min f(\boldsymbol{Y})=|Y_{F1}Y_{S1}-Y_{F2}Y_{S2}| \tag{4-15}$$

4.2.4　变位系数优选问题的约束条件

1. 变位系数选择的限制条件

在对变位系数进行优化选择时，通常需要考虑以下的限制条件[5]：

(1) 保证被切齿轮不发生根切现象，或者可以在保证传动的前提下，允许发生微量的根切；

(2) 保证齿轮被切后仍然具有一定的厚度，从而保持一定的弯曲强度；

(3) 保证变位后齿轮不发生干涉，即一个轮齿的齿顶不与另一个轮齿的齿根过渡曲线发生干涉；

(4) 由于齿轮连续传动的条件之一是重合度大于1，所以还需保证变位后齿轮副仍有一定的重合度；

(5) 某些场合下，必须保证无侧隙啮合传动。

2. 变位系数优选问题的性能约束条件

根据变位系数选择时的限制条件，构造变位系数优选模型的性能约束条件。

1) 保证齿轮变位后不发生根切

使用齿条型刀具加工标准齿轮时，不发生根切的最少齿数为

$$z_{\min}=\frac{2h_{an}^{*}}{\sin^{2}\alpha_{n}} \tag{4-16}$$

式中，h_{an}^{*} 为法面齿顶高系数。

由此可求得主、从动轮不发生根切的约束条件，分别如式(4-17)和式(4-18)所示：

$$g_{1}(\boldsymbol{Y})=\frac{z_{\min}-z_{1}}{z_{\min}}h_{an}^{*}-y_{1}\leqslant 0 \tag{4-17}$$

$$g_{2}(\boldsymbol{Y})=\frac{z_{\min}-z_{2}}{z_{\min}}h_{an}^{*}-y_{2}\leqslant 0 \tag{4-18}$$

2) 保证必要的齿顶厚度

为了使齿轮在变位后保持一定的齿面接触强度和齿根弯曲强度，要求主、从动轮的齿顶厚大于一定的厚度 S_a（对于软齿面齿轮，$S_a=0.25m_n$；对于硬齿面齿轮，$S_a=0.4m_n$），因此齿顶厚度的约束条件为

$$g_{3}(\boldsymbol{Y})=-d_{a}\left(\frac{\pi+4y_{1}\tan\alpha_{n}}{2z_{1}}+\mathrm{inv}\alpha_{t}-\mathrm{inv}\alpha_{t}'\right)+S_{a1}\leqslant 0 \tag{4-19}$$

$$g_{4}(\boldsymbol{Y})=-d_{a}\left(\frac{\pi+4y_{2}\tan\alpha_{n}}{2z_{2}}+\mathrm{inv}\alpha_{t}-\mathrm{inv}\alpha_{t}'\right)+S_{a2}\leqslant 0 \tag{4-20}$$

式中，d_a 为齿顶圆直径；α_t 为端面压力角；α_t' 为端面啮合角。

3) 保证齿轮啮合时不发生干涉

使用齿条型刀具加工外啮合齿轮时，保证主、从动轮不发生干涉的约束条件为

$$g_{5}(\boldsymbol{Y})=-\tan\alpha_{t}'+\frac{z_{2}}{z_{1}}(\tan\alpha_{a2}-\tan\alpha_{t}')+\left[\tan\alpha_{n}-\frac{4(h_{an}^{*}-y_{1})}{z_{1}\sin(2\alpha_{n})}\right]\leqslant 0 \tag{4-21}$$

$$g_6(\boldsymbol{Y})=-\tan\alpha_t'+\frac{z_1}{z_2}(\tan\alpha_{a1}-\tan\alpha_t')+\left[\tan\alpha_n-\frac{4(h_{an}^*-y_1)}{z_2\sin(2\alpha_n)}\right]\leqslant 0 \quad (4\text{-}22)$$

式中，α_{a1}、α_{a2}分别为主、从动轮的齿顶圆压力角。

4) 保证一定的重合度

根据齿轮连续传动的条件，重合度要大于等于 1，而实际使用中同时需要考虑传动的平稳性，因此通常使重合度 ε_α 大于等于 1.2，即

$$g_7(\boldsymbol{Y})=1.2-\frac{1}{2\pi}[z_1(\tan\alpha_{at1}-\tan\alpha_t')+z_2(\tan\alpha_{at2}-\tan\alpha_t')]\leqslant 0 \quad (4\text{-}23)$$

式中，α_{at1}、α_{at2}分别为斜齿轮副主、从动轮的端面齿顶圆压力角。

5) 保证无侧隙啮合传动

对于要求无侧隙啮合的变位齿轮副，应使变位系数的总和 x_Σ满足以下约束：

$$h_1(\boldsymbol{Y})=y_1+y_2-\frac{z_1+z_2}{2\tan\alpha_n}(\mathrm{inv}\alpha_t'-\mathrm{inv}\alpha_t)=0 \quad (4\text{-}24)$$

6) 保证强度要求

变位后主、从动轮的齿面接触强度和齿根弯曲强度应满足强度要求：

$$\sigma_{Hi}\leqslant[\sigma_{Hi}] \quad (4\text{-}25)$$

$$\sigma_{Fi}\leqslant[\sigma_{Fi}] \quad (4\text{-}26)$$

式中，σ_{Hi}、σ_{Fi}($i=1,2$)分别代表主、从动轮的齿面计算接触应力和齿根计算弯曲应力；$[\sigma_{Hi}]$、$[\sigma_{Fi}]$分别代表主、从动轮的许用接触应力和许用弯曲应力。

4.3　单级渐开线圆柱齿轮变位系数优选及对比分析

4.3.1　单级渐开线圆柱齿轮变位系数优选计算

以某减速器中的一对渐开线直齿圆柱齿轮副为例，分别运用封闭图法、线图法及本书中提出的优选方法进行变位系数的优化选择，原始参数如表 4.1 所示。

表 4.1　渐开线圆柱齿轮副原始参数

参数名称	主动轮齿数 z_1	从动轮齿数 z_2	模数 m	安装中心距 a'	压力角 α	齿顶高系数 h_a^*	顶隙系数 c^*
数值	21	33	2.5mm	70mm	20°	1.0	0.25

在已知安装中心距的情况下，由表 4.1 中的基本参数可以计算出总变位系数 $x_\Sigma=1.1246$，分别以等弯曲强度原则和等滑动率原则对变位系数进行分配，在每一种原则下分别使用传统方法和本书提出的方法计算变位系数。

1. 按等弯曲强度原则分配变位系数

首先使用封闭图法对变位系数进行分配。由于封闭图组合中，并没有齿数

21/33 的配对组合，所以需要就近选择最为接近的封闭图，即 20/34 的组合。图 4.4 为主动轮齿数 z_1 为 20、从动轮齿数 z_2 为 34 的封闭图[6]。已知总变位系数 $x_\Sigma=1.1247$，在图中手工作出该变位系数的等啮合角线 c-c。当小齿轮为主动轮时，封闭图中的曲线 a 为等弯曲强度曲线，因此直线 c-c 与曲线 a 的交点处所在的变位系数，即为主动轮、从动轮的变位系数。从图中可以大致读出，主动轮变位系数 $x_1=0.85$，从动轮变位系数 $x_2=0.28$。

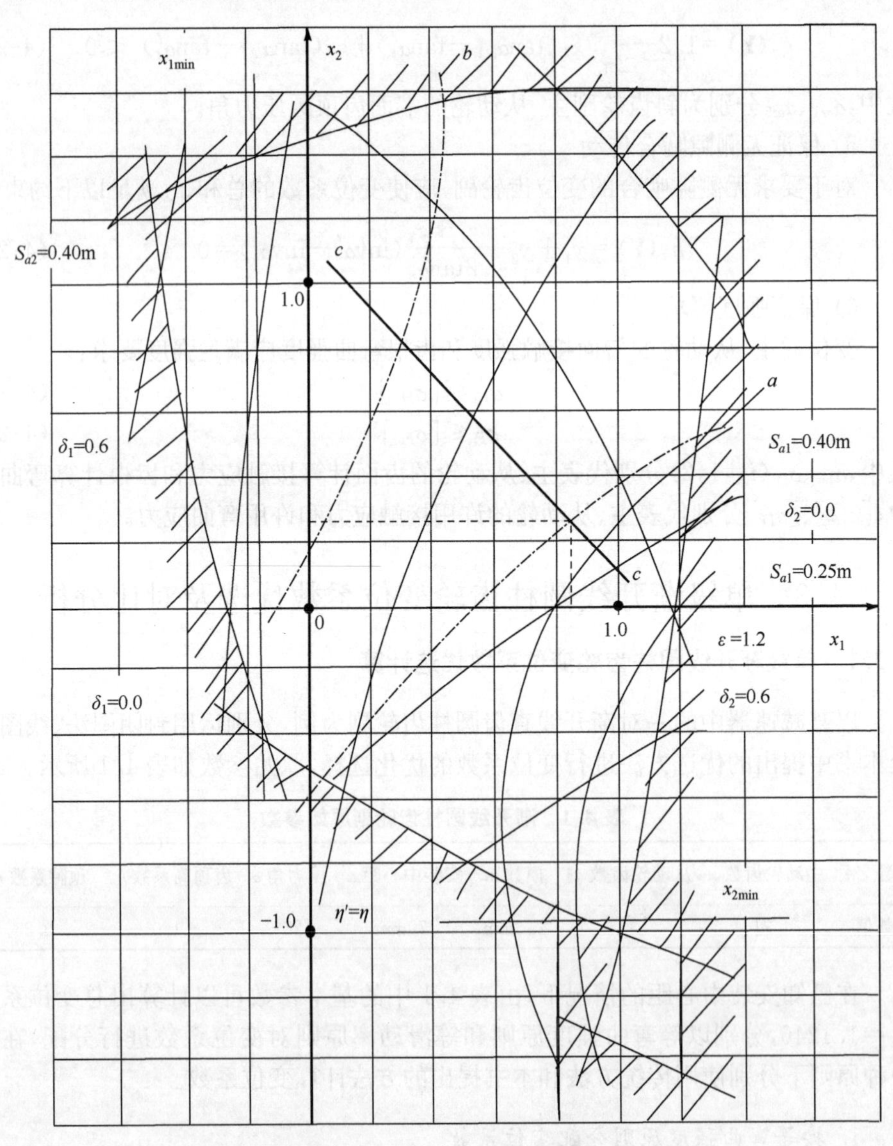

图 4.4　$z_1=20$、$z_2=34$ 的封闭图

根据前文所述的变位系数优选方法，以等弯曲强度为最优目标，利用自主开发的软件进行变位系数的选取。通过输入原始参数，对弯曲强度计算进行配置后，得到主动轮变位系数 $x_1=0.47457$，从动轮变位系数 $x_2=0.65013$，如图 4.5 所示。

图 4.5　按等弯曲强度原则得到的变位系数

2. 按等滑动率原则分配变位系数

如图 4.6 所示的变位线图[3]是以等滑动率为原则绘制的。根据已知参数可计算出啮合角 $\alpha' \approx 25°$，总变位系数 $x_\Sigma=1.1247$，结合齿数比 $u=1.57$。从图中可以粗略读出，主动轮变位系数 $x_1=0.55$，从动轮变位系数 $x_2=0.575$。

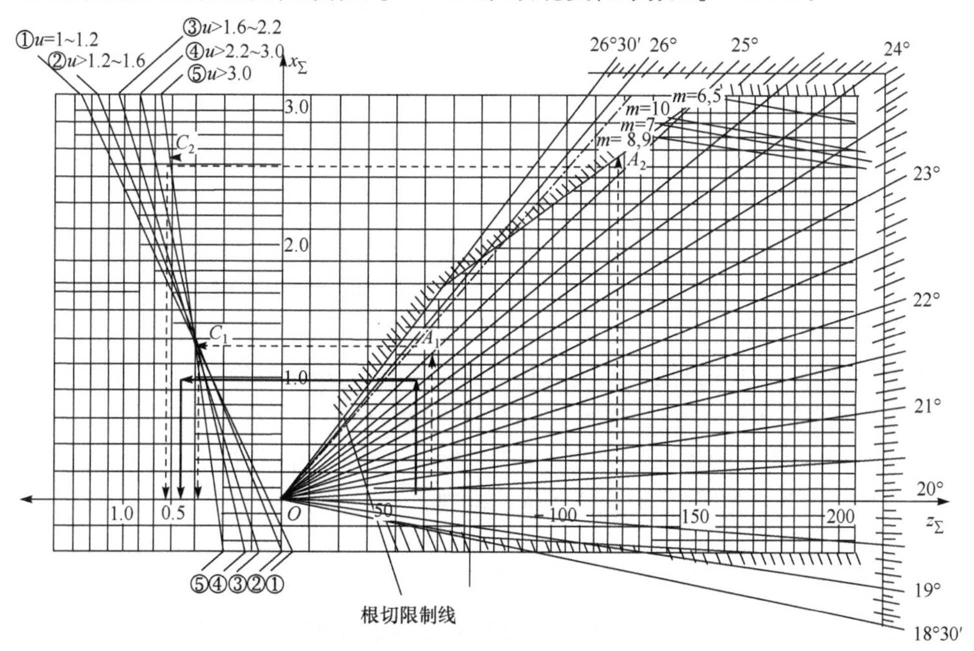

图 4.6　变位系数的选择线图

同理,采用作者编制的软件以等滑动率为优选原则进行变位系数的选取,得到主动轮变位系数 $x_1=0.7000$,从动轮变位系数 $x_2=0.4247$,如图 4.7 所示。

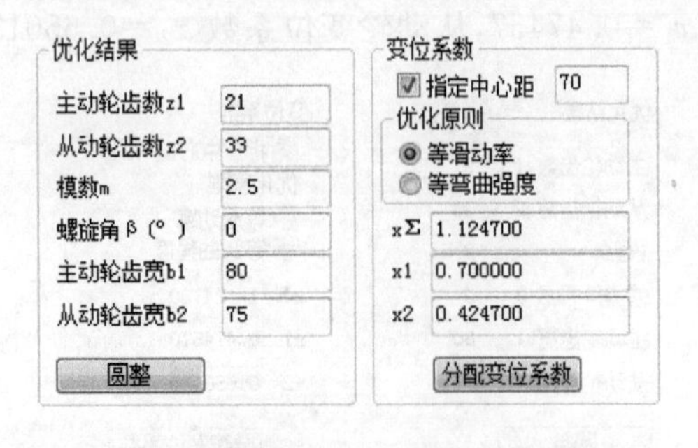

图 4.7 按等滑动率原则得到的变位系数

4.3.2 与传统优选方法的对比分析

1. 传统封闭图法与本书优选方法的对比分析

根据封闭图法和本书优选方法得到的变位系数,分别计算两种情况下的弯曲强度,汇总于表 4.2。

表 4.2 两种计算方法变位系数及弯曲强度对比

方法	主动轮变位系数 x_1	从动轮变位系数 x_2	主动轮弯曲强度 σ_{F1}/MPa	从动轮弯曲强度 σ_{F2}/MPa
封闭图法	0.55	0.575	337.901325	372.425881
本书优选方法	0.7	0.4272	354.609201	354.609224

从表 4.2 中可以看出,两种方法分配的变位系数及由此得到的齿根弯曲强度具有很大的差距。使用封闭图法进行变位系数分配时,因本身没有 21/33 的配对组合,而近似采用了 20/34 的配对组合予以代替,且变位系数的选取过程是在图纸上手动完成的,该过程只能大致读出变位系数的值,无法精确求取,从而造成使用封闭图法时根据等弯曲强度原则选取的变位系数,最终却不满足于该原则。相比封闭图法,本书提出的优选方法可以得到精度足够高的变位系数,而且两齿轮的齿根弯曲强度也严格相同,从而保证了优选准则。

2. 线图法与本书优选方法对比分析

将线图法和本书优选方法得到的变位系数及由此计算得到的各齿轮的滑动率,汇总于表 4.3 进行分析。

表 4.3　两种计算方法变位系数及滑动率对比

方法	主动轮变位系数 x_1	从动轮变位系数 x_2	主动轮滑动率 η_1	从动轮滑动率 η_2
线图法	0.85	0.28	0.9533	0.9702
本书优选方法	0.47457	0.65013	0.9648	0.9648

由表 4.3 中的结果可以看出，使用线图法时需要在图表上近似选取(如总齿数线和啮合线)，从而容易产生较大的分配误差，造成两个齿轮的滑动率并不一致。而本书优选方法在保证计算精度和相等滑动率的同时，大大缩短了计算时间，从而提高优化的效率，尽量减少齿轮的磨损情况。因此，使用本书优选方法得到的变位系数较为准确。

4.4　本章小结

本章对渐开线圆柱齿轮变位系数的优选问题进行了研究。首先基于等弯曲强度或等滑动率的优选原则，在满足重合度条件、干涉条件、齿厚条件和根切条件等诸多约束条件的前提下，建立了变位系数优选的数学模型；然后以等弯曲强度和等滑动率为分配原则，分别使用封闭图法、线图法和本书优选方法对变位系数进行了选择计算；最后对不同方法得到的变位系数进行了对比分析。分析结果表明，基于本书提出的变位系数优选方法求得的变位系数比较准确，除了可以配凑中心距之外，还可以满足等弯曲强度或等滑动率的原则，在一定程度上可以避免轮齿折断和齿面点蚀等失效形式，从而有效提高齿轮的工作性能。

参考文献

[1] 仙波正庄. 齿轮变位. 张范孚，译. 上海：上海科学技术出版社，1984.
[2] Nimann G，Winter H. 机械零件. 张海明，译. 北京：机械工业出版社，1991.
[3] 李华敏，等. 齿轮机构设计与应用. 北京：机械工业出版社，2007.
[4] 汪萍，侯慕英. 优选齿轮变位系数的数学模型. 机械设计，1986，(1)：38-41.
[5] 杜雪松，林腾蛟，李润方，等. AGMA 按均衡滑动率原则选择齿轮变位系数的原理. 重庆大学学报(自然科学版)，2007，30(8)：6-9.
[6] 朱景梓，等. 渐开线变位系数的选择. 北京：人民教育出版社，1982.

第5章 基于B样条曲面的渐开线圆柱齿轮精确建模

5.1 面向CAE分析的渐开线圆柱齿轮精确造型方法

建立精确的渐开线圆柱齿轮实体模型是实施啮合过程仿真分析的前提条件和重要保障，现有文献所述的齿轮传动有限元分析大多采用通用CAD造型软件（如Pro/E和SolidWorks等）建模，然后将CAD模型导入有限元分析软件进行强度分析。由于各软件之间存在数据兼容性问题，在CAD软件中建立的复杂实体模型导入CAE软件时往往会因数据丢失等而不能直接进行有限元分析。ANSYS软件是一款典型的有限元分析软件，但其自带的几何造型功能完全可以满足复杂结构的建模需求，且ANSYS的参数化设计语言（ANSYS Parametric Design Language，APDL）为用户提供的参数化建模、加载、求解及后处理等一体化功能非常适用于齿轮等形状规范类零件的建模与分析，本章应用APDL在ANSYS平台下实现渐开线圆柱齿轮传动的参数化实体建模与仿真分析。

5.1.1 渐开线圆柱齿轮齿廓曲面成形原理

为了保证齿轮传动的精确性和工作的平稳性，要求齿轮的瞬时传动比为常数。从啮合理论上讲，任意一对共轭齿廓总是可以满足这一要求的，但在评价齿形曲线时，还应考虑其承载能力的高低、加工制造的难易以及对中心距偏差的敏感性等因素。综合考虑上述因素，渐开线齿形相比其他齿形具有更多的优点[1]。

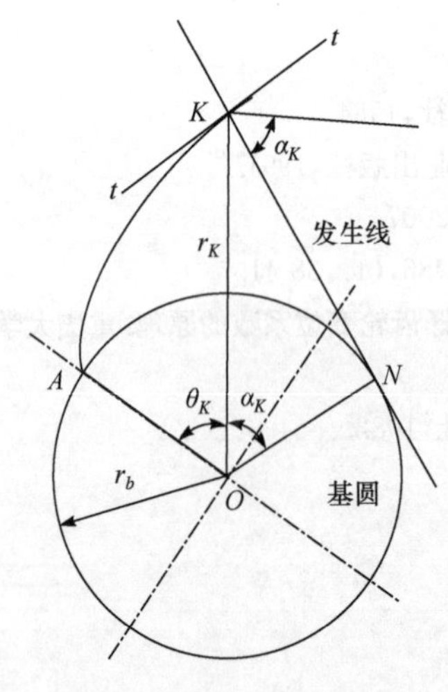

图5.1 渐开线形成原理

1. 渐开线形成原理及特性

如图5.1所示，当直线NK沿着半径为r_b的圆做纯滚动时，该直线上的任一点K的轨迹称为该圆的渐开线。半径为r_b的圆称为渐开线的基圆，直线NK称为渐开线的发生线，角θ_K称为渐开线AK上K点的展角。由渐开线的形成过程，可得出如下性质：

（1）发生线沿基圆滚过的线段长度NK等于基圆上被滚过的圆弧长度$\overset{\frown}{AN}$，即$NK=\overset{\frown}{AN}$。

（2）发生线是渐开线在K点的法线，又因为发生线总是基圆的切线，所以渐开线上任意点的法线始终与基圆相切。

(3) 基圆以内没有渐开线。

(4) 渐开线的形状仅仅取决于基圆的大小。基圆越大，渐开线越平直；当基圆半径无穷大时，渐开线成为一条直线。

2. 渐开线方程式

图 5.1 中，r_K为渐开线上任意点 K 的向径，当以此渐开线作为齿轮的齿廓，并与其共轭齿廓在 K 点啮合时，此齿廓在该点所受正压力的方向与速度方向之间所夹的锐角 α_K为渐开线在该点的压力角。

在工程上，渐开线通常以极坐标方程表示。在图 5.1 中，以 OA 为极坐标轴，渐开线上的任一点 K 可用向径 r_K和展角 θ_K来确定。在 ΔKON 中，

$$r_K=\frac{r_b}{\cos\alpha_K} \tag{5-1}$$

又因

$$\tan\alpha_K=\frac{NK}{r_b}=\frac{\overset{\frown}{AN}}{r_b}=\frac{r_b(\alpha_K+\theta_K)}{r_b}=\alpha_K+\theta_K \tag{5-2}$$

故得

$$\theta_K=\tan\alpha_K-\alpha_K \tag{5-3}$$

式中，展角 θ_K是压力角 α_K的函数，又因该函数是根据渐开线的特性推导出来的，故称其为渐开线函数，工程上常用 $\mathrm{inv}\alpha_K$表示。

综上所述，可得渐开线的极坐标参数方程式为

$$\begin{cases} r_K=\dfrac{r_b}{\cos\alpha_K} \\ \theta_K=\tan\alpha_K-\alpha_K \end{cases} \tag{5-4}$$

当用直角坐标表示渐开线时，可以得到笛卡儿坐标系下的方程为

$$\begin{cases} x=r_b\sin u_K-r_b u_K\cos u_K \\ y=r_b\cos u_K+r_b u_K\sin u_K \end{cases} \tag{5-5}$$

式中，$u_K=\theta_K+\alpha_K$。

3. 齿廓曲面理论与实际形成原理

如图 5.2 所示，渐开线斜齿圆柱齿轮的齿廓曲面是由一平面 M 上的斜直线 AB 绕基圆柱做纯滚动形成的，这条斜直线与基圆柱的切线 AC 成一定的夹角 β_b，切线 AC 平行于基圆柱的轴线。这个平面 M 称为发生面，斜直线 AB 与基圆柱切线 AC 间的夹角 β_b称为基圆柱螺旋角。斜直线 AB 上的点在纯滚动过程中形成渐开线，所有斜直线上点形成的渐开线共同构成了渐开线斜齿圆柱齿轮的齿廓曲面。

螺旋角 β_b 不同，形成齿轮轮齿实体的弯曲形状不同，当螺旋角 β_b 为零时，形成的齿廓曲面就是直齿轮的齿廓曲面，即由斜齿轮演化成直齿轮。从本质上讲，渐开线直齿圆柱齿轮是渐开线斜齿圆柱齿轮的特例，为了便于编程实现，本书将两者合并处理，通过控制螺旋角来完成渐开线直齿圆柱齿轮的建模与分析。

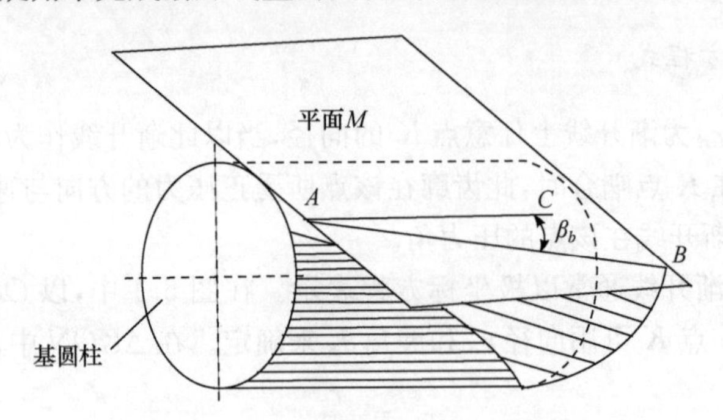

图 5.2　斜齿轮齿廓曲面形成原理

在实际加工时，通常采用齿条刀具加工圆柱齿轮的轮齿曲面，其加工原理类似于齿轮与齿条的啮合原理[2]。如图 5.3 所示，齿条的中线与齿轮的分度圆做纯滚动，其中刀具的齿顶高为 $(h_a^*+c^*)m$，齿条以 $v=\omega r$ 的速度从右向左移动，齿轮绕圆心以 ω 的角速度转动。在图中虚线位置，齿条刀具的侧刃与齿轮的齿顶圆交于 B 点，在齿条刀具的移动过程中，刀具从 B 点开始逐渐切出渐开线齿廓，当齿条刀具由虚线位置移动到实线位置时，刀具顶点 d 刚好与渐开线齿廓的 N 点重合，刀具顶角 d 点相对于齿轮的运动轨迹为弧 $msbn$，其中 bN 段为形成的齿根过渡曲线。由齿条刀具顶线 de 形成的齿根圆弧为 bc 段，其半径为 $r-(h_a^*+c^*)m$，即为齿轮齿根圆的半径。

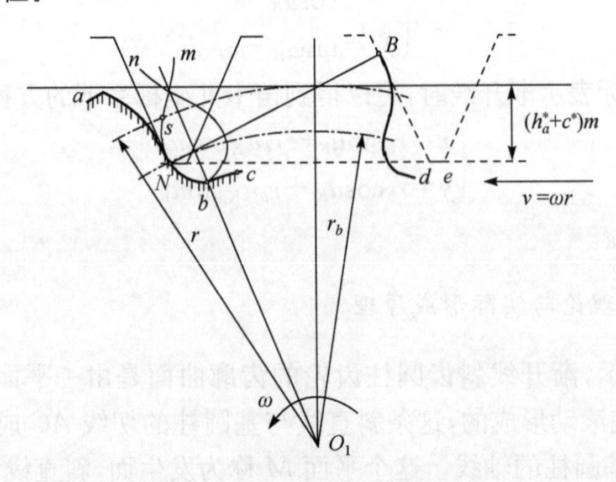

图 5.3　齿条刀具加工齿轮齿廓

4. 渐开线齿廓的啮合传动特点

一个渐开线齿轮的齿廓，是由同一个基圆形成的两条对称的渐开线组成的。一对渐开线圆柱齿轮副在做啮合传动时，具有如下几个特点。

1) 传动比恒定不变

如图5.4所示，一对渐开线齿廓啮合传动时，无论其啮合点在何位置，过啮合点作齿廓的法线必与两基圆相切于N_1、N_2点，并与中心线交于一个固定点P，P点为两齿轮的相对运动瞬心，称为节点，过节点的两个圆称为节圆。这对齿轮的传动比i_{12}为

$$i_{12}=\frac{\omega_1}{\omega_2}=\frac{O_2P}{O_1P} \tag{5-6}$$

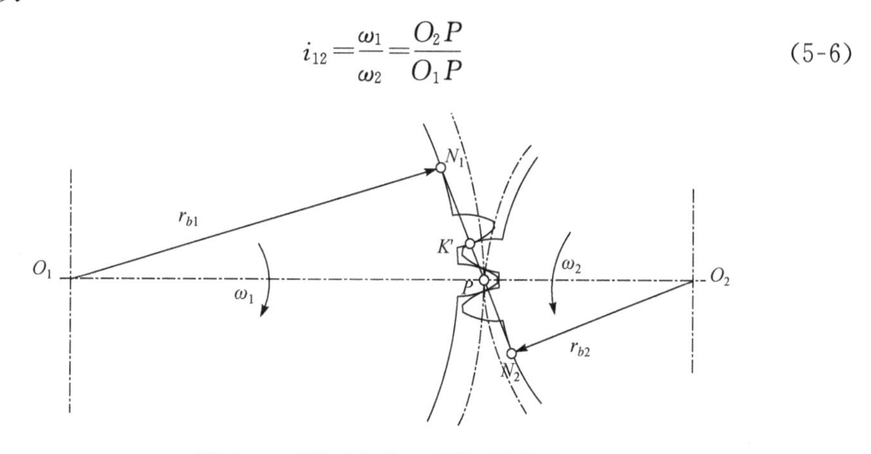

图5.4　互相啮合的一对渐开线齿廓

2) 中心距变动不影响传动比

由图5.4可知，$\Delta O_1PN_1 \sim \Delta O_2PN_2$，故有

$$i_{12}=\frac{\omega_1}{\omega_2}=\frac{O_2P}{O_1P}=\frac{O_2N_2}{O_1N_1}=\frac{r_{b2}}{r_{b1}} \tag{5-7}$$

因此，无论这对齿轮传动的中心距O_1O_2如何改变，其传动比i_{12}总等于其基圆半径的反比，且为定值。这种中心距改变不影响传动比大小的性质，称为渐开线齿轮的可分性。

3) 渐开线齿廓之间的正压力方向不变

一对齿轮啮合过程中，轮齿啮合点(接触点)的轨迹称为啮合线。渐开线齿廓在任何位置啮合时，过接触点的公法线都是同一条直线N_1N_2，一对渐开线齿廓从开始啮合到脱离接触，所有的啮合点均在该直线上，故直线N_1N_2是齿廓接触点在固定平面中的轨迹，称为啮合线。

当不计摩擦时，渐开线齿廓间的作用力总是沿着接触点的公法线方向作用，即无论齿廓在何处啮合，其所传递力的方向总是沿着啮合线N_1N_2方向不变，有效保

证了齿轮传动的平稳性。

综上所述,渐开线的特性及渐开线齿廓的啮合传动特点使得渐开线齿形比其他类型的齿形具有更为广泛的应用。

5. 圆柱齿轮的螺旋角和螺旋线方程

如图 5.5 所示,若将齿轮分度圆柱面展开,螺旋线 DE 将会成为一条斜直线 DK。由螺旋角定义可知,斜直线 DK 与直线 AD 之间的夹角即为分度圆螺旋角 β。

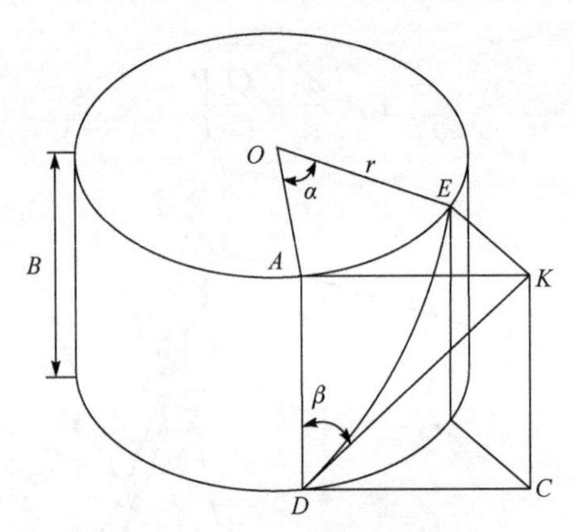

图 5.5 螺旋线的参数方程推导

由图 5.5 可知,螺旋线上任意一点的坐标可由式(5-8)求得:

$$\begin{cases} x=r\cos\alpha \\ y=r\sin\alpha \\ z=B \end{cases} \tag{5-8}$$

式中,$\alpha=(B\tan\beta)/r$;B 为齿宽的变量。

对于斜齿轮,螺旋角 $\beta\neq0$(一般取 $8°\sim20°$),对于直齿轮,$\beta=0$。在引用直齿圆柱齿轮的几何计算公式时,要以相应的端面参数代入计算。而在切制斜齿轮的轮齿时,刀具进刀的方向一般是垂直其齿面的,故其法面参数(m_n、α_n、h_{an}^*、c_n^* 等)与刀具的参数相同,所以取为标准值。为了计算斜齿轮的几何尺寸,要建立法面参数与端面参数的换算关系:

$$\begin{cases} \tan\alpha_n=\tan\alpha_t\cos\beta \\ m_n=m_t\cos\beta \\ x_n=x_t\cos\beta \end{cases} \tag{5-9}$$

式中,m_n 与 m_t 分别为法面模数和端面模数;α_n 与 α_t 分别为法面压力角和端面压力角;x_n 与 x_t 分别为法面变位系数和端面变位系数。

5.1.2　渐开线圆柱齿轮参数化精确建模方法

1. 渐开线圆柱齿轮建模思路

现有文献中齿轮有限元分析所用实体模型主要通过两种方法构建：一是在专用的三维 CAD 建模软件中建立模型，然后导入分析软件中进行分析[3]；二是直接在分析软件中建立模型[4]。对于第一种方法，由于不同 CAD/CAE 软件之间存在数据兼容性问题，齿轮模型由 CAD 软件导入 CAE 软件时往往会出现数据丢失，同时这种方法也难以实现齿轮建模和分析的参数化。第二种方法虽然可以避免数据丢失的问题且能实现参数化，但是现有的大多数 CAE 软件侧重分析，曲面建模功能较弱，处理具有复杂齿廓曲面且装配精度较高的齿轮实体建模问题时效果不理想，难以满足建模精度要求。

为了解决上述两种方法存在的问题，本书结合在逆向工程、计算机图形学等领域广泛应用的曲线、曲面造型设计理论，采用均匀双三次 B 样条曲面插值方法编程实现渐开线圆柱齿轮齿廓曲面的构建，并以 IGES 格式直接导入 ANSYS 软件，然后利用 ANSYS 软件的一般几何实体建模功能实现渐开线圆柱齿轮的精确实体建模与装配。

ANSYS 实体建模有两种方法：

1）自下而上的建模方法

自下而上的实体建模，是由建立实体模型的最低图元（点）逐步至最高图元（体）的方法，即先生成点，再由点连成线段，然后由线段合并成面，最后由面组合成体，即为：点→线→面→体，是低层到高层的建模方式。

2）自上而下的建模方法

自上而下的实体建模，是首先建立较高级的图元对象，则其所对应的较低层图元对象将自动产生，图元对象高低顺序依次为体、面、线和点。

在构建齿轮实体模型时，需要根据建模要求综合并灵活运用这两种建模方法，如在当前激活坐标系下常采用自下而上的建模方式，在工作平面中常采用自上而下的建模方式。

2. 渐开线圆柱齿轮副实体模型生成流程

图 5.6 为渐开线圆柱齿轮副实体装配模型的建立流程。

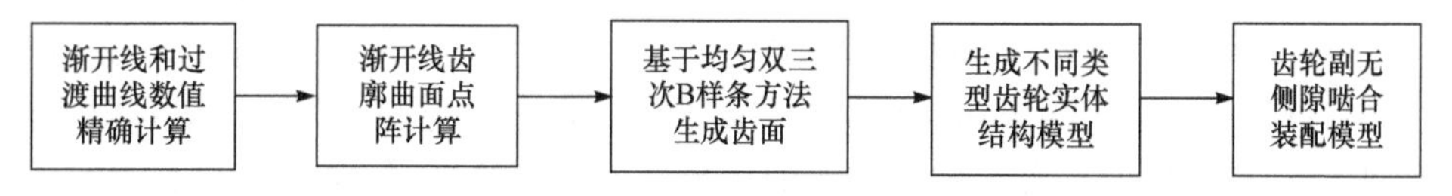

图 5.6　渐开线圆柱齿轮副实体建模流程

基于齿条刀具加工渐开线齿轮齿廓的原理，首先在 Visual C++平台下编制渐开线圆柱齿轮齿廓曲面构建程序。根据渐开线方程和实际的齿根过渡曲线方程沿齿宽方向分别计算圆柱齿轮端截面曲线点列，构造齿廓曲面点阵，利用均匀双三次 B 样条曲面插值原理，将轮齿曲面点阵插值成轮齿曲面。然后以 IGES 格式存储并导入 ANSYS 中，在已生成的轮齿曲面基础上，采用 APDL 建立参数化的齿轮建模程序，实现不同结构圆柱齿轮实体的建模。最后完成齿轮副的无侧隙啮合装配。

5.2 基于均匀双三次 B 样条插值的齿面造型

5.2.1 基于 IGES 接口的均匀双三次 B 样条曲面插值技术

按照 B 样条曲面生成原理，给定 $r\times s$ 个空间控制点阵 $d_{i,j}(i=0,1,2,\cdots,r-1;j=0,1,2,\cdots,s-1)$，则双三次 B 样条曲面可写为

$$S(u,v)=\sum_{i=0}^{r-1}\sum_{j=0}^{s-1}P_{i,j}B_{i,3}(u)B_{j,3}(v),\quad u,v\in[0,1] \tag{5-10}$$

式中，$B_{i,3}(u)$和$B_{j,3}(v)$是定义在 u、v 参数轴上的节点矢量$\boldsymbol{U}=[u_0,u_1,\cdots,u_{r+3}]$和$\boldsymbol{V}=[v_0,v_1,\cdots,v_{s+3}]$的 B 样条基函数。当节点向量均匀等距分布时，称为均匀双三次 B 样条曲面。

均匀双三次 B 样条曲面的特征曲面由包含 16 个控制顶点 $d_{i,j}(i=0,1,2,3;j=0,1,2,3)$的控制网格定义，其矩阵表达式[5]为

$$S(u,v)=\boldsymbol{UBPB}^{\mathrm{T}}\boldsymbol{V}^{\mathrm{T}} \tag{5-11}$$

式中，$\boldsymbol{B}=\frac{1}{6}\begin{bmatrix}1 & 3 & -3 & 1\\ 3 & -6 & 3 & 0\\ -3 & 0 & 3 & 0\\ 1 & 4 & 1 & 0\end{bmatrix}$；$\boldsymbol{P}=\begin{bmatrix}d_{0,0} & d_{0,1} & d_{0,2} & d_{0,3}\\ d_{1,0} & d_{1,1} & d_{2,1} & d_{1,3}\\ d_{2,0} & d_{2,1} & d_{2,2} & d_{2,3}\\ d_{3,0} & d_{3,1} & d_{3,2} & d_{3,3}\end{bmatrix}$；$\boldsymbol{U}=(u^3,u^2,u,1)$；$\boldsymbol{V}=(v^3,v^2,v,1)$。

已知均匀双三次 B 样条曲面的控制点阵，利用式(5-10)可以计算曲面上任意点的坐标，这一过程称之为曲面正算。反之，若已知曲面型值点阵，可根据 B 样条原理反求双三次 B 样条曲面的控制点阵，这一过程为曲面反算，即曲面插值。采用均匀双三次 B 样条曲面插值方法可以实现自由型曲线曲面的精确建模，有效保证了齿轮建模精度，为实现齿轮副装配模型的无侧隙啮合奠定了基础。

对于给定的 $m\times n$ 曲面型值点阵 $\boldsymbol{Q}_{i,j}(i=0,1,2,3,\cdots,m-1;j=0,1,2,3,\cdots,n-1)$，可采用如下方法求相应均匀双三次 B 样条曲面的控制点阵。对于 u 向的 n 组型值点，按照均匀三次 B 样条曲线的边界条件和反算公式，求得由 n 组 B 样条曲线构成的特征多边形，每条曲线加上两个边界条件[6]，得到$(m+2)\times n$ 个特征

网格控制点 $V_{i,j}(i=0,1,\cdots,m+1;\ j=0,1,\cdots,n-1)$。再把 $V_{i,j}$ 看作 v 向的 $(m+2)$ 组型值点，经过 $(m+2)$ 次均匀三次 B 样条曲线反算，可得到曲面控制顶点阵 $d_{i,j}(i=0,1,2,3,\cdots,m+1;j=0,1,2,3,\cdots,n+1)$。

为了便于生成的曲面数据与通用 CAD/CAE 软件交互，采用 IGES 标准作为曲面数据与其他软件接口的文件格式，进行 IGES 前处理器设计，将插值得到的均匀双三次 B 样条曲面数据转化为 IGES 文件格式进行存储，以供后续建模使用。IGES 前处理器[7]的作用主要是将非标准格式的数据文件转换为标准格式的数据文件，其基本流程如图 5.7 所示。

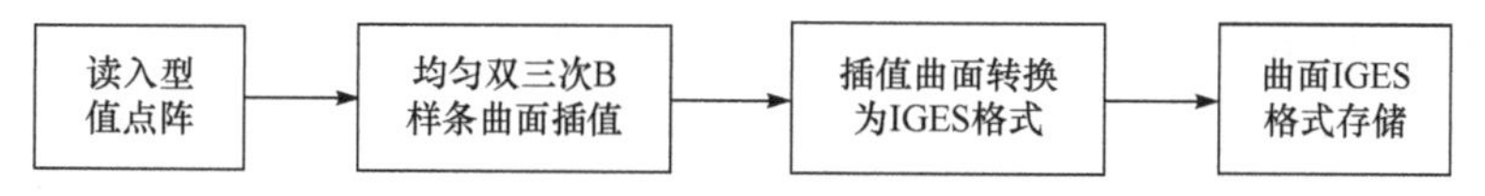

图 5.7　曲面 IGES 前处理器工作流程

图 5.8 为均匀双三次 B 样条曲面的 IGES 文件格式，包括五大段：开始段、全局参数段、目录条目段、参数数据段和结束段，分别以段码 S、G、D、P、T 表示。IGES文件每行 80 个字符，每段若干行，每行的第 1～72 个字符为该段的内容，第 73 个字符为该段的段码，第 74～80 个字符为该段每行的序号。

```
This is a IGES file created by RollUnRoll software.                     S0000001
The software was programmed by Li Xueyi,Tsinghua University,China.      S0000002
1H,,1H;,19HMASTERCAM version X,6HT2.MCX,9HMASTERCAM,1H1,16,8,24,8,56,,  G0000001
1.,2,2HMM,1,0.01,13H071005.160030,0.00005,100.,,,8,0,;                  G0000002
     128       1       1       1      10       0       0       00000000D0000001
     128       0       3      67       0       0       0       0       0D0000002
     128      68       1       1      10       0       0       00000000D0000003
     128       0       3      67       0       0       0       0       0D0000004
128,6,11,3,3,0,0,1,0,0,0.,0.,0.,0.,0.25,0.5,0.75,1.,1.,1.,1.,0.,       1P0000001
0.,0.,0.,0.0773060752,0.1621871624,0.2549607141,0.3559796575,          1P0000002
0.4656353476,0.584360964,0.7126352831,0.8509870842,1.,1.,1.,1.,        1P0000003
1.,1.,1.,1.,1.,1.,1.,1.,1.,1.,1.,1.,1.,1.,1.,1.,1.,1.,1.,1.,1.,        1P0000004
1.,1.,1.,1.,1.,1.,1.,1.,1.,1.,1.,1.,1.,1.,1.,1.,1.,1.,1.,1.,1.,        1P0000005
1.,1.,1.,1.,1.,1.,1.,1.,1.,1.,1.,1.,1.,1.,1.,1.,1.,1.,1.,1.,1.,        1P0000006
      ……
644.0940579182,60.1115359615,116.6666666662,645.0445207048,            3P0000120
50.0487108607,69.9999999967,646.0149113354,34.9173565402,              3P0000121
-0.0000000024,646.6811215077,19.7695610482,-69.9999999986,             3P0000122
646.8208252207,9.6629141677,-116.6666666664,646.8906770772,            3P0000123
4.6095907276,-140.,647.5020646499,63.8587235145,140.,                  3P0000124
647.9670607724,58.7970419577,116.6666666662,648.8970530176,            3P0000125
48.6736788437,69.9999999967,649.8340117478,33.4524778026,              3P0000126
-0.0000000024,650.4649932122,18.2155253304,-69.9999999986,             3P0000127
650.5794330432,8.0501788448,-116.6666666664,650.6366529587,            3P0000128
2.9675056021,-140.,649.515717,63.1927889,140.,649.975405625,           3P0000129
58.1154113559,116.6666666662,650.8947828751,47.9606562673,             3P0000130
69.9999999967,651.8144055,32.6928652273,-0.0000000024,                 3P0000131
652.427119125,17.4096804209,-69.9999999986,652.528458375,              3P0000132
7.2138952669,-116.6666666664,652.579128,2.11600269,-140.,0.,1.,        3P0000133
0.,1.;                                                                 3P0000134
S0000002G0000002D0000004P0000134                                        T0000001
```

图 5.8　均匀双三次 B 样条曲面 IGES 文件格式

在 IGES 文件中，开始段可以有多行，内容为有关该文件的一些前言性质的说明。全局参数段一般占 2～3 行，提供处理 IGES 文件所需的各种信息，它描述了 IGES 文件使用的参数分隔符、记录分隔符、文件名、IGES 版本、线段颜色、单位、建立该文件的时间、作者等信息，共有 25 个参数，参数之间有分隔符。目录条目段是 IGES 文件中元素的索引，指明元素的有关属性。每个元素的目录占 2 行，分成 20 个字段，每个字段占 8 个字符，字段间无分隔符。参数数据段详细记录了每个元素的参数。参数以自由格式存放，参数间有分隔符，元素间有结束符，分隔符和结束符由全局段的第 1、2 个参数定义，所有参数行的 66～72 列均存放着该元素的目录在目录段中的首行序号（它构成了一个由参数指向目录的反向指针）。结束段只有一行，前 32 个字符分成 4 个字段，每个字段 8 字符，分别记录了开始段、全局参数段、目录条目段和参数数据段的段码和每段的总行数，第 33～72 个字符没有用到，最后 8 个字符为结束段的段码和行数。

5.2.2 渐开线圆柱齿轮齿面点阵的提取

为了建立齿轮模型，首先提取轮齿齿廓面型值点阵，然后基于均匀双三次 B 样条曲面插值方法得到精确的轮齿齿廓曲面。完整的齿廓曲面包括齿顶圆弧面、齿顶倒角面、渐开线齿廓面、齿根过渡曲面和齿根圆弧面五个部分，为了保证造型精度，要分别提取上述曲面型值点阵。

1. 轮齿端面渐开线齿廓曲线点列的提取

渐开线齿廓曲面是渐开线圆柱齿轮的工作齿面，齿轮啮合传动就是通过该面完成的。渐开线齿廓曲面的精度对齿轮的啮合精度和啮合性能起决定性作用。为了获取轮齿的齿廓曲面点阵，首先应根据端面齿廓曲线构造端面型值点列。由图 5.1 所示的渐开线形状可以看出，渐开线越接近基圆的部分曲率半径越小，曲率半径从齿根部分到齿顶部分是逐渐增大的。由于型值点阵的疏密程度直接影响曲面插值精度，在选取端面齿廓型值点时，为保证齿廓曲面精度，应根据齿廓曲线的平滑程度调整取点密度，如齿根部分应比齿顶部分选取更多的数据点。

根据极坐标系下的渐开线参数方程(5-4)可以看出，渐开线齿廓曲线上点的坐标与压力角相关。通过计算可以获取渐开线上不同位置点的压力角，再根据其压力角求得渐开线上相应型值点的位置坐标。图 5.9 为渐开线圆柱齿轮端面渐开线段曲线点列。

图 5.10 为利用均匀双三次 B 样条曲线插值技术对图 5.9 所示型值点列插值得到的渐开线齿廓曲线。

图 5.9　渐开线圆柱齿轮端面渐开线曲线点列

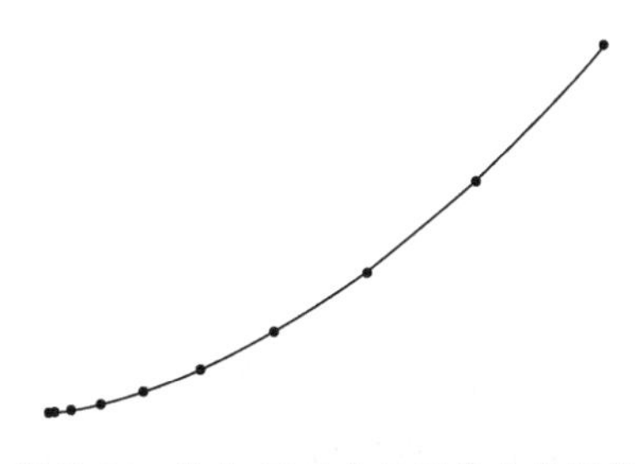

图 5.10　均匀双三次 B 样条曲线插值

2. 轮齿端面齿根过渡曲线型值点的提取

齿根弯曲疲劳强度是衡量轮齿强度的又一个重要指标。齿轮副受载时，齿根处所受弯矩最大，且齿根过渡曲线的形状对齿根弯曲疲劳强度具有重要的影响。传统的齿轮设计方法一般采用半径为 0.38m 的近似圆弧来代替齿根过渡曲线，这种建模方法虽然简单方便，但是齿根处的弯曲疲劳强度数值只是近似值，与实际情况有着一定的差距。为了保证齿根弯曲疲劳强度计算的准确性，必须根据齿根过渡曲线方程进行精确建模。

渐开线圆柱齿轮的齿根过渡曲线是连接渐开线齿廓与齿槽底部圆弧之间的一段曲线，如图 5.11 所示。它是由刀具齿顶的圆角或尖角在展成过程中形成的，根据齿轮加工刀具的不同，齿根过渡曲线形成的原理和方程也不同。描述渐开线齿轮齿根过渡曲线的重要参数是齿根过渡曲线的曲率半径，选用不同的曲率半径对齿根的弯曲疲劳强度有重要的影响。本书选用齿条刀具加工齿轮，刀具齿廓的顶部具有两个圆角，所形成的过渡曲线为延伸渐开线的等距曲线[8]。

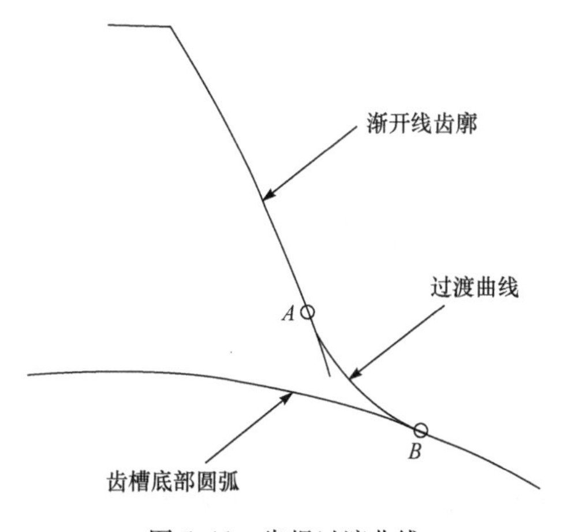

图 5.11　齿根过渡曲线

由文献[8]可得，齿根过渡曲线在笛卡儿坐标系下的方程为

$$\begin{cases}\eta_g = r_j\sin\phi_g - \left(\dfrac{a_1}{\sin\alpha_g'} + r_\rho\right)\cos(\alpha_g' - \phi_g)\\ \lambda_g = r_j\cos\phi_g - \left(\dfrac{a_1}{\sin\alpha_g'} + r_\rho\right)\sin(\alpha_g' - \phi_g)\end{cases} \tag{5-12}$$

式中，η_g、λ_g分别为过渡曲线上点的横向和纵向坐标；r_ρ 为刀顶圆角半径；α_g'是刀具圆角与过渡曲线接触点的公法线与刀具加工节线间的夹角；a_1 为刀顶圆角的圆心距刀具加工节线的距离，$a_1 = a_g - xm$，其中 a_g 为刀顶圆角的圆心距刀具中线的距离；ϕ_g为加工齿轮的中心和节点的连线与被加工轮齿对称中心线之间的夹角，$\phi_g = (a_1\cot\alpha_g' + b_g)/r_j$，其中 b_g 为刀顶圆角的圆心距刀具齿槽中心线的距离；r_j 为齿轮加工节圆的半径。

齿根过渡曲线与轮齿渐开线存在切触点，如图 5.11 中的 A 点，切触点即渐开线与过渡曲线的分界点。在不产生根切的情况下，齿条刀具加工齿轮齿根过渡曲线与渐开线分界点到齿轮中心的距离 r_G可由式(5-13)求得：

$$r_G = m\sqrt{\frac{z^2}{4} + \left(\frac{h_a^*}{\sin\alpha}\right)^2 - h_a^* z} \tag{5-13}$$

式中，m 为模数；z 为齿数；h_a^* 为齿顶高系数；α 为压力角。

对于标准齿廓圆柱齿轮，r_G与齿数和模数的关系如图 5.12 所示。

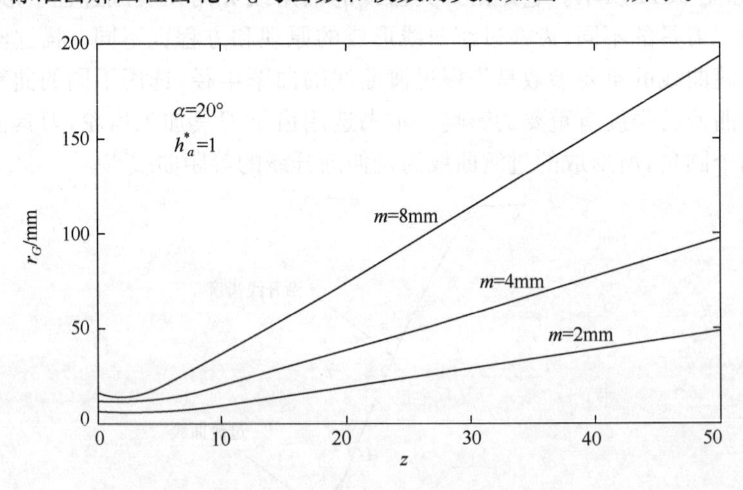

图 5.12　r_G与 z 和 m 的关系

从图中可以看出，当齿轮模数一定时，r_G只与齿数相关，且当齿数 z 大于 10 时，r_G随着 z 增加呈线性增大。当 z 一定时，r_G随模数 m 的增加而成倍增加。

在式(5-12)所示的齿根过渡曲线方程中，α_g'为变参数，对于不同的 α_g'角，将刀具参数代入式(5-12)，即可求得齿根过渡曲线上不同点的坐标，从而得到一组齿

根过渡曲线型值点列。

3. 轮齿曲面型值点阵的生成

1) 轮齿端面齿廓曲线的生成

一个完整的渐开线齿轮端面封闭齿廓曲线包括渐开线段 $ab(a'b')$、齿根过渡曲线段 $bc(b'c')$(齿根过渡曲线在某些情况下可用直线段代替)、齿顶圆弧 aa' 以及齿根圆弧 $cd(c'd')$,如图 5.13 所示。

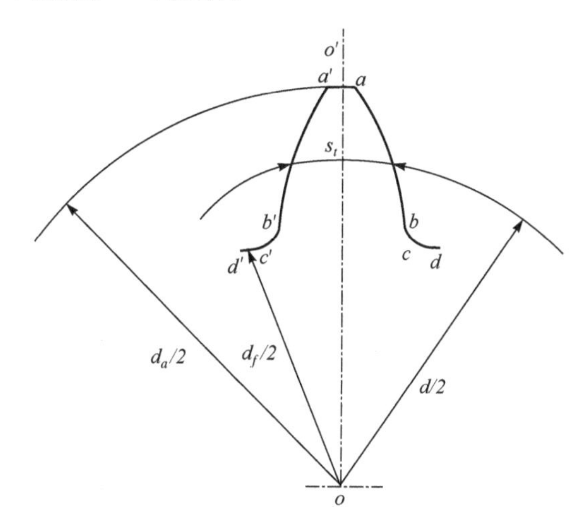

图 5.13　渐开线圆柱齿轮端面齿廓曲线

齿轮变位后,分度圆齿厚发生了变化,对于渐开线直齿圆柱齿轮,其轮齿是由端面齿廓曲线沿齿宽方向扫描生成的。变位直齿圆柱齿轮的端面弧齿厚由下式求得:

$$s_t = (\pi/2 + 2x_t \tan\alpha_t)m_t \tag{5-14}$$

式中,x_t 为渐开线直齿圆柱齿轮的变位系数;α_t 为渐开线直齿圆柱齿轮的分度圆压力角;m_t 为渐开线直齿圆柱齿轮的模数。

渐开线斜齿圆柱齿轮的轮齿是由端面齿廓曲线沿螺旋线扫描生成的,在确定端面齿廓曲线的齿厚时,应采用端面参数。

根据变位齿轮的齿厚公式,计算出分度圆上半个齿厚对应的角度,并作平面镜像,以先前生成的渐开线为原像镜像得到轮齿另一条对称的渐开线,然后以齿轮中心为圆心分别做齿顶和齿根圆弧,并根据分析要求绘制齿顶圆角和齿根过渡曲线,即可得到渐开线圆柱齿轮端面齿廓,如图 5.14 所示。

2) 齿面型值点阵的获取

由图 5.14 可知,轮齿端面齿廓曲线是由几段曲线组合而成的,在该齿廓曲线上提取一定数量的离散点,构造轮齿曲面的端面齿廓型值点列,如图 5.15 所示。

齿廓曲线上不同位置处的曲率不同，为了兼顾建模精度和效率，提取点列时，曲率变化大的曲线段取点密度较密，曲率变化小的部位取点密度较稀。

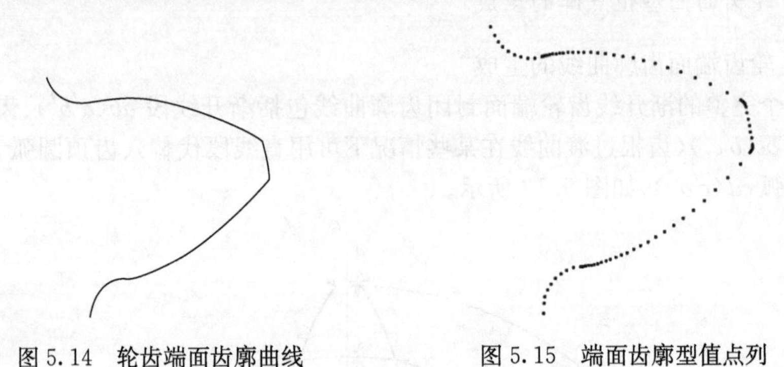

图 5.14　轮齿端面齿廓曲线　　　　图 5.15　端面齿廓型值点列

将图 5.15 生成的齿廓端面型值点列沿齿宽方向按螺旋线（对于直齿轮，螺旋线就是一条垂直于轮齿端面的直线）阵列复制，得到一系列用于重构轮齿曲面的型值点列，称为轮齿曲面型值点阵。包括渐开线点阵集合、齿根过渡点阵集合、齿顶圆弧点阵集合、齿根圆弧点阵集合和齿顶倒角点阵集合。端面型值点列沿齿宽方向阵列的密度取决于螺旋角 β 的大小，β 越大，齿廓曲面扭曲度越大，阵列密度应越大；反之，β 越小，阵列密度越小。图 5.16(a)为直齿圆柱齿轮轮齿曲面型值点阵，图 5.16(b)为斜齿圆柱齿轮轮齿曲面型值点阵。

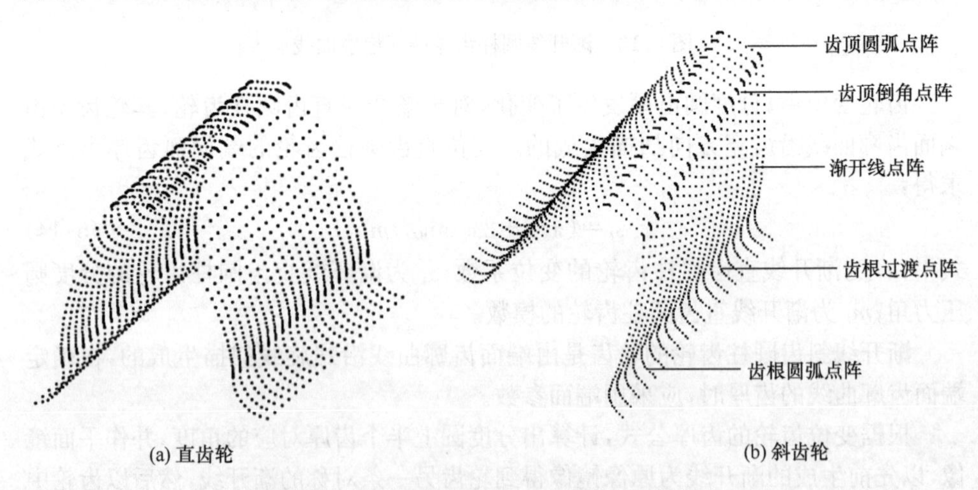

图 5.16　渐开线圆柱齿轮齿廓曲面型值点阵

5.2.3　齿轮齿廓曲面的形成

作者在齿轮分析实践中发现，利用 ANSYS 软件自带的曲面扫描建模功能构造的斜齿圆柱齿轮模型在进行齿面接触分析时，接触效果与实际情况相差较大；经反复研究发现,扫描得到的斜齿轮齿廓曲面与齿轮的实际齿面有较大误差,不能直接用于齿轮的建模及分析。为此,考虑到 ANSYS 软件提供了与外部程序的接口,在自身的环境中可以驱动其他应用程序,如用 VB、VC++等编程语言创建的 *.exe 程序文件等,作者编制了基于均匀双三次 B 样条曲面的复杂曲面生成程序。在 ANSYS 软件中通过调用外部程序方式来实现 ANSYS 与该程序曲面数据的交互,得到齿轮建模所需的精确齿廓曲面。由于所建齿廓曲面以 IGES 格式存储,可以导入任意一款 CAD/CAE 软件,具有良好的适应性和较高的使用价值。

将齿廓曲面型值点阵导入编制的均匀双三次 B 样条曲面生成程序,即可获得 IGES 格式的轮齿齿廓曲面。利用 ANSYS 软件的 IGES 文件处理器将轮齿曲面导入 ANSYS 中,即可在此基础上完成齿轮实体建模与啮合仿真分析。图 5.17 为 IGES曲面前处理器构建精确轮齿齿廓曲面的基本流程。

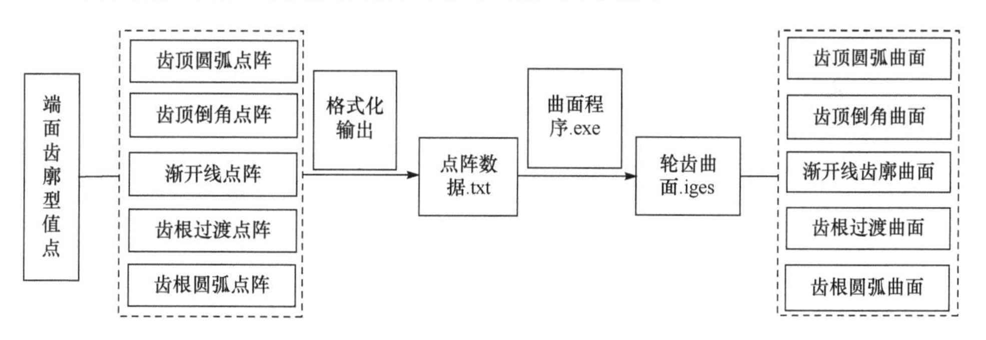

图 5.17　轮齿齿廓曲面构建流程图

图 5.18 为在 ANSYS 软件中以 IGES 格式导入的轮齿齿廓曲面,包括齿顶圆弧曲面、齿顶倒角曲面、渐开线齿廓曲面、齿根过渡曲面和齿根圆弧曲面。

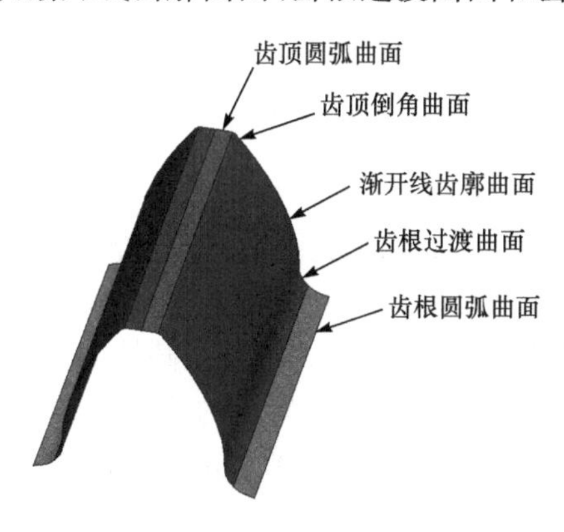

图 5.18　生成的轮齿齿廓曲面

5.3 基于 IGES 曲面与 APDL 命令流的齿轮实体建模

5.3.1 APDL 实现齿轮建模参数化的方法

APDL 是一种参数化设计语言，提供了基本的几何造型功能，可以通过一系列参数化变量方式[9]实现齿轮轮齿曲面以及整个轮齿实体的参数化建模。

(1) 参数定义与数学表达式功能。齿轮参数化建模首先需要定义已知齿轮的输入参数，可以利用“SET”、“＝”等命令进行齿轮相关参数的定义与赋值。齿轮轮齿曲面数据的输出需要用到“DIM”命令进行数组参数定义。APDL 内部定义了许多基本函数，通过基本函数计算功能，可以对齿轮的几何尺寸进行计算。

(2) 自动条件选择功能。齿轮参数化建模必须考虑各种齿轮类型、各种结构形式，如需要考虑齿根圆半径大于基圆半径和齿根圆半径小于基圆半径两种情况，需要兼顾实体式、腹板式和轮辐式等多种结构形式。上述问题在 APDL 中需根据结构参数来自动识别，并通过“IF 语句”来实现。

(3) 模块化功能。可以利用 APDL 提供的宏功能简化齿轮建模程序中重复数据的输入，如在建模时会多次用到渐开线及过渡曲线的相关生成命令，在网格划分时对齿轮模型单元属性的定义命令等，应将这些常用的命令功能编制成独立运行的宏文件，供齿轮建模主程序随时调用。

(4) 参数化驱动与调用功能。均匀双三次 B 样条曲面插值程序必须通过软件驱动来实现轮齿曲面 IGES 文件的自动输出，而 APDL 提供的“/SYS”命令可用于驱动 VB、VC++等编程语言编制的可执行文件，并利用“IGESIN”命令自动读入 IGES 文件，因此在齿面建模中可以利用 APDL 完成精确齿面的自动生成与调用。

5.3.2 渐开线圆柱齿轮实体模型的生成

1. 不考虑轮毂结构的渐开线圆柱齿轮实体建模

根据齿轮尺寸的不同，相同齿形参数的齿轮有多种结构形式，如齿轮轴、实体式、腹板式、孔板式和轮辐式等，各种形式的齿轮轮齿形状仅与齿形参数有关，与轮毂尺寸无关。为了便于实现齿轮实体建模的参数化，首先在不考虑轮毂结构的情况下建立齿轮的全实体模型。图 5.19 为渐开线圆柱齿轮实体模型的生成流程图。

按 5.2 节所述方法建立渐开线圆柱齿轮的单齿齿廓曲面，以齿轮轴线为阵列轴线，根据齿数沿圆周方向阵列，即可得到全部轮齿的齿廓曲面，如图 5.20(直齿轮)和图 5.21(斜齿轮)所示。

在齿轮全部齿廓曲面的基础上，分别提取轮齿曲面上下端面的所有端面齿廓线，由封闭齿廓线围成齿轮的上下端面再结合齿轮全部轮齿齿廓曲面，通过布尔运算得到一个完整的齿轮实体模型。图 5.22 和图 5.23 分别为渐开线直齿和斜齿圆柱齿轮实体模型。

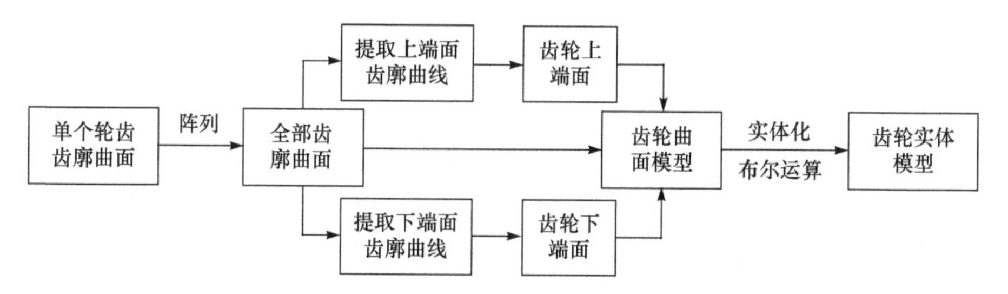

图 5.19　渐开线圆柱齿轮实体模型的生成流程图

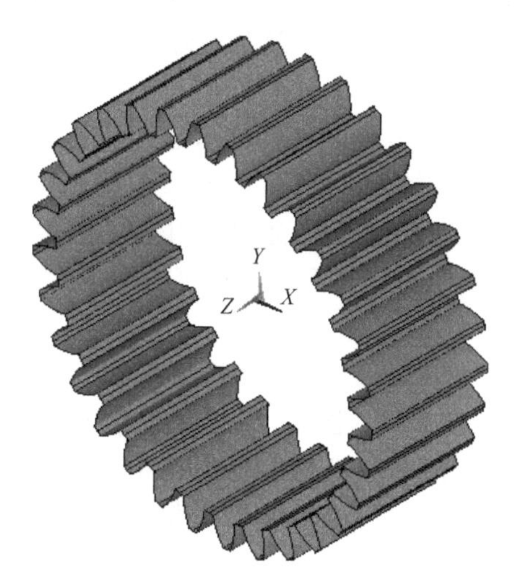

图 5.20　直齿轮全齿齿廓曲面

图 5.21　斜齿轮全齿齿廓曲面

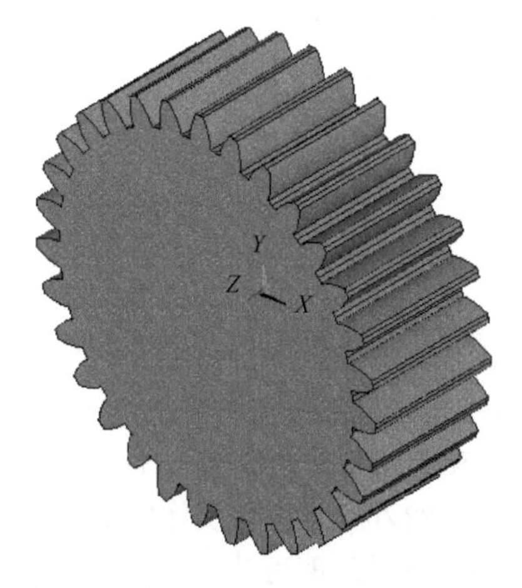

图 5.22　渐开线直齿圆柱齿轮实体模型

图 5.23　渐开线斜齿圆柱齿轮实体模型

2. 不同结构类型齿轮的精确建模

对齿轮进行模态分析或冲击特性分析时，需要建立齿轮的真实模型，因此齿轮的实体建模除了参与齿轮副啮合的轮齿齿廓外，还需考虑与传动轴相配合的轴孔、键槽及轮毂部分的建模，以建立符合实际结构形式和尺寸的真实齿轮模型。为了进行高效的有限元计算，在建立齿轮实体结构时可以将不影响计算结果的微小几何特征除去。真实齿轮结构建模的基本思路是在前面建立的齿轮整体模型的基础上，利用 ANSYS 软件提供的丰富的几何建模工具和方法，创建各种关键点、线、面和体的基本对象，然后利用各种几何编辑功能如布尔运算、拖拉、复制、移动、缩放、旋转、镜面映射等进行几何模型的处理，从而建立各种形状复杂的齿轮实体结构几何模型。

通常情况下，当齿顶圆直径 $d_a \leqslant 160$mm 时，齿轮的结构类型选用实体式；当 160mm$< d_a \leqslant 500$mm 时，齿轮的结构类型选用腹板式；当 500mm$< d_a \leqslant 1000$mm 时，齿轮的结构类型选用轮辐式。根据结构设计要求，对上述得到的完整齿轮实体利用布尔运算添加轴孔、键槽、轮辐等结构特征，可以得到满足计算机模拟要求的齿轮真实几何模型。

1）实体式齿轮

实体式齿轮轮毂部分的结构尺寸如图 5.24 所示。图中，D 为轴孔直径，C 为轴孔倒角尺寸，b 为键槽宽度，h 为键槽顶部到轴孔中线的距离。在采用 APDL 命令流建模时，对于实体式结构的齿轮，分两步完成，一是轴孔的生成，二是键槽的生成。

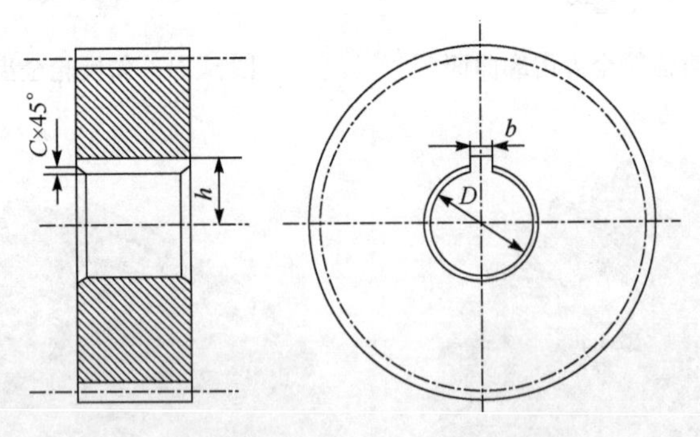

图 5.24　实体式齿轮轮毂结构尺寸示意图

实体式齿轮建模流程如图 5.25 所示，由于齿轮轴孔边缘需要倒角，APDL 命令流不能直接对体进行倒角，因此选择采用轴孔截面旋转生成轴孔体的方法。键槽体采用简化的长方体，可以直接建立。将图 5.22 生成的齿轮实体模型与得到的轴孔体进行布尔减运算，再与键槽体进行布尔减运算，即可建立实体式齿轮，如图 5.26 所示。

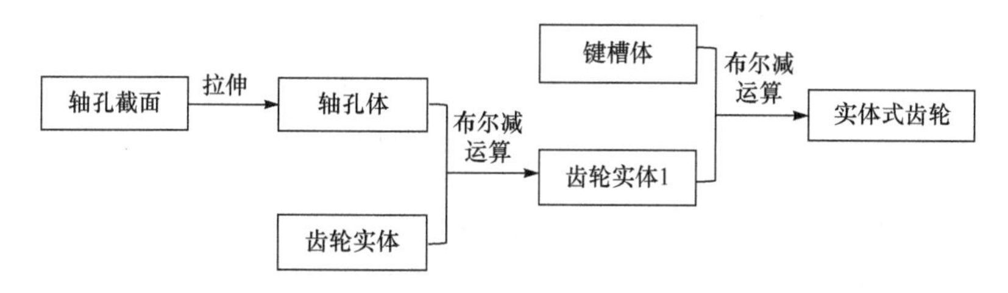

图 5.25　实体式齿轮建模流程

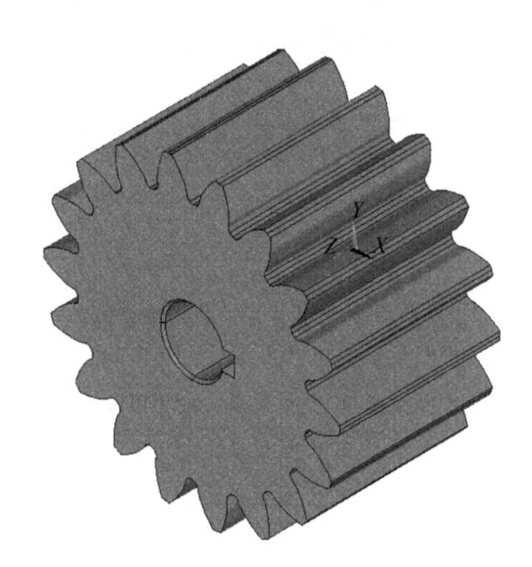

图 5.26　实体式齿轮

2) 腹板式齿轮

腹板式齿轮轮毂部分的结构尺寸如图 5.27 所示。腹板式齿轮比实体式齿轮结构复杂,不仅要建立轴孔和键槽,还要建立腹板和腹板孔等特征。

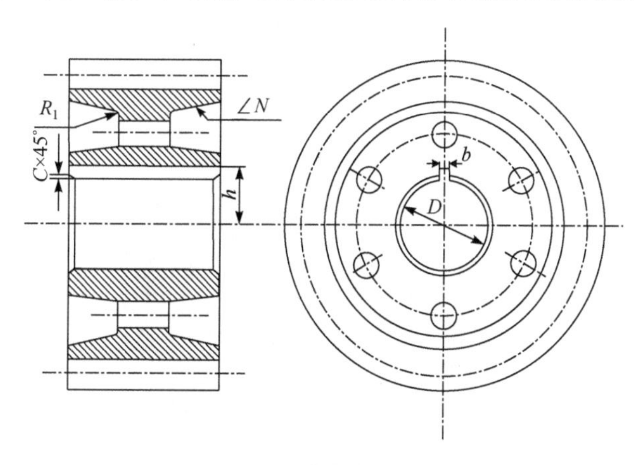

图 5.27　腹板式齿轮轮毂结构尺寸示意图

腹板式齿轮的建模流程如图 5.28 所示，腹板侧壁有斜度 N，内部边缘有倒角 R_1，腹板槽体并不是规则的圆环体。建立腹板槽体时仍采用由面旋转生成体的方法。首先，建立单侧腹板槽体，由齿宽中心截面镜像得到对称的另一侧腹板槽体。然后，与图 5.22 所示齿轮实体模型进行布尔减运算，得到无孔腹板式齿轮实体。根据腹板式齿轮的结构特点，为了减轻齿轮重量，其腹板上通常有一定数量(通常为偶数)的圆柱孔体。在 APDL 建模过程中，可采用阵列的方式建立沿齿轮中心线分布的圆柱体。将上述建立的齿轮实体与阵列腹板孔体进行布尔减运算，得到带孔的腹板式齿轮实体。最后，在此基础上建立轴孔和键槽，其生成方法与实体式齿轮相同。

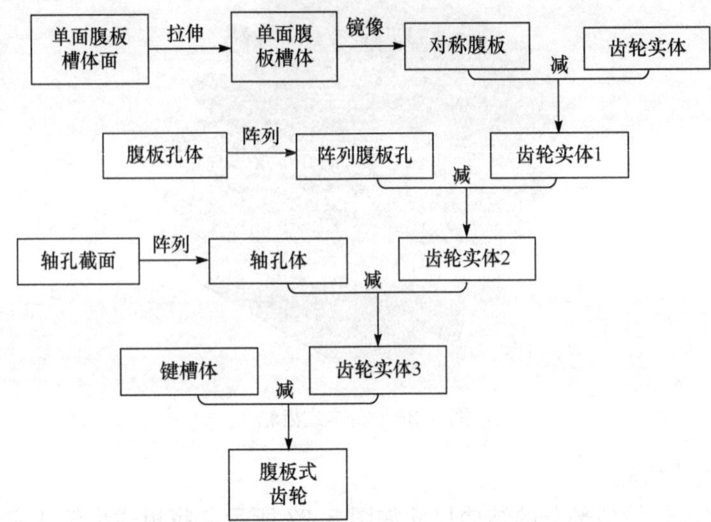

图 5.28　腹板式齿轮建模流程

图 5.29 为在 ANSYS 软件中建立的腹板式齿轮实体模型。

图 5.29　腹板式齿轮实体模型

3）轮辐式齿轮

轮辐式齿轮轮毂部分的结构尺寸如图5.30所示。图中，H为肋板宽度，R_2为轮辐倒角半径。

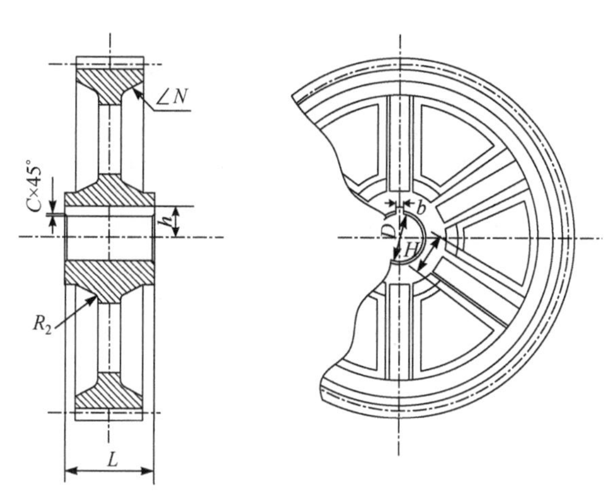

图5.30 轮辐式齿轮轮毂结构尺寸示意图

轮辐式齿轮的建模流程与腹板式齿轮基本相似，但因肋板和轮辐槽孔几何形状的复杂性，轮辐式齿轮的建模要比腹板式齿轮的建模复杂很多。轮辐槽孔体的建立要采用由轮辐孔截面拉伸生成体的方法，轮辐孔体阵列方法与腹板式齿轮生成腹板孔体的方法基本一致。图5.31为轮辐式齿轮的建模流程。图5.32为在ANSYS软件中建立的轮辐式齿轮实体模型。

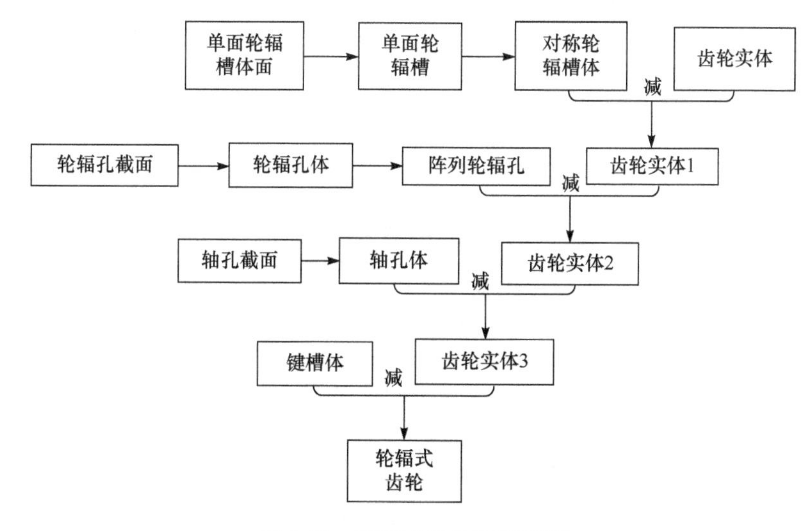

图5.31 轮辐式齿轮建模流程

图 5.32 轮辐式齿轮实体模型

5.4 渐开线圆柱齿轮参数化无侧隙啮合装配

齿轮在啮合传动中通常是成对使用的,对单个齿轮的分析并不能反映真实的啮合状况,为了准确分析齿轮啮合特性,需要建立齿轮副装配模型。齿轮装配应满足无侧隙啮合和顶隙为标准值这两个基本要求。

为了便于实现齿轮建模的参数化,一对啮合齿轮的建模使用同一建模程序,因此所建齿轮实体模型装配前都处于同一坐标系下的同一位置,如图 5.33 所示。考虑到一对齿轮副齿宽可能不相等,为了便于装配,选择齿轮的中间截面($z=0$)为装配基准面。

图 5.33 同一位置生成两个不同的齿轮模型

按照渐开线形成原理，齿轮建模时第一个轮齿的渐开线位于第一象限，并起始于基圆。为了便于后续的装配，首先将生成的齿轮模型顺时针绕 Z 轴旋转一个展角 θ，使渐开线在分度圆上的点移到 X 轴上，如图 5.34 所示。

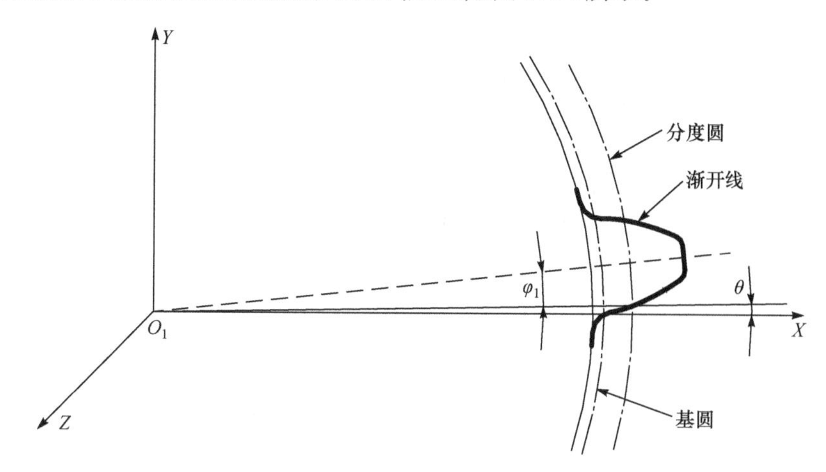

图 5.34　齿轮副的装配示意图

对于大齿轮，再将齿轮绕 Z 轴顺时针旋转 φ_1 角度，使大齿轮最右侧的那个齿的齿厚中心位于 X 正方向上。同理，对于小齿轮，将齿轮绕 Z 轴顺时针旋转 φ_2 角度，使小齿轮最右侧的那个齿的齿槽中心位于 X 正方向上。φ_1 和 φ_2 的值分别由式(5-15)和式(5-16)求得：

$$\varphi_1=(\pi/2+2x_1\tan\alpha)/z_1 \tag{5-15}$$

$$\varphi_2=(3\pi/2+2x_2\tan\alpha)/z_2 \tag{5-16}$$

式中，φ_1 为大齿轮分度圆处半个齿厚对应的圆弧角度；φ_2 为小齿轮分度圆处半个齿槽加上一个齿厚对应的圆弧角度；α 为分度圆压力角；x_1、x_2 分别为大、小齿轮的变位系数。

按上述方法建立的齿轮实体模型，在装配时无论大、小齿轮的齿数为奇数还是偶数，只需将小齿轮绕 Z 轴顺时针旋转 180°，再向右平移一个中心距的距离，便可以实现圆柱齿轮副的无侧隙啮合装配，如图 5.35 所示。对于变位齿轮传动，中心距的确定必须要在无侧隙啮合方程的基础上根据求得的啮合角确定[1]。

最终生成的齿轮副整体装配模型如图 5.36 所示。

为了验证齿轮副模型的装配效果，将建立好的斜齿轮副装配模型导入 Pro/E 软件中进行齿轮副啮合运动过程的干涉检查，查看两个齿轮零件间的啮合情况及相互运动关系。图 5.37 为导入 Pro/E 软件中的齿轮副啮合运动虚拟模型，在两齿轮中心轴之间建立齿轮副约束，在小齿轮中心轴上定义电动机施加角速度。通过机构运动分析[10]，在齿轮副整个啮合运动过程中作两个齿轮零件的全局干涉检查。

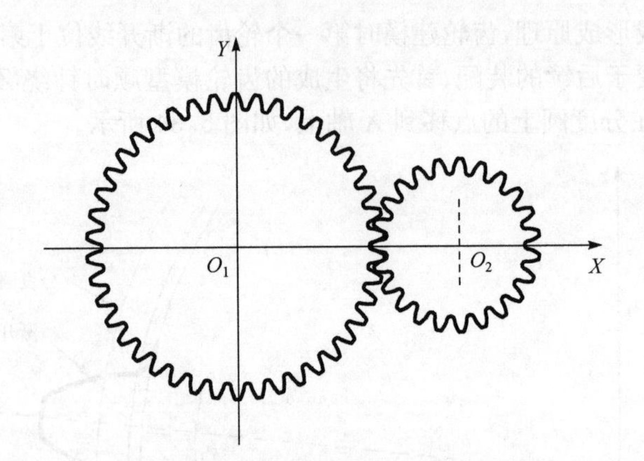

图 5.35　啮合装配示意图

图 5.36　齿轮副的装配模型

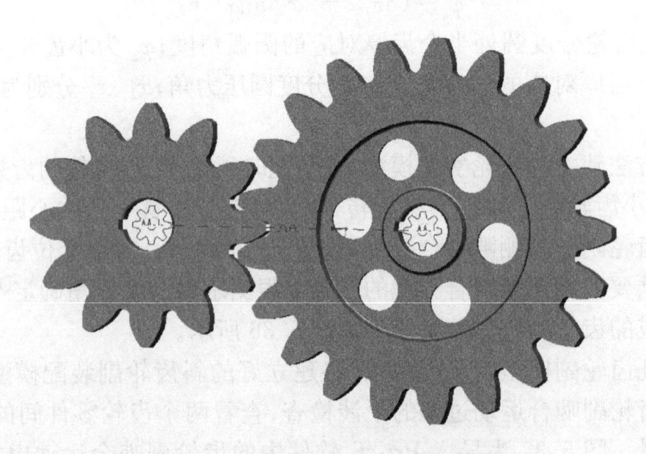

图 5.37　齿轮副啮合运动虚拟模型

图 5.38 为齿轮副啮合运动过程中的全局干涉检查结果。经过运动过程中的干涉计算，两个齿轮零件间不存在干涉，说明齿轮副在装配及运动过程中均为无侧

隙啮合接触，齿轮零件间的相互关系是正确的。

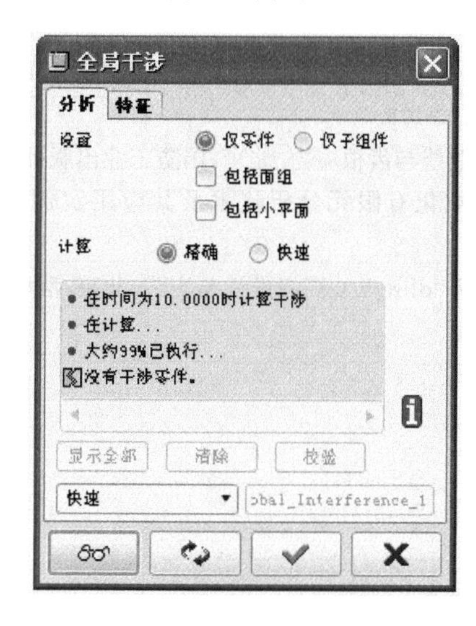

图5.38 齿轮副全局干涉检查结果

5.5 本章小结

本章首先论述了渐开线圆柱齿轮齿廓曲面形成理论，分析了渐开线齿廓啮合传动的特点，基于加工原理研究了齿根过渡段的形成及相应的曲线方程，并在此基础上研究了面向CAE仿真分析的渐开线圆柱齿轮参数化建模思路、建模流程及实现方法。通过构造齿廓曲面点阵，利用基于IGES接口的均匀双三次B样条曲面插值技术生成了精确的轮齿齿廓曲面，然后利用分析软件ANSYS的APDL实现了各种常用渐开线圆柱齿轮的精确实体建模。最后基于齿轮副的啮合传动原理实现了齿轮副的参数化无侧隙啮合装配，并在Pro/E软件中进行了干涉检查，验证齿轮副建模的准确性。

参考文献

[1] 李华敏，等. 齿轮机构设计与应用. 北京：机械工业出版社，2007.

[2] 任敬心，刘洪忠，张应昌. 齿轮工程学. 北京：国防工业出版社，1985.

[3] 孙剑萍，汤兆平. 基于Pro/E的斜齿圆柱齿轮精确参数化建模. 机械设计与制造，2008，(12)：63-65.

[4] 包家汉，张玉华，薛家国. 基于ANSYS的渐开线斜齿轮副参数化建模. 机械传动，2006，30(1)：54-56.

[5] 何援军. 计算机图形学. 北京：机械工业出版社，2006.

[6] 李道军,邬向伟.一种三次均匀B样条曲线快速反算的方法.微型机与应用,2011,30(11):87-88.
[7] 刘德智,董金祥,何志均.基于曲面模型的IGES前后置处理器的设计.计算机辅助设计与图像学学报,1999,11(2):100-103.
[8] 吴继泽,王统.齿根过渡曲线与齿根应力.北京:国防工业出版社,1989.
[9] 博弈创作室.APDL参数化有限元分析技术及其应用实例.北京:中国水利水电出版社,2004.
[10] 丁淑辉.Pro/Engineer Wildfire 5.0高级设计与实践.北京:清华大学出版社,2010.

第 6 章　渐开线圆柱齿轮传动啮合仿真分析

随着 CAE 技术的日益成熟，应用 CAE 技术模拟分析零件或产品的工作情况，获取产品在工作状态下的应力、应变及其变化规律，并对设计产品的工作性能进行分析评价，可以显著缩短零件或产品的研发周期，降低研发成本。因此，CAE 仿真分析已经成为复杂产品研发过程中不可或缺的一个重要环节。本章主要探讨如何利用 CAE 技术对渐开线圆柱齿轮传动的啮合特性与齿轮强度进行仿真分析，为其精确设计与结构优化提供依据。

6.1　齿轮啮合仿真分析方法

6.1.1　齿轮啮合弹性接触基本原理

齿轮传动过程首先是一个结构动力学问题，同时啮合过程中齿面间的相互接触又是一个接触问题。德国物理学家 Hertz 基于以下四条假设[1]，得到两弹性体接触的精确数学解：

(1) 接触物体的材料是均匀和各向同性的；

(2) 作用于物体的载荷在接触区域只产生弹性变形，并服从胡克定律；

(3) 接触区域和接触物体整个表面相比是很小的；

(4) 接触物体表面是完全光滑的，因此接触体之间传递的压力垂直于接触表面。

当接触的两个物体都是弹性变形时，通常应用 Hertz 公式的已知近似式来计算接触应力。这个公式是 Hertz 于 1881 年根据半无限体受分布载荷作用情况下的结果导出的，分别给出了关于球面与球面、圆柱面与圆柱面、任意曲面与曲面间弹性接触的实用结果[2]。

相互啮合的两轮齿齿面接触时会发生弹性变形，可以看成是两弹性体接触。在压力作用下，将齿面接触看作两个圆柱体在啮合处的弹性接触，应用 Hertz 理论中圆柱面与圆柱面接触的相关内容可知，由于接触面发生局部变形，最大接触压力 σ_τ 发生在接触带的各点上，形成宽度为 2τ 的接触带，如图 6.1 所示。最大接触应力 σ_τ 和接触带半宽 τ 的求解如式(6-1)和式(6-2)所示：

$$\sigma_\tau=\sqrt{\frac{F}{\pi L\rho\left(\frac{1-\mu_1^2}{E_1}+\frac{1-\mu_2^2}{E_2}\right)}} \tag{6-1}$$

$$\tau=\sqrt{\frac{4F\rho\left(\frac{1-\mu_1^2}{E_1}+\frac{1-\mu_2^2}{E_2}\right)}{\pi L}} \tag{6-2}$$

式中，F 为齿轮的设计载荷；L 为接触线的长度；ρ 为啮合齿面上啮合点的综合曲率半径；E_1 和 E_2 为齿轮的弹性模量；μ_1 和 μ_2 为齿轮的泊松比。

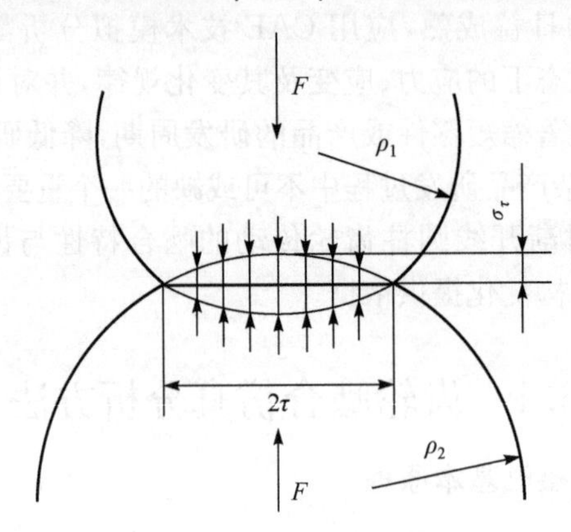

图 6.1　齿轮齿面弹性接触

根据渐开线的性质可知，渐开线的曲率是变化的，一对齿廓接触点的曲率半径也是变化的，并且齿轮处于单齿和双齿啮合时的载荷也不同，因此轮齿啮合时的接触应力随着啮合点的位置变化而变化。

在实际问题中，弹性物体接触问题并不能完全满足 Hertz 理论的四条假设，罗德什维奇在 1966 年发表了关于有限长圆柱体的接触变形和应力的实际研究结果。根据试验研究，得到以下结论[1]：

(1) 不同长度的圆柱体相互接触，短圆柱体的两端为直角边缘时，由于短圆柱体将陷入较长圆柱体微小的深度，接触线将变弯并呈现复杂的形状，变形最大的部位大约在端部占接触长度 8%的区域，在短圆柱端面处长圆柱体的变形几乎是纯剪切。

(2) 两平行圆柱弹性体长度不同时，其相互接触形成的接触区域宽度，呈现从中部向两端逐渐扩大的趋势，从相当于接触长度 1%～9%处开始，接触区域宽度急剧扩大，端部的接触区域宽度最大，约为中间的 1.29 倍。

(3) 不同长度、有直角边缘的弹性圆柱体沿母线相互接触时，端部出现应力集中。应力变化最大的是两端占接触长度 15%～17%处，端部的应力比中间高出几倍。

(4) 平行圆柱体两端的应力集中与它们的长度比有关，当长度比为 1～1.15 时，端部应力增长很快，当长度比为 1.5～1.7 时，应力增长趋于饱和。

(5) 沿直线接触的圆柱体,应力和变形沿接触线不是均匀分布的,在短圆柱体的两端有相当大的接触压力和变形集中。

当把齿轮副特别是不等宽齿轮副看成是圆柱体接触问题来处理时,也符合罗德什维奇的研究结论,经过实践检验,在轮齿齿端部位确实存在应力集中现象。

对于两个物体间的相互接触,接触过程的计算是通过定义非穿透性条件来实现的[3]。非穿透性条件是指空间中做任意运动的物体在任意时刻的内点不可能属于另一个物体,即物体的内部区域 Ω^1 和 Ω^2 的交集为空集。在齿轮啮合接触过程中,采用数学函数对非穿透性条件进行描述,在不考虑齿面间摩擦的情况下,定义齿轮接触方程为

$$\begin{cases} g_N \geqslant 0 \\ \sigma_N \leqslant 0 \\ g_N \sigma_N = 0 \end{cases} \tag{6-3}$$

式中,g_N 为齿轮接触边界上的距离函数,当 $g_N=0$ 时,两啮合齿轮的最小距离为零,齿轮在边界上发生接触;σ_N 为法向接触应力,在接触区域上满足单向应力条件,即法向应力必须为压应力。

6.1.2　齿轮啮合仿真分析实施步骤

齿轮副受载传动时,齿面接触疲劳强度和齿根弯曲疲劳强度是影响齿轮寿命的主要因素,因此设计人员往往根据齿轮副的工况计算、校核齿面接触疲劳强度与齿根弯曲疲劳强度来设计、选用齿轮副。

传统的齿面接触疲劳强度和齿根弯曲疲劳强度计算公式无法完整、准确地考虑各种强度影响因素,只能通过一些经验值来近似描述,因此无法对齿轮的真实受力情况进行较为准确地分析与评价。单纯根据静接触分析不能精确获取齿轮副在整个啮合过程的极限应力与极限位置[4],也不能有效描述齿轮传动过程中载荷、应力等特性参数的变化规律。为了能够更好地模拟齿轮副的受载情况,作者提出先对齿轮副进行瞬态啮合仿真分析,找到齿轮传动过程中应力、应变最大的位置,然后在此位置上进一步进行静接触分析,获取相应的齿面接触应力和齿根弯曲应力等啮合性能参数。为了提高分析效率,瞬态分析可以采用薄片来简化模型,用于确定极限应力及其啮合位置,然后采用全齿宽模型进行静接触分析。

齿轮副啮合仿真的具体实施步骤如图 6.2 所示。

根据图 6.2 所示流程图,确定实施过程中的主要内容如下。

(1) 齿轮副简化模型的生成。

根据第 5 章得到的齿轮副装配实体模型,考虑到涉及接触问题的齿轮瞬态啮合分析求解比较复杂,为了减小运算量,在不影响计算精度的情况下,采用简化的齿轮副实体装配模型进行有限元分析。

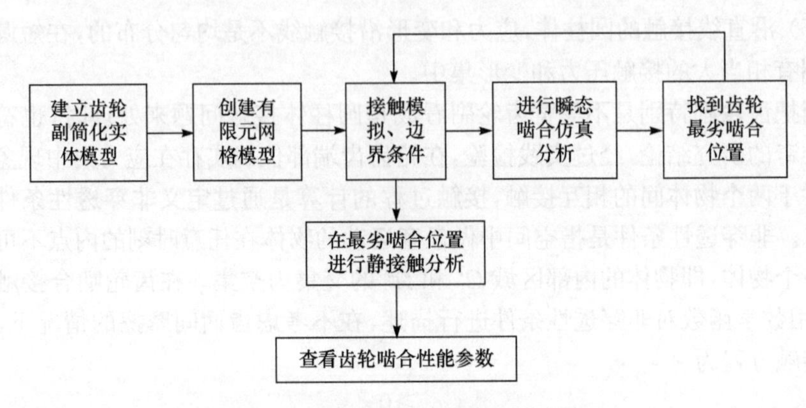

图 6.2 齿轮副啮合仿真实施步骤

(2) 齿轮副自适应映射网格模型的生成。

通过网格划分可以将齿轮副实体模型离散为数学模型。虽然轮齿齿廓形状复杂,但各种大小的齿轮齿廓相似,轮齿上的应力变化虽然比较复杂,但有一定的分布规律,因此在划分网格时采用基于模型尺寸和应力分布特点的自适应网格划分形式,便于根据不同尺寸大小齿轮的结构特点调整网格,以保证生成合理的网格模型。

(3) 接触模拟与边界条件施加。

齿轮啮合是靠齿面间的接触进行的,要选择合理的接触工具和接触算法对齿面啮合进行模拟。同时针对齿轮副动态啮合模拟和静接触模拟设置合理的边界条件。

(4) 齿轮副瞬态啮合仿真与静接触分析。

根据设置的接触和边界条件,对齿轮副分别进行瞬态啮合分析和静接触分析。

(5) 分析结果的查看。

根据齿轮副瞬态啮合分析的结果,可以查看齿轮副在整个啮合过程的应力、应变变化情况,分析圆柱齿轮传动瞬态啮合特性。对于齿轮副静接触分析,可以查看齿轮副在某一位置啮合时的轮齿变形和应力情况。

6.2 渐开线圆柱齿轮传动有限元建模

众所周知,利用有限元软件进行仿真分析,必须先建立受力零件或结构的有限元分析模型。建立有限元模型时需要考虑的因素很多,不同分析问题所考虑的侧重点也不一样。但不论什么问题,建模时都应考虑两条基本原则:一是要保证计算结果的精度,二是要适当控制模型的规模[5]。本节将重点介绍渐开线圆柱齿轮副有限元分析模型的创建方法。

6.2.1　基于重合度的齿轮副简化实体建模

建立齿轮副的有限元模型时，首先应根据齿轮副的尺寸和边界条件等确定一个适合有限元分析的几何区域，这种反映齿轮副几何特征的模型称为齿轮副的实体模型。

有限元分析实践表明，计算精度和所要分析模型的规模是一对相互矛盾的因素。在保证计算精度的前提下，减小模型规模是必要的，它可以在有限的条件下使有限元计算更好、更快地完成。齿轮副的实体模型是后续网格划分操作和分析计算的基础，为了提高分析效率，在建立齿轮副的实体模型时，对原有齿轮副结构进行适当处理是必要的。对齿轮副进行合理的简化和处理，既能保证一定的分析精度，又能大大简化网格划分和迭代计算的规模。

1. 齿轮轮毂部位的简化

在齿轮啮合过程中，轮齿内圈轮毂部位的应力变化要比齿面接触区和齿根部位的应力变化小很多，齿轮在使用过程中发生失效的部位主要是齿面接触部位和齿根部位，因此在进行有限元分析时，可以根据计算精度的要求对轮齿进行简化，忽略轮毂部位对齿轮整体应力变化的影响。

考虑到轮齿的几何尺寸和弯曲强度均与齿轮的模数有关，以模数的倍数来确定齿轮内圈简化圆的半径是合理的。对于一般的齿轮有限元分析简化模型，推荐选取齿轮简化内圆半径 r_n 的取值范围为

$$r_n \leqslant r_f - 1.5m \tag{6-4}$$

式中，r_f 为齿轮的齿根圆半径；m 为模数。

图 6.3 为对齿轮副进行轮毂简化后的示意图。图中，r_{n1}、r_{n2} 分别是小齿轮和大齿轮的简化内圆半径；r_{f1}、r_{f2} 分别是小齿轮和大齿轮的齿根圆半径。

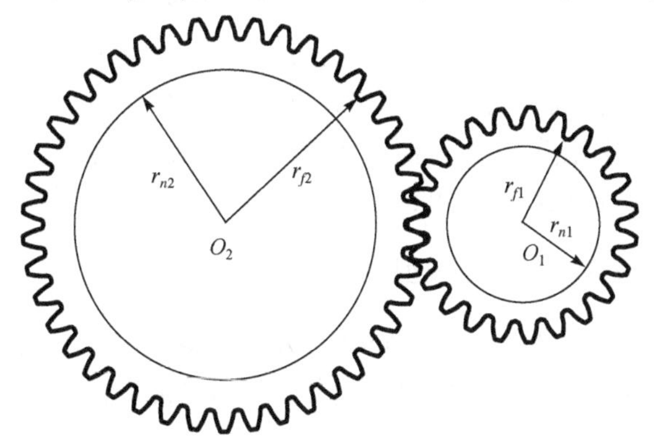

图 6.3　齿轮副轮毂部位简化示意图

2. 啮合轮齿对数的简化

齿轮传动过程中，轮齿呈周期性啮合状态，在一个啮合周期中，每个轮齿的受载情况是一样的，因此在啮合仿真分析时不需要建立全齿模型，只需选择适当的齿数建立少数齿齿轮模型。为了保证传动的平稳性和连续性，轮齿在啮入和啮出时，齿轮副处于多齿啮合状态。齿轮副的多齿啮合特性[6]是通过重合度来衡量的，在创建渐开线圆柱齿轮副的简化实体模型时，需根据重合度的大小确定轮齿对数。

对于外啮合渐开线圆柱直齿轮，其重合度[7] ε_α 为

$$\varepsilon_\alpha=\frac{1}{2\pi}\left[z_1(\tan\alpha_{at1}-\tan\alpha')+z_2(\tan\alpha_{at2}-\tan\alpha')\right] \tag{6-5}$$

式中，z_1、z_2 分别是两齿轮的齿数；α_{at1}、α_{at2} 分别是两齿轮齿顶圆压力角；α' 是啮合角。

对于外啮合渐开线圆柱斜齿轮，其重合度 ε_γ 为

$$\varepsilon_\gamma=\varepsilon_\alpha+\varepsilon_\beta=\frac{1}{2\pi}\left[z_1(\tan\alpha_{at1}-\tan\alpha')+z_2(\tan\alpha_{at2}-\tan\alpha')\right]+\frac{B\sin\beta}{\pi m_n} \tag{6-6}$$

式中，B 为齿轮工作齿宽；β 为螺旋角；m_n 为斜齿轮法面模数。

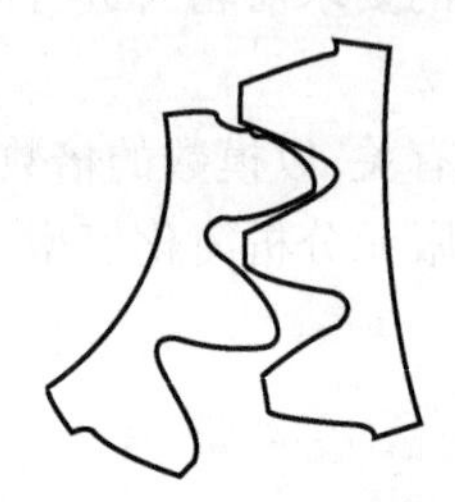

图 6.4　三对齿齿轮简化装配模型

轮齿对数选择的基本原则是务必保证简化模型在进行瞬态啮合分析时，啮合过程中至少有一对轮齿能够完整地经历从啮入到啮出的传动过程，这一对轮齿受力后的应力应变情况即可反映完整齿轮副中各轮齿的受载情况。采用少数齿齿轮简化模型不仅能够真实模拟实际的齿轮啮合传动情况，还可以减小计算量。图 6.4 为三对齿齿轮简化模型示意图。

第 5 章已经介绍了基于均匀双三次 B 样条曲面的圆柱齿轮精确建模方法，这里创建齿轮副的简化实体模型时，单个轮齿的齿面生成依然沿用第 5 章轮齿齿面的生成方法。采用自下而上的建模思路，完整地生成单个轮齿后，按照选定的轮齿对数复制生成齿轮简化模型，再按照 5.4 节介绍的无侧隙装配方法，对生成的主、从动简化齿轮模型进行装配，即可得到面向仿真分析的齿轮副实体简化模型。

6.2.2　齿轮副自适应映射网格模型生成

建立有限元网格模型是有限元分析的关键步骤。建立好齿轮副的实体模型后，需要对模型划分网格，生成离散的有限元模型，才能进行求解计算。

1. 划分网格基本步骤

有限元网格划分的工作量较大，需要考虑的问题较多，且网格形式和密度直接影响模型的规模和分析结果的精度，因此划分网格是建立有限元模型过程中最为关键的环节。本书主要基于 ANSYS 软件对齿轮啮合传动进行仿真分析，网格划分的基本步骤如下。

1）选择单元类型

有限元法的基本思想就是将连续体划分为有限个单元的组合，这些单元的质量就成为影响有限元计算结果精确程度和可靠程度的关键性因素[8]。定义单元包括单元类型的确定、材料性能和实常数的定义。

为了适应各种工程结构分析，ANSYS 单元库提供了 200 多种不同的单元。其中常见的平面单元包括平面应力单元和平面应变单元，分别用于平面应力结构和平面应变结构的离散。平面单元的节点具有沿单元平面内 X、Y 轴方向的两个移动自由度(u,v)，单元可施加沿单元平面内的节点力、棱边分布力、面力和体力等机械载荷，可用于分析各向同性和正交各向异性材料，求解结束后，可以查看单元节点的应力、位移、节点反力等结果。如图 6.5 所示，分别是平面三角形单元和四边形单元对应的线性单元、二次单元和三次单元。

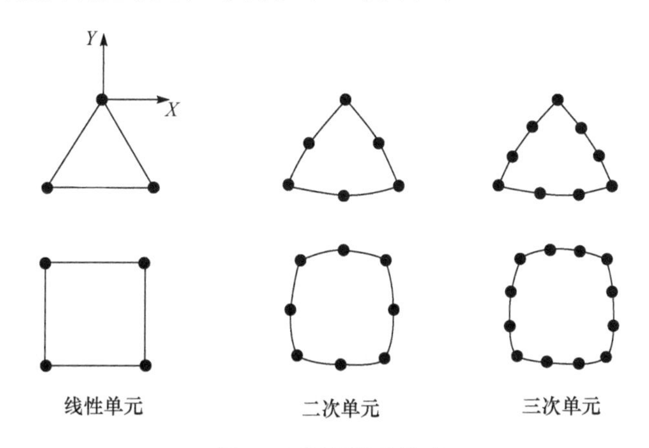

图 6.5　平面单元类型

在对不同平面单元的使用过程中，发现三角形单元的边界适应能力强于四边形单元，常用于曲线边界的离散，有时也用于不同大小四边形单元的过渡。四边形单元多用于形状比较规则的结构，其精度要高于同阶次的三角形单元。在三种阶次中，线性单元是常应变单元，常用于精度要求不高的初算或结构中的次要部位，二次单元具有合适的计算精度和计算量，三次单元则用于精度具有特殊要求的场合。

实体单元用于空间问题或厚壳结构的离散，可进行静力学和动力学分析。常见的实体单元类型有四面体、五面体和六面体单元，其对应的线性单元、二次单元和三次单元结构示意图如图 6.6 所示。实体单元的节点具有三个移动自由度(u,v,w)，单元上可以施加节点力、面力和体积力以及温度载荷，但不能施加棱边载荷；可分析各向同性、完全各向异性和正交各向异性材料。求解结束后，可查看节点位移、应力、节点反力等计算结果。

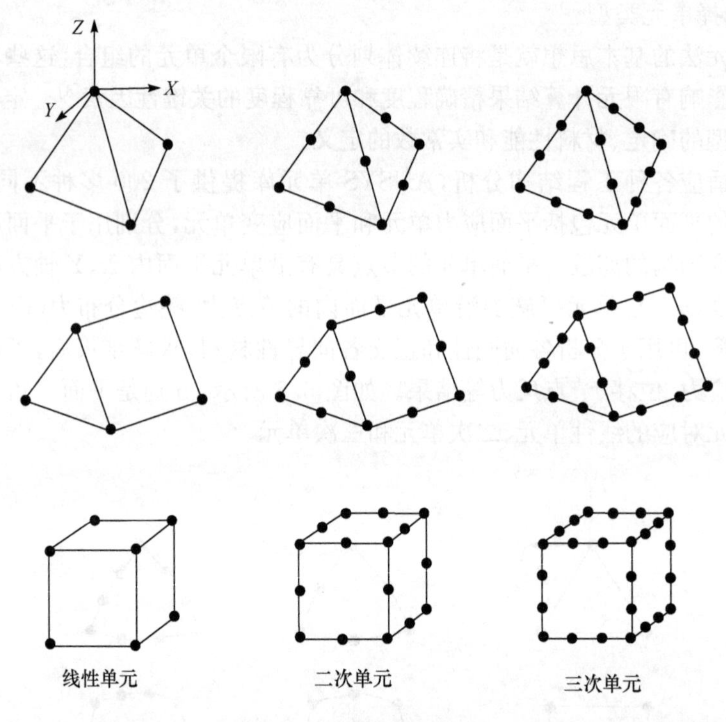

图 6.6　实体单元类型

在四面体、五面体和六面体这三种典型实体单元类型中，四面体网格的边界适应能力较强，常用于具有复杂边界曲面的不规则结构的离散，而五面体和六面体网格多用于形状较规则的结构。在三种单元阶次中，同平面单元一样，二次单元具有较合适的计算精度和计算量；线性单元精度较低，常用于精度要求不高的初算或结构中的次要部位和应力梯度较小的部位；三次单元用于精度具有特殊要求的场合。

为了提高计算精度，同时兼顾计算效率，本书对齿轮副进行仿真分析时，实体单元选用 SOLID185(8 节点六面体单元)，平面单元选用 PLANE42，采用这两种单元可较好地对齿轮副划分网格。

2）设置并分配单元属性

不同的齿轮分析模型有着不同的材料属性，在建立齿轮有限元模型时要根据具体的齿轮材料和分析要求，定义不同的材料特性。需要输入的材料特性一般有弹性模量、泊松比和材料密度。弹性模量是指材料在外力作用下产生单位弹性变形所需要的应力，它反映材料抵抗弹性变形能力的指标，相当于普通弹簧中的刚度。而泊松比是反映材料横向变形的弹性常数。在材料的比例极限内，由均匀分布的纵向应力所引起的横向应变与相应的纵向应变之比的绝对值，也叫横向变形系数。

ANSYS 软件中实体模型的不同部分在实际问题中对应着不同的物理环境，设置好单元属性后，还需将不同的单元类型、实常数、材料属性等分配给齿轮实体模型的相应部分。为了给模型分配属性，ANSYS 为用户提供直接方式和默认方式两种方法。直接方式分配的单元属性在网格划分过程中会转换到有限元模型上。若采用直接方式为实体模型分配属性，当有限元模型网格划分修改后，分配给实体模型的属性不变。基于直接方式分配模型属性不变的优点，齿轮模型的参数化网格划分采用这种方式，便于用户对网格划分重复修改。对于有限元网格划分的质量目前并没有唯一的标准，一般只要能够求解出符合实际的结果即可。

3）设置网格划分属性

（1）智能网格划分水平控制。智能网格划分水平控制用来设置智能网格划分尺寸精度，只适应于自由划分方式。

（2）单元尺寸控制。为了建立正确、合理的有限元模型，要考虑网格数量、网格疏密和单元阶次等因素。

网格数量的多少直接影响计算结果的精度和计算规模的大小。网格数量增加，计算精度会有所提高，但计算规模也会增加，对于计算机内存容量要求高，提高了计算成本。在确定网格数量时要综合考虑这两方面的因素，同时还要考虑分析数据的类型。例如，静力学分析时，若只是计算结构的变形，网格数量可以少一些，若需要计算应力，在满足精度的前提下要选取更多的网格。

为了适应计算数据的分布特点，在结构的不同部位要采用大小不同的网格。在计算数据梯度变化较大的部位(如应力集中处)，为了得到较好的数据变化规律，需要采用比较密集的网格；在计算数据变化梯度较小的部位，为了减小整体有限元模型的规模，则应采用相对稀疏的网格。

根据齿轮模型不同部位的重要程度，选择合适的网格密度进行划分。由于轮毂应力比接触部位和齿根部位应力小，将轮毂网格划分得相对稀疏，而轮齿接触部位与齿根过渡曲线处应力梯度较大，且齿面接触应力值和齿根弯曲应力值是重点研究对象，因此接触部位和齿根部位单元网格划分得相对密集，同时考虑计算机的配置，不接触的其他轮齿网格划分可相对稀疏。

4）网格划分方式

一般划分网格主要有自由网格划分，映射网格划分，拖拉、扫略网格划分以及混合网格划分四种，下面对这四种划分网格的方法进行简单介绍。

（1）自由网格划分。自由网格划分是自动化程度最高的网格划分技术之一，它在面上可以自动生成三角形或四边形网格，在体上自动生成四面体网格。通常情况下，可利用 ANSYS 的智能尺寸控制技术来自动控制网格的大小和疏密程度，也可人工设置网格大小，同时控制网格的疏密程度。对于复杂几何模型而言，这种方法省时省力，但缺点是单元数量通常会很大，降低了计算效率。同时，由于这种方法对于三维复杂模型只能生成四面体单元，为了获得较好的计算精度，建议采用二次四面体单元。如果选用的是六面体单元，则此方法会自动将六面体单元退化为阶次一致的四面体单元，导致刚度过高，计算精度较差，因此最好不要选用线性的六面体单元。如果选用二次六面体单元，由于其是退化形式，节点数与其六面体原型单元一致，只是有多个节点在同一位置而已，所以可将模型中退化形式的四面体单元变化为非退化的四面体单元，减少每个单元的节点数量，提高求解效率。

（2）映射网格划分。映射网格划分是对规整模型的一种网格划分方法，面可以是三角形、四边形或其他任意多边形。对于四边形面而言，网格划分数需在对边上保持一致，形成的单元全部为四边形；对于四边以上的多边形面，须将某些边连成一条边，以使得对于网格划分而言，仍然是三角形或四边形。采用六面体单元划分网格时，对应边和面的网格数应分别相等。

若要对一个面进行映射网格划分，必须满足以下几个条件：

① 面只能由三条或四条边组成或者是实心圆面；

② 面的相对边必须划分成同等份数；

③ 如果面是三边形，则划分的单元必须为偶数且各边单元数相等；

④ 网格划分选项必须被设置成 mapped，这个值导致所有网格划分都使用三角形或四边形；

⑤ 如果进行三角形映射划分，则设置三角形的相关具体类型。

（3）拖拉、扫略网格划分。对于由面经过拖拉、旋转、偏移等方式生成的复杂三维实体模型而言，可先在原始面上生成壳单元形式的面网格，在生成体时自动形成三维实体网格；对于已经形成的三维复杂实体，如果其在某个方向上的拓扑形式始终保持一致，则可用扫略网格划分功能来划分网格。这两种方式形成的单元几乎都是六面体单元。采用扫略方式形成网格是一种非常好的方式，对于复杂几何实体经过一些简单的切分处理，就可以自动形成规整网格，扫略网格划分方式具有更大的优势和灵活性。

（4）混合网格划分。混合网格划分即在几何模型上，根据各部位的特点，分别采用自由、映射、扫略等多种网格划分方式，尽量形成综合效果较好的有限元模型。

混合网格划分方式要在计算精度、计算时间、建模工作量等方面进行综合考虑。通常为了提高计算精度和减少计算时间，应首先考虑对适合扫略和映射网格划分的区域划分六面体网格，这种网格既可以是线性的也可以是二次的，如果无合适的区域，应尽量通过切分等多种布尔运算手段来创建合适的区域；其次，对于无法再切分而必须用四面体自由网格划分的区域，采用带中节点的六面体单元进行自由网格划分，此时在该区域与已进行扫略或映射网格划分的区域的交界面上，会自动形成过渡单元。

除了上述内容，齿轮副有限元网格划分还应注意以下问题：

(1) 根据求解范围的大小、应力集中的部位、计算机存储大小及计算时间长短等因素来决定划分网格的疏密。

(2) 根据轮齿上应力分布的情况，在不同部位网格划分的疏密程度不同。在应力变化比较剧烈、应力梯度较大的区域网格划分得细密一些，而在应力变化比较平稳的区域网格划分得适当稀疏一些。同时，网格由疏到密或由密到疏应是缓慢过渡的，这样比较有利于提高计算的精度和效率。

(3) 网格划分后应使单元与单元之间仅在节点处相连，各单元在边界上不允许重叠或分裂。

(4) 为了使单元应力情况较好地反映单元所在区域的真实应力情况，每个单元的边长应尽量接近或相等。

(5) 齿轮经网格划分离散化以后，节点的编号顺序对计算也有很大影响。为了节约计算机的内存并缩短计算时间，在进行节点编号时，应使节点编号差值最小。

按照上述网格划分的原则与方法，下面详细介绍齿轮副自适应映射网格模型的具体创建过程。

2. 齿轮副自适应映射网格划分

如 6.2.1 节所述，通过计算重合度可知建立齿轮副实体模型所需的轮齿对数。为了简化齿轮副有限元网格模型的创建过程，首先对单个轮齿实体模型划分网格，通过阵列生成齿轮的有限元网格模型，然后将两齿轮的网格模型进行装配，从而避免了对齿轮副实体简化模型直接划分网格的繁杂过程。对单个轮齿划分网格时，采用先划分轮齿端面网格，再将端面网格沿轮齿螺旋线方向(直齿轮为直线)进行扫略的方式进行。

由于轮齿齿廓形状比较复杂，若采用扫略方式将轮齿模型划分成六面体单元，需将齿轮实体也分割成规则的六面体，即轮齿的端面应由几个四边形构成。轮齿实体的分割方式不仅要考虑端面的齿形特点，还要结合轮齿啮合过程中的应力分布特点。由于轮齿是对称结构，轮齿啮合过程中，齿面接触应力大于轮齿齿根弯曲应力，齿根弯曲应力又远大于轮齿轮毂部位的应力，为此，将简化模型单个轮齿的齿端部位划分成如图 6.7 所示的结构。

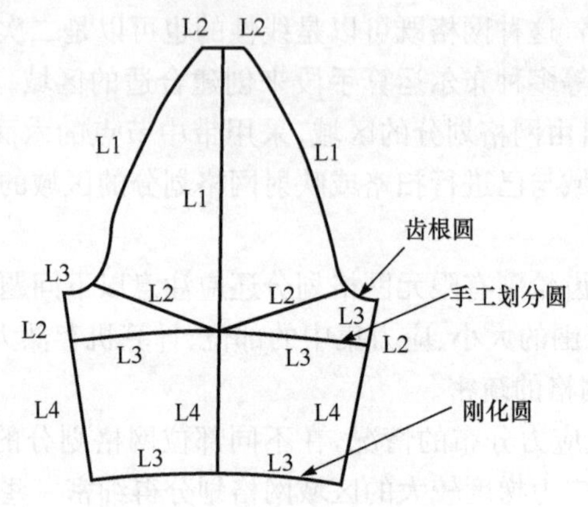

图 6.7　轮齿端面区域分割

图 6.7 中，刚化圆即是 6.2.1 节中所述简化轮毂的内圆，手工划分圆则将轮齿的齿根部位与轮毂部位分割开。定义刚化圆半径与齿根圆半径的比值为刚化半径系数，手工划分圆半径与齿根圆半径的比值为手工划分半径系数，其中手工划分半径系数要大于刚化半径系数，且均为不大于 1 的正数。

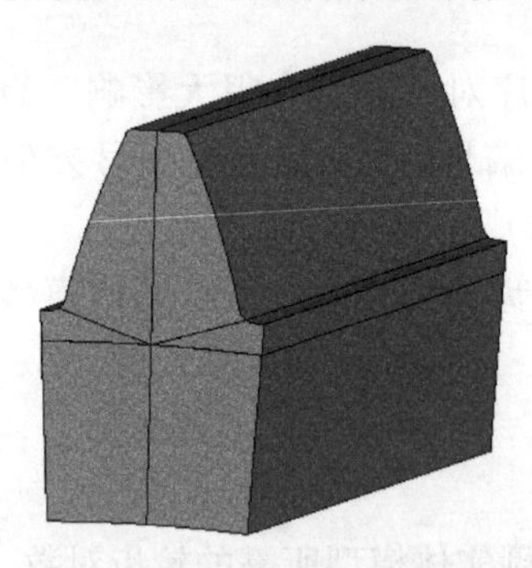

图 6.8　分割成块的轮齿实体

为了将轮齿实体按照端面的分割形式沿齿向分割成六块实体，可以先生成整个轮齿实体，再由分割线生成的分割面直接分割实体。此外，也可以先生成这六个实体的各个面，再由面生成体。图 6.8 为分割后的轮齿实体模型。

图 6.7 中，L1～L4 是指轮齿端面分割后，在划分网格时每一段线所对应的单元个数。按照平面四边形映射网格划分的原则，四边形对边单元数目应相等。在实际应用中，由于齿轮的破坏形式往往是轮齿折断以及齿面磨损、齿面点蚀、齿面胶合等一系列齿面破坏，齿轮设计也主要是以齿面接触疲劳强度和齿根弯曲疲劳强度为设计准则并进行校核的，所以轮齿的齿根部位与齿面啮合部位是研究轮齿应力应变的重点部位。对单个轮齿划分网格时，应适当加密齿面和齿根部位的网格，以确保分析精度。具体划分网格时，针对不同的齿轮副可以通过改变 L1～L4 的数值来自适应调整网格密度。图 6.9 为两种不同密度的轮齿端面网格划分形式。

设置齿轮沿齿宽方向的网格密度值，并将划分好的端面网格沿齿宽方向扫略，即可完成齿轮轮齿实体的网格划分。图 6.10(a)为单个轮齿离散化网格模型。从图中可以看出，轮齿实体自适应网格划分方式有两个优点：一是对轮齿不同部位进

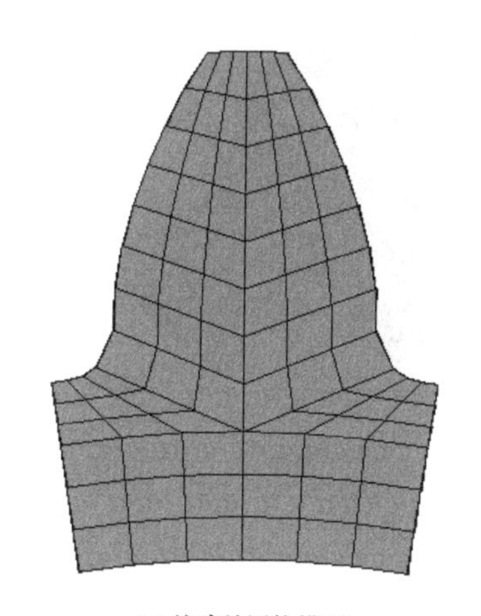

(a) 较疏的网格模型

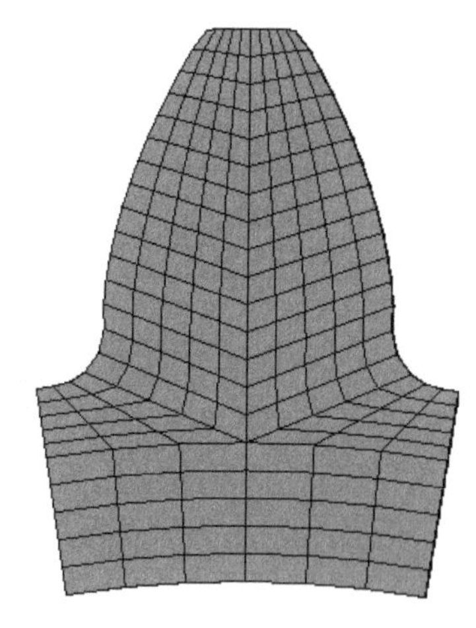

(b) 较密的网格模型

图 6.9　网格划分形式

(a) 单个轮齿离散化网格模型

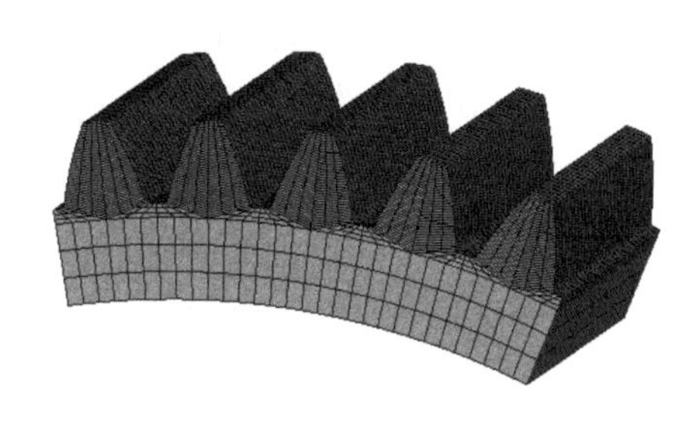

(b) 单个齿轮简化网格模型

图 6.10　轮齿实体离散化网格模型

行了不同疏密的网格划分，齿面和齿根部位网格较密，轮毂部位则较疏；二是不同疏密部位实现了较好的过渡，避免了应力集中。划分完网格后还应对网格质量进行检查，以免存在低质量的网格使得分析求解时发生畸变，导致求解失败。此外，网格划分后应采用压缩编号和节点合并的方法调整单元和节点的编号及数量，对模型网格进行优化，以提高计算效率。

利用已划分好的单齿离散化网格模型旋转复制，即可生成单个齿轮的多齿简化网格模型，以五个轮齿为例，如图 6.10(b)所示。

按上述方法分别建立一对啮合齿轮的网格模型后，参考第 5 章齿轮实体模型的装配方法，即可建立无侧隙网格化齿轮装配模型。图 6.11(a)、(b)分别为装配前、后的齿轮副网格模型。

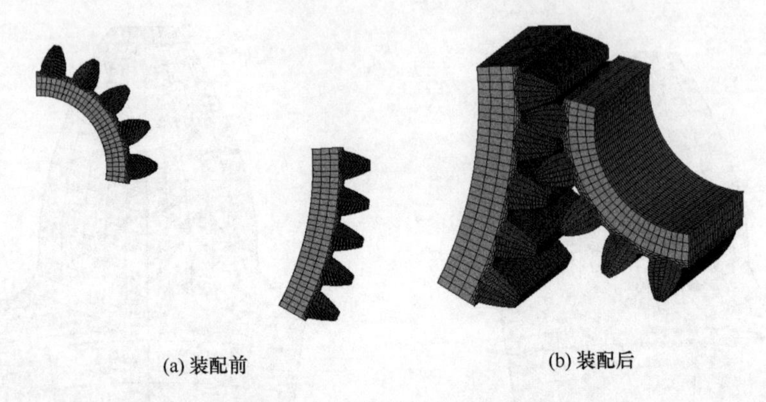

图 6.11　齿轮副简化网格模型

6.2.3　齿轮副齿面接触模拟

齿轮啮合是由啮合齿面的接触所引起的相互作用。前文提到，啮合齿轮的轮齿可以看作弹性体，则轮齿之间的接触可以看成是两弹性体之间的接触。渐开线圆柱齿轮啮合传动过程中，理论上齿面接触为线接触，但实际上，由于轮齿齿面的弹性变形，齿面在接触线处相互渗透，形成面接触，如图 6.12 所示，其中 l 为接触区宽度。

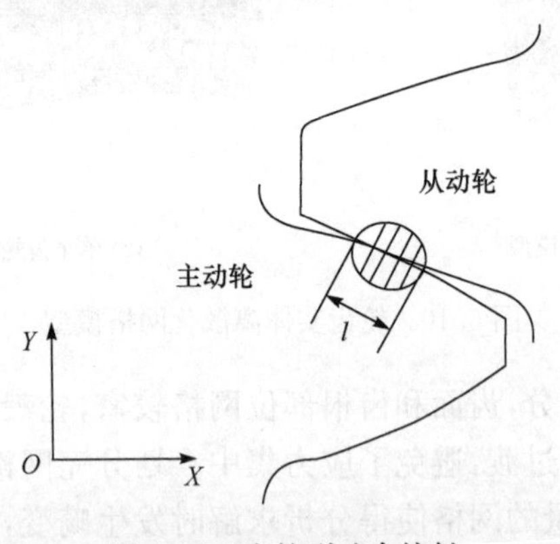

图 6.12　齿轮副啮合接触

根据两接触体的材料类型不同，接触问题一般分为两种基本类型：刚体-柔体的接触和柔体-柔体的接触。在刚体-柔体的接触问题中，一个或多个接触面被当作刚体，当一种软材料与一种硬材料相互接触时，通常将这种问题假定为刚体-柔体接触。柔体-柔体的接触是一种更为普遍的类型，此时，两个接触体都是变形体。

接触类型还可以按以下三种情况分类。

1）点-点接触

点-点接触单元主要用于模拟点-点的接触行为，为了使用点-点的接触单元，需要预先知道接触位置，这类接触问题只能适用于接触面之间有较小相对滑动的情况（即使在几何非线性情况下）。如果两个面上的节点一一对应，相对滑动又忽略不计，且两个面的挠度较小，那么可以用点-点的接触单元来求解面-面的接触问题。过盈装配问题是一个用点-点的接触单元来模拟面-面接触问题的典型例子。在本书所研究的齿轮接触问题中，不存在点-点接触的问题。

2）点-面接触

点-面接触单元主要用于点-面接触行为建模，如果通过一组节点来定义接触面，生成多个单元，那么可以通过点-面接触单元来模拟面-面接触问题，接触面既可以是刚性体也可以是柔性体。使用这类接触单元，不需要预先知道确切的接触位置，接触面之间也不需要保持一致的网格，并且允许有大的变形和大的相对滑动。

3）面-面接触

ANSYS 软件支持刚体-柔体的面-面接触单元，刚性面被当作目标面，柔性体的表面被当作接触面，一个目标单元和一个接触单元称为一个接触对。与点-面接触单元相比，面-面接触单元有几项优点：支持低阶和高阶单元；支持有大滑动和摩擦的大变形；提供可用于工程问题的更好的接触结果；没有刚体表面形状的限制，刚体表面的光滑性不是必需的，允许有自然的或网格离散引起的表面不连续；允许多种建模控制；使用这些单元能模拟直线和曲线，通常用简单的几何形状模拟曲面，更复杂的刚体形状能使用特殊的前处理技巧来建模。

综上所述，在齿轮副有限元仿真分析中，齿轮副之间的啮合接触问题属于面-面接触，需要通过建立接触对来模拟啮合接触。接触对之间是通过共享实常数进行识别的，因此需要给目标单元和接触单元指定相同的实常数。由于主动轮轮齿表面刚度比从动轮轮齿表面刚度小，所以将主动轮啮合一侧的齿面看作接触面，从动轮啮合一侧的齿面看作目标面。具体如图 6.13 所示，当主动轮逆时针旋转时，从动轮顺时针旋转，此时将主动轮轮齿的上表面一侧看作接触面，从动轮轮齿的下表面一侧为目标面；当主动轮顺时针旋转时，从动轮逆时针旋转，此时将主动轮轮齿的下表面一侧看作接触面，从动轮轮齿的上表面一侧为目标面。由于主动轮和从动轮都是变形体，所以齿轮的齿面啮合接触问题属于柔性-柔性接触问题。

在 ANSYS 软件中创建主动轮和从动轮齿面之间的接触对时，分别选用 3D 单元 CONTA174 和 TARGE170 作为主动轮和从动轮上的接触单元和目标单元，定义所选单元的单元属性和实常数，然后在主动轮和从动轮啮合一侧的齿面上覆盖生成一层新的单元，即接触单元。图 6.14 为选用的接触单元与目标单元之间相互作用的示意图，图中 CONTA174 单元截面形式为 8 节点四边形，TARGE170 单元截面形式为 3 节点三边形。

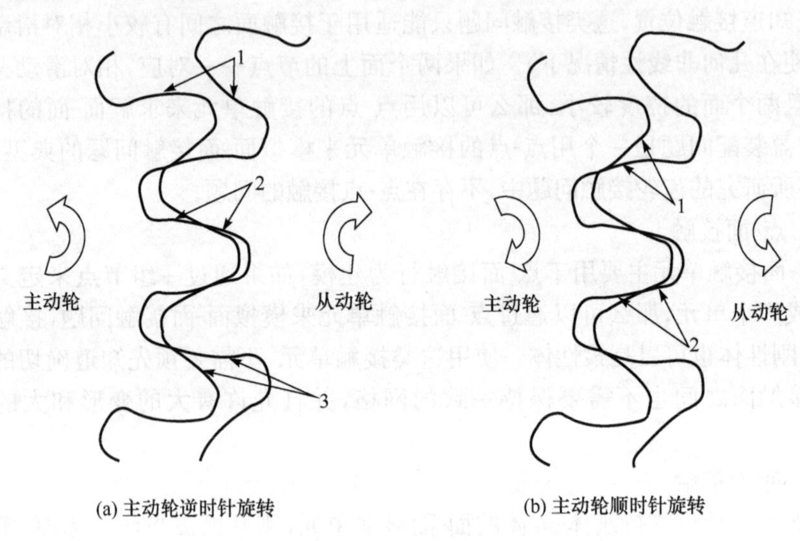

(a) 主动轮逆时针旋转　　(b) 主动轮顺时针旋转

图 6.13　齿面接触对选择

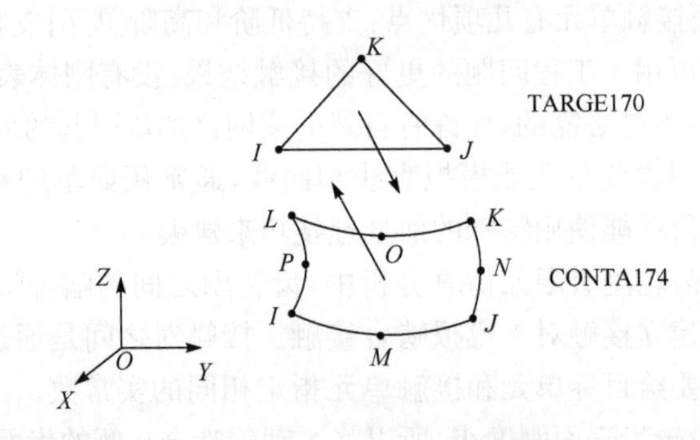

图 6.14　接触对单元

图 6.15　齿轮副接触对

在齿轮副的接触齿面上生成接触对后，系统自动识别并显示所有的接触单元和目标单元，如图 6.15 所示。

接触计算前还应对齿面的接触状态进行识别，对多个可能发生接触的接触点进行检验，以确定哪些需要计算接触力。两个接触物体除了应保证各自内部的变形协调，还要通过接触算法保证接触边界上的变形协调。通过改变单元的关键字选项，可以控制接触对的接触行为，如可以根据不同的接触问题选择不同的接触算法。本书选取应用最为广泛的罚函数拉格朗日算法。由于目标面和接触面之间可能发生过大的初始渗透，使接触单元高估接触力，导致计算结果不收敛或使接触面之间脱离接触关系。因此，定义初始条件是建立分析接触模型中较为重要的一方面，可以通过改变关键字 KEYOPT(5)来调整初始接触条件。齿轮副在啮合过程中，虽然轮齿间存在相对滑移，但是接触对在法向没有相对位移，因此通过设置关键字 KEYOPT(12)为不分开的接触，模拟这种接触后不会分开的情形；还可以通过改变关键字 KEYOPT(7)即时间控制选项，来预测接触单元状态发生变化的时间，或者取当前时间步长的二分之一，以此来确定合适的迭代区间。本书对齿轮进行啮合仿真分析时，选择了自动时间步长选项，从而获得精确的可信赖的时间步长，因此关键字为 0，表示没有控制。

6.3　渐开线圆柱齿轮瞬态啮合仿真分析

6.2 节重点介绍了渐开线圆柱齿轮传动的有限元建模，在此基础上，本节将介绍渐开线圆柱齿轮副瞬态啮合仿真分析的具体实现方法和对分析结果的解读，获得渐开线圆柱齿轮副的瞬时啮合性能，同时精确提取齿轮啮合过程中齿面接触应力和主、从动轮齿根弯曲应力的极限值及对应的啮合位置，为后续的静接触分析打下基础。

6.3.1　瞬态啮合分析实现方法

1. 齿轮副简化模型加载、约束

建立好渐开线圆柱齿轮副的有限元分析模型后，还需对齿轮副进行相应的加载、约束和求解，才能读取最后的分析结果，并进而分析齿轮副的啮合性能。

对齿轮副进行瞬态啮合分析时，在主动轮上施加转速，从动轮上加载转矩。如前所述，齿轮失效多为轮齿失效，因此本书对主、从动齿轮的轮毂进行了简化，并对轮毂内圈进行了刚化处理。如图 6.7 所示，轮毂内圈被设定为刚化圆，刚化圆到齿轮旋转中心之间的部分在分析过程中被当作刚体处理。为了模拟齿轮绕轴线的转动，分别在主、从动轮的中心建立导向节点，在导向节点与刚化面之间建立点-面接触对。此时，导向节点与齿轮刚化内圈之间有相同的约束和载荷，通过控制导向节点即可完成对齿轮的加载和约束。图 6.16 为导向节点对刚化目标面的控制功能示意图。

在建立导向节点和刚化面之间的点-面接触对时，与之前建立齿面接触对一样，仍然需要通过定义相同的实常数来识别接触对。其中，无论是主动轮还是从动轮，都将齿轮的刚化面看作接触面，于是，在刚化面上覆盖生成一层新的单元，其单元类型依然为 3D 单元 CONTA174。在导向节点上生成新的单元，将这个单元看

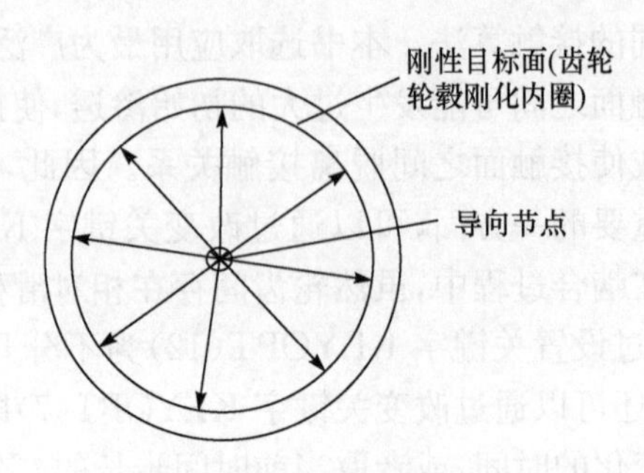

图 6.16 控制功能示意图

成是目标单元,设置其单元类型为 3D 单元 TARGE170。通过设定单元的关键项,将 CONTA174 单元设定为绑定约束并且为刚性表面约束。设定 TARGE170 单元为 ANSYS 自动约束,并且约束所有自由度。定义导向节点与刚化面之间的点-面接触算法为 MPC 多点约束算法。

MPC 多点约束算法是指利用接触单元技术,由 ANSYS 内部自动根据接触运动建立多点约束方程,节点耦合约束方程的基本形式为[9]

$$\boldsymbol{u}_i + \sum_{j=1}^{N_f} c_j \boldsymbol{u}_j = c_0 \quad (i \neq j) \tag{6-7}$$

式中,$\boldsymbol{u}_i$为节点的从自由度;$\boldsymbol{u}_j$为节点的主自由度;c_j为权系数;c_0为约束方程的常数项;N_f 为方程的总自由度数。

通过 MPC 约束方程将点-面接触对上的节点采用耦合的方式连接,使它们之间的运动遵循一定的规律,在每一步迭代计算过程中都要进行校正,从而可以大大提高计算的收敛效率。

图 6.17 为加载、约束后的渐开线圆柱齿轮有限元分析模型。

图 6.17 齿轮副有限元分析模型

2. 齿轮副有限元分析模型的求解计算

齿轮副加载、约束完成后,即可设置载荷步等求解参数,并选择适当的求解器进行求解计算。

在设置载荷步时,为避免将载荷直接施加在齿轮副上使得单元发生畸变,导致求解失败，可分两次进行求解。第一次求解时，设置加载方式为线性斜坡加载，载荷子步数较少，速度和转矩在载荷步结束时加载到最大值；第二次求解时，设置加载方式为阶跃式加载，速度和转矩在最大值保持不变，为了保证读取结果的准确性，载荷子步数设置尽可能多一些。

对渐开线圆柱齿轮副进行瞬态啮合分析时，设置 ANSYS 的分析类型为瞬态分析，指定瞬态分析的求解方法为默认的完全法，其中包含大变形效应，然后定义各自载荷步所需时间，选择合适的求解器，打开瞬态响应然后进行求解计算。

ANSYS 软件提供多种求解器，主要分为直接求解器、迭代求解器和特殊求解器。直接求解器包括稀疏矩阵求解器（SPARSE）和波前求解器（FRONT）。迭代求解器包括预条件件求解器（PCG）、雅可比共轭求解器（JCG）和非完全共轭梯度求解器（ICCG）。特殊求解器需要并行 license PPFA，包括代数多重网格迭代方程求解器（AMG）、分布式直接稀疏法（DSPARSE）等。下面简单介绍几种求解器。

稀疏矩阵直接法适用于对称和非对称的矩阵，可在 STATIC（静态分析）、HARMIC（谐分析）、TRANS（瞬态分析）、SUBSTR（子结构分析）和 PSD 谱分析类型中使用；也可以求解线性和非线性分析，特别是经常出现不确定矩阵的非线性分析；更适合于接触状态会改变网格拓扑时的接触分析。这是一种可供选择的迭代求解器，并具有较好的速度和可靠性。

在波前求解器中，程序通过三角化消去所有可以由其他自由度表达的自由度，直到最终形成三角矩阵。求解器在三角化过程中保留的节点自由度数目称为波前，在所有自由度被处理后波前为 0，整个过程中波前的最大值称为最大波前，最大波前越大，则所需内存越大。整个过程中，波前的均方值称为 RMS 波前，RMS 波前越大，求解时间越长。

PCG 是预条件共轭梯度迭代求解器，与 FRONT 或 SPARSE 相比，需要更少的磁盘空间，对于求解较大模型计算速度更快。对于板壳、3D 模型、较大 2D 模型，PCG 方法分析非常有效，对于其他问题如带有对称矩阵、稀疏矩阵、正定、不定的非线性求解，PCG 求解方法也是十分值得推荐的。PCG 求解法要求的内存至少是 JCG 的两倍，仅对静力分析、完全法瞬态分析、LANZOS 扩展的模态分析有效，PCG 求解器可以有效地对带有约束方程的矩阵求解。自动选择迭代容差求解器（ITER）适用于解决多物理场问题，对于迭代求解的容差是自由选择，其容差选择是基于用户选择的容差（通过 TOLER 来确定）。这个求解器仅适用于电磁分析、稳态或者瞬态热分析、静态线性分析、没有高阶单元的完全瞬态结构分析。如果选择的求解器没有达到合适的条件，则计算会自动转移到波前求解器进行求解。

本书选用 PCG 求解器对圆柱齿轮副瞬态啮合分析模型进行求解，分析结束后，可通过后处理功能读取分析结果，并进而对圆柱齿轮副的啮合性能进行分析。

6.3.2　瞬态啮合性能分析

对齿轮副进行瞬态啮合仿真分析后，即可利用 ANSYS 软件提供的后处理器读取相关分析结果。下面以表 6.1 中所示齿轮副为例，详细介绍齿轮副的分析结果。

表 6.1　渐开线圆柱齿轮副相关参数

z_1	z_2	m_n/mm	α_n/(°)	β/(°)	x_1	x_2	B_1 /mm	B_2 /mm	n_1 /(r/min)	T_1 /(N·m)	K_a
20	63	3	20	7.5	0.25	0.25	22	20	215.1	32	2.198

注：z_1、z_2 分别为主、从动轮齿数；m_n 为齿轮副的法面模数；α_n 为法面压力角；β 为圆柱齿轮副的螺旋角；x_1、x_2 分别为主、从动轮的变位系数；B_1、B_2 分别为主、从动轮齿宽；n_1 为主动轮转速；T_1 为主动轮输入转矩；K_a 为齿轮副传动载荷系数。

对表 6.1 中齿轮副进行有限元瞬态啮合分析后，可获取如下分析结果。

1. 齿轮副转速以及转矩时间历程曲线

图 6.18(a)和(b)分别为齿轮副的转速时间历程曲线和转矩时间历程曲线。分两步对齿轮副进行加载，第一步为斜坡加载，第二步为阶跃式加载，从图中可以看出，主、从动轮的转速和转矩都是先线性增加，然后平稳保持。

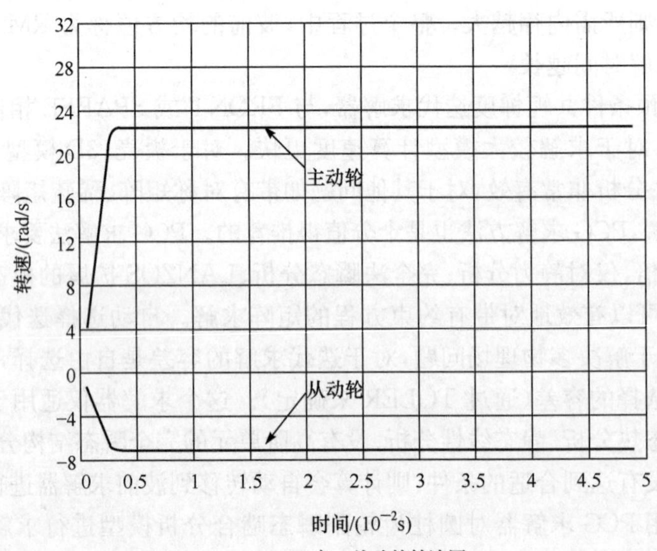

(a) 主、从动轮转速图

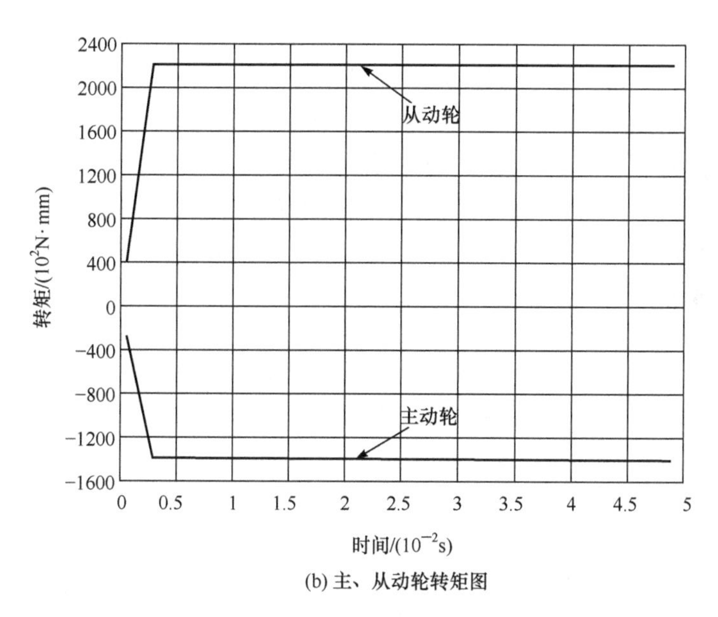

(b) 主、从动轮转矩图

图 6.18　齿轮副转速、转矩时间历程曲线

2. 齿轮副总体转动位移

图 6.19 为齿轮副的总体转动位移时间历程曲线。由于齿轮副传动时，主动轮和从动轮转动线速度相同，而主动轮齿数少、直径小，所以主动轮转动角速度比从动轮大。

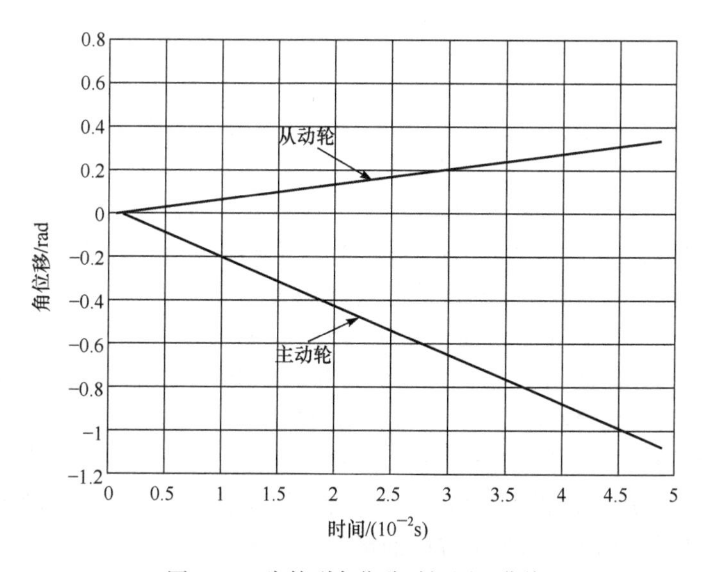

图 6.19　齿轮副角位移时间历程曲线

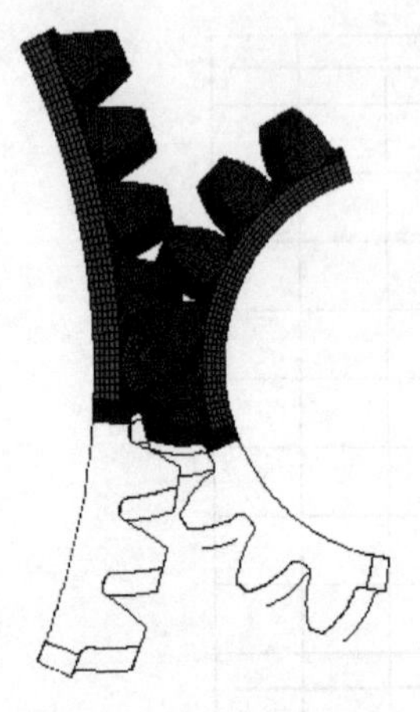

图 6.20　齿轮副位置图

从图中可以看出，两齿轮角位移符号相反，即主、从动轮转动方向相反，符合外啮合圆柱齿轮传动的特点。图 6.20 为渐开线圆柱齿轮副啮合分析前后的位置图。从图中可以看出，主动轮顺时针旋转，从动轮逆时针旋转，分析过程中齿轮副从第一对齿啮合转动到第五对齿啮合，其中第三对轮齿经历了完整的啮入、啮出过程。

3. 齿轮副极限应力

在设计和选用渐开线圆柱齿轮副时，齿面接触疲劳强度和主、从动轮齿根弯曲疲劳强度是主要的考虑因素。根据 6.2.1 节的相关知识可知，在瞬态啮合分析过程中，至少应有一对轮齿能够经历完整的啮入、啮出过程，考虑到齿轮副轮齿啮合的周期性变化规律，此轮齿在一个啮合周期内的应力、应变大小及变化规律反映的是齿轮副运转时单个轮齿的应力、应变变化情况。从上述分析实例可以看出，齿轮副第三对轮齿经历了完整的啮合周期，通过研究该对轮齿在啮合周期内的最大齿面接触应力和主、从动轮最大齿根弯曲应力即可得到圆柱齿轮副啮合传动时的极限应力。

1) 最大齿面接触应力

在创建接触对时，接触单元位于主动轮啮合一侧的轮齿齿面上，因此选取主动轮第三个轮齿啮合齿面上的节点，去除齿端存在应力集中现象的节点。利用软件的后处理功能，读取剩余节点在轮齿啮入、啮出过程中每一瞬时的齿面接触应力值，通过对比分析求得齿轮副最大齿面接触应力值为 379.30MPa。读取此时主、从动轮中心节点绕齿轮轴线相对于初始位置的角度位移，可知此时齿轮副的啮合位置，其中，主动轮转动 31.104°，从动轮按传动比转动了相应的角度。选取齿面接触应力值最大的节点，可得到该节点应力值的时间历程曲线，如图 6.21 所示。在轮齿的绝大多数啮合周期内，最大应力节点不参与啮合，因此接触应力为零，当啮合位置接近该节点时接触应力迅速增加，当轮齿在该节点处啮合时接触应力达到最大，然后随着啮合点逐渐远离该节点，其接触应力明显下降，直至为零。

图 6.22(a)为斜齿轮副齿面接触应力云图。从图中可以看出，渐开线圆柱斜齿轮副啮合时的接触区域沿齿宽方向呈斜的细直线状，且应力值沿齿宽方向不相同。将齿轮副的螺旋角设为 0，则变成一对直齿圆柱齿轮副，采用相同的参数进行有限元啮合分析，在同样的啮合位置读取其齿面接触应力，分布情况如图 6.22(b)所示。齿面接触应力云图清楚地表明，直齿圆柱齿轮传动的接触区域为一条与齿轮轴线平行的均匀窄带，沿齿宽方向的接触应力分布比较均匀。

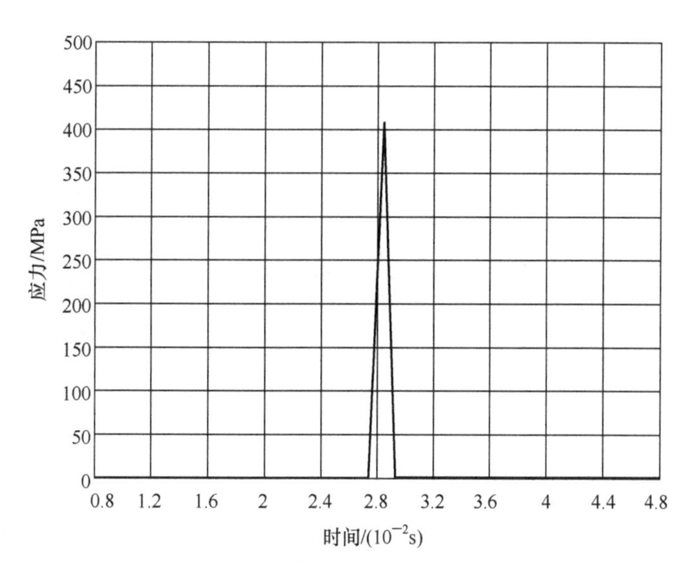

图 6.21　最大齿面接触应力节点接触应力时间历程曲线

(a) 斜齿轮副齿面接触应力云图

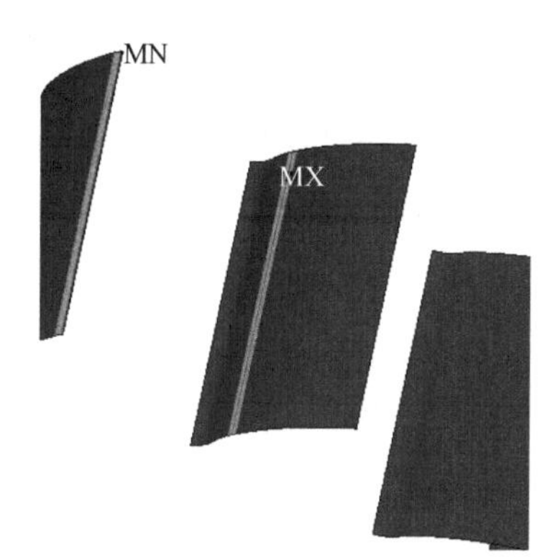

(b) 直齿轮副齿面接触应力云图

图 6.22　齿面接触应力云图

2）主、从动轮最大齿根弯曲应力

为了对齿轮副的齿根弯曲疲劳强度进行分析，分别读取第三对轮齿在啮合周期中主、从动轮受拉一侧齿根弯曲应力最大时的应力云图。

图 6.23 为主动轮齿根弯曲应力云图。去除齿端存在应力集中现象的节点后，图中左侧部分云图为第三个轮齿受拉一侧节点云图，可以看出，在啮合过程中主动轮最大齿根弯曲应力值为 87.722MPa，此时主动轮旋转角度为 34.668°。

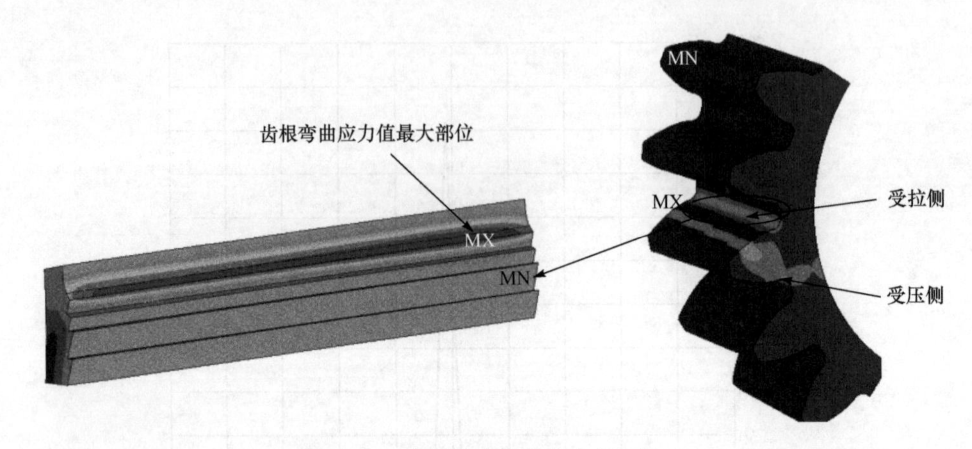

图 6.23　主动轮齿根弯曲应力云图

主动轮齿根弯曲应力最大的节点编号为 30147，该节点应力值在整个啮合过程中的时间历程曲线如图 6.24 所示。图中曲线反映了该节点在轮齿啮合周期中等效应力值的变化规律。从图中可以看出，在轮齿刚进入啮合和即将退出啮合的时刻，齿轮副呈多齿啮合状态，因此齿根应力较小，当轮齿进入单齿啮合区后，齿根应力明显增加。在主动轮啮合过程中，齿根先进入啮合，然后从齿顶退出啮合，轮齿在单齿啮合区齿根应力逐渐增加，在单齿啮合与多齿啮合的交替位置，因存在啮合冲击，应力出现波动。

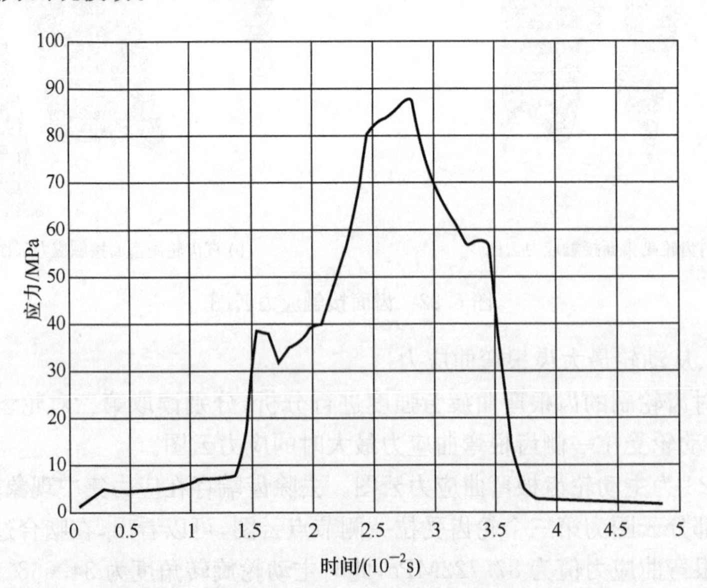

图 6.24　主动轮弯曲应力节点时间历程曲线

图 6.25 为从动轮齿根弯曲应力云图。去除齿端存在应力集中现象的节点后，图中右侧部分云图为第三个轮齿受拉一侧齿根应力云图，可以看出，在啮合过程中从动轮最大齿根弯曲应力值为 69.310MPa，此时主动轮对应的旋转角度为 29.916°。

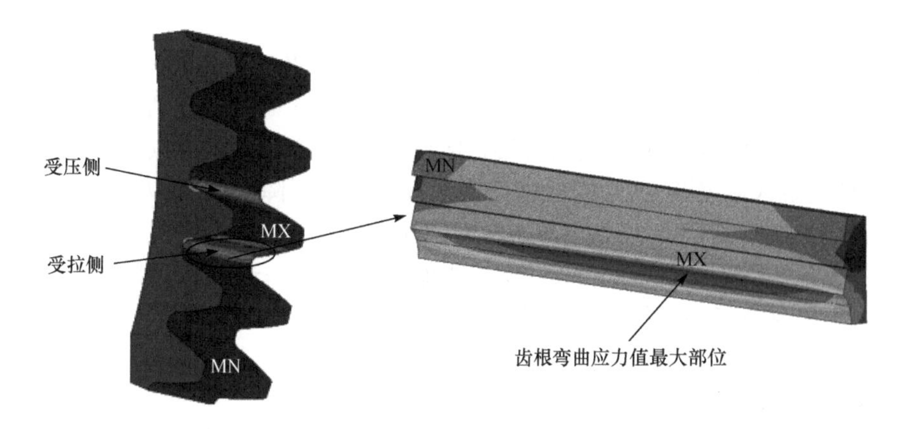

图 6.25　从动轮齿根弯曲应力云图

从动轮齿根弯曲应力最大的节点编号为 99969，该节点应力值在整个啮合过程中的时间历程曲线如图 6.26 所示。从动轮与主动轮相反，齿顶先进入啮合，在齿根部位退出啮合，因此在单齿啮合区齿根应力逐渐降低。

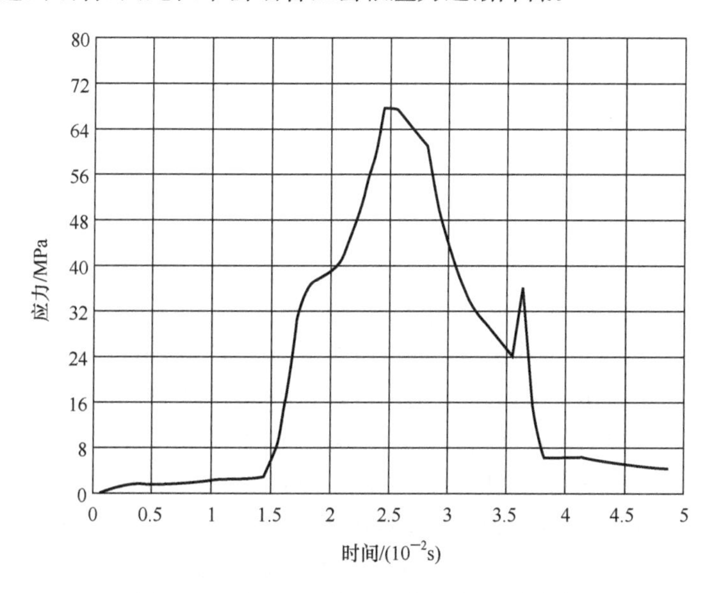

图 6.26　从动轮弯曲应力节点时间历程曲线

4. 齿轮副瞬态啮合特性

齿轮副的瞬态啮合特性是指在轮齿整个啮入、啮出过程中，齿面接触应力、齿根弯曲应力及接触反力的瞬时变化情况。

1）齿面接触应力瞬时变化情况

读取第三对轮齿在整个啮入、啮出过程中每一载荷步的最大齿面接触应力值，绘制如图 6.27 所示的曲线。从图中可以看出，在斜齿轮副啮合传动过程中，当一对轮齿刚刚进入啮合时，这对轮齿的接触区域较短，随着齿轮副继续啮合传动，这对轮齿的接触区域逐渐变长，因此齿面接触应力值先下降，且此时处于多齿啮合区；当齿轮副继续啮合传动时，齿轮副由多齿啮合逐渐向单齿啮合过渡，这对轮齿上承受的载荷逐渐增大，因此齿面接触应力值也随之增大；进入单齿啮合状态传动一段时间后，又逐渐向多齿啮合状态转变，齿面接触应力逐渐降低。

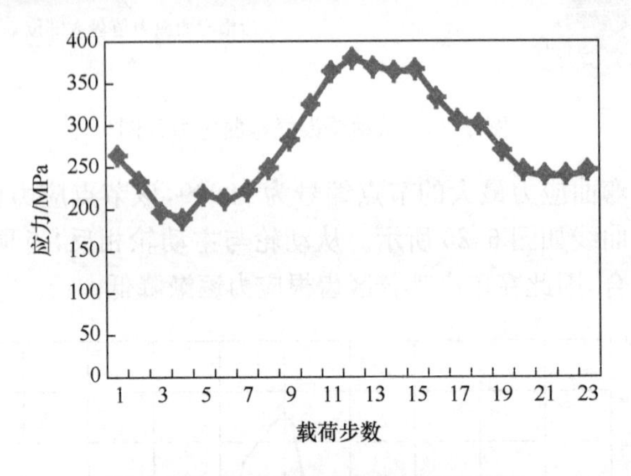

图 6.27　齿面接触应力瞬时变化情况

2）齿根弯曲应力瞬时变化情况

分别读取第三对轮齿啮入、啮出过程中，主、从动轮每一载荷步的齿根弯曲应力最大值，绘制如图 6.28 和图 6.29 所示的曲线。

对比图 6.27、图 6.28 和图 6.29 可以看出，主、从动轮齿根弯曲应力值与齿面接触应力一样，都经历了多齿啮合—单齿啮合—多齿啮合状态，由多齿啮合向单齿啮合状态转变时，应力值逐渐增大，由单齿啮合向多齿啮合状态转变时，应力值逐渐减小。对比主、从动轮弯曲应力瞬时变化图可以看出，当齿轮副进入单齿啮合状态后，主、从动轮齿根弯曲应力的变化规律相反，主动轮逐渐增大，而从动轮逐渐减小，这是由齿轮啮合时主动轮和从动轮的啮合位置变化规律相反造成的，因为主动轮是由齿根向齿顶啮合，而从动轮是由齿顶向齿根啮合。

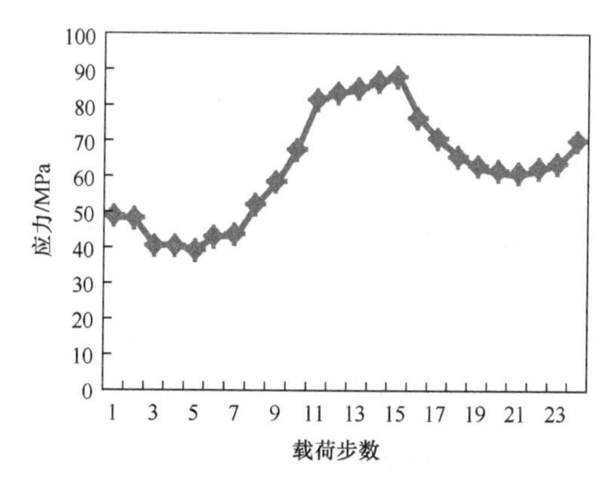

图 6.28　主动轮齿根弯曲应力瞬时变化情况

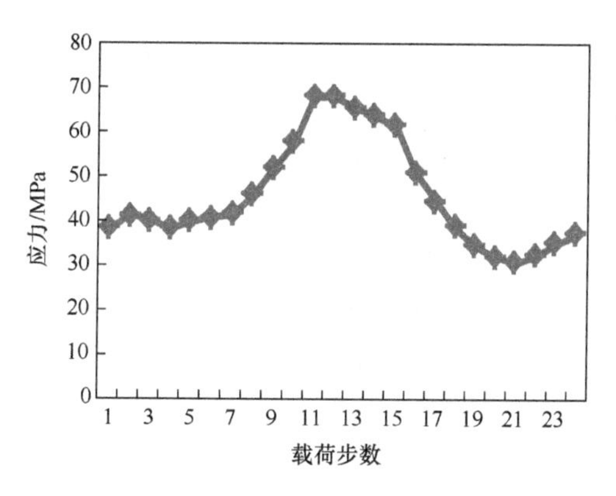

图 6.29　从动轮齿根弯曲应力瞬时变化情况

3）接触反力瞬时变化情况

读取主动轮第三个轮齿齿面在啮合周期中各载荷步的接触反力值，绘制如图 6.30 所示的瞬时接触反力曲线。图 6.30(a)和(b)分别为斜齿轮和直齿轮的瞬

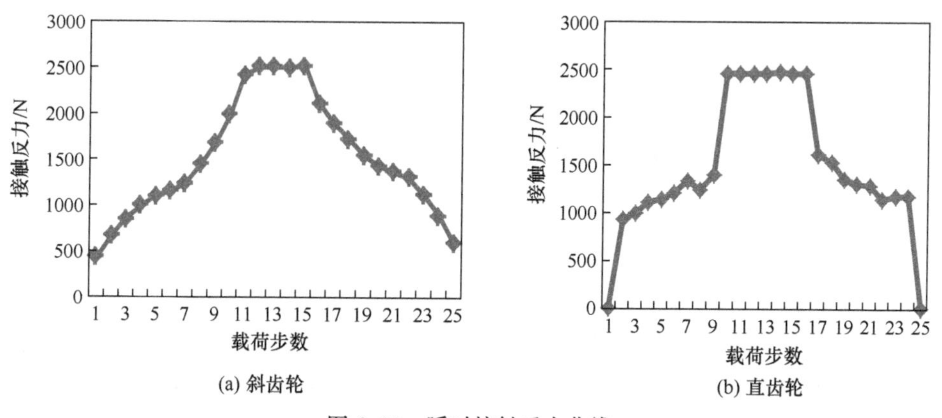

(a) 斜齿轮　　(b) 直齿轮

图 6.30　瞬时接触反力曲线

时接触反力曲线。从图中可以看出，与直齿轮副啮合过程相比，渐开线斜齿圆柱齿轮啮合过程中接触反力的变化比较平稳，冲击较小，工作时振动、噪声现象比较轻微，对传动系统的冲击和造成的影响较小，因此广泛应用于生产、实践中。

6.4　渐开线圆柱齿轮副任意啮合位置静接触分析

6.3 节重点研究了渐开线圆柱齿轮副的瞬态啮合分析实现方法及其啮合性能，本节将重点介绍如何对任意啮合位置的渐开线圆柱齿轮副进行静接触分析。

6.4.1　齿轮副任意位置啮合的实现方法

按照 6.2 节齿轮副模型的装配方法装配好齿轮模型后，主动轮轮齿的中截面与从动轮齿槽的中截面都在 XOZ 平面内，齿轮副沿齿宽方向的中截面在 XOY 平面内。为了对齿轮副在任意指定的主动轮啮合点(以该点到齿轮轴线的距离值唯一确定)处进行静接触分析，主、从动轮须分别转动一定的角度，使齿轮副刚好在该啮合点处啮合。

图 6.31 为渐开线圆柱齿轮副在齿宽中截面处的啮合原理图，其中 O_1、O_2 分别为主、从动齿轮中心，r_{b1}、r_{b2} 分别为主、从动齿轮的基圆半径，r_{j1}、r_{j2} 分别为主、从动轮的节圆半径，N_1N_2 为理论啮合线，P 为啮合线与中心线的交点，P' 为节圆与轮齿齿廓的节点，K_1 与 K_2 为两处任意啮合位置，α' 为节圆端面压力角，ω_1、ω_2 分别为主、从动齿轮的旋转角速度。

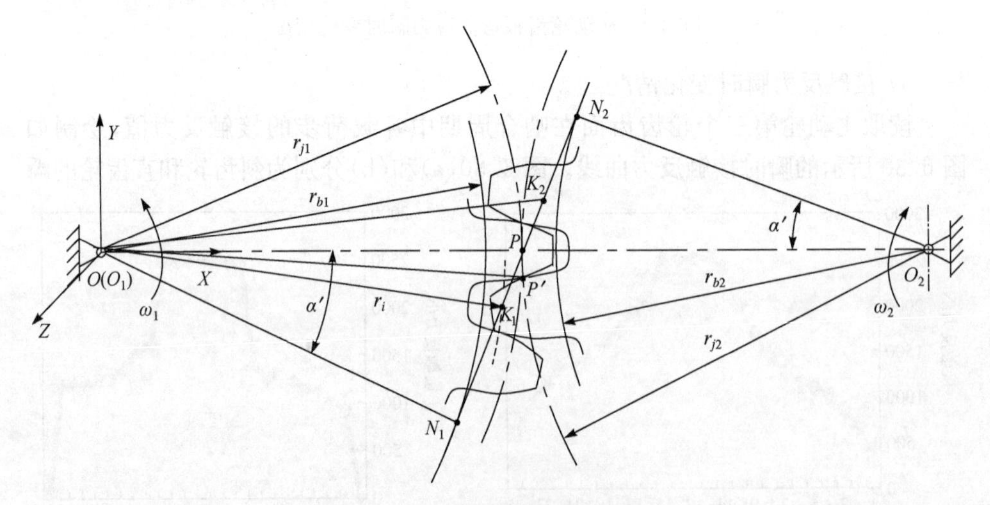

图 6.31　齿轮副啮合原理图

设齿轮副啮合时，主动轮啮合轮齿上的啮合点到齿轮轴线的距离为 r_i，在理论

啮合线上的位置为 K_1，根据齿轮传动原理，在该啮合位置处的端面渐开线压力角 α_i 为

$$\alpha_i = \arccos \frac{r_{b1}}{r_i} \tag{6-8}$$

该啮合点处的端面渐开线展角 θ_i 为

$$\theta_i = \tan\alpha_i - \alpha_i \tag{6-9}$$

齿轮副在分度圆处的端面渐开线压力角 α_t 为

$$\alpha_t = \arctan \frac{\tan\alpha_n}{\cos\beta} \tag{6-10}$$

式中，α_n 为分度圆法面压力角；β 为圆柱齿轮副的螺旋角，直齿轮时 $\beta=0$。

将 α_t 代入式(6-9)可以求得分度圆处端面展角 θ_s（图 6.32 中$\angle AO_1B$）。

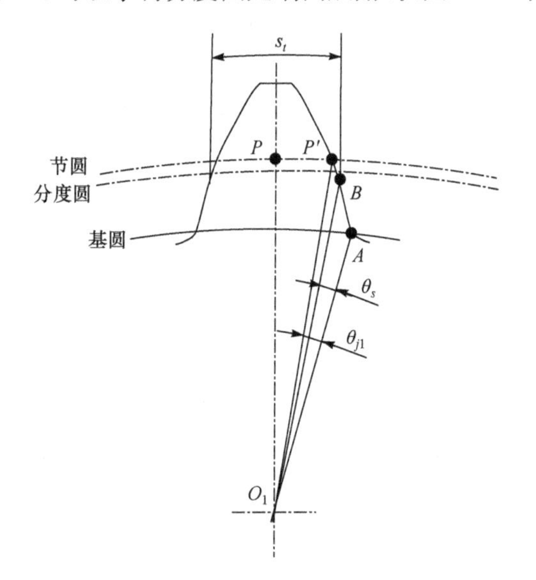

图 6.32　轮齿角度计算示意图

因齿轮变位后分度圆与节圆不再重合，根据相关知识，主动轮节圆半径 r_{j1} 为

$$r_{j1} = \frac{a' z_1}{z_1 + z_2} \tag{6-11}$$

式中，a' 为变位齿轮副的实际中心距；z_1、z_2 分别为主动轮和从动轮的齿数。

节圆处的端面压力角 α_{j1} 与端面渐开线展角 θ_{j1}（图 6.32 中$\angle AO_1P'$）可分别由式(6-12)和式(6-13)求得：

$$\alpha_{j1} = \arccos \frac{r_{b1}}{r_{j1}} \tag{6-12}$$

$$\theta_{j1} = \tan\alpha_{j1} - \alpha_{j1} \tag{6-13}$$

如图 6.31 所示，齿轮副初始建模装配时并不在节圆处啮合，为了便于实现齿轮副在任意指定轮齿及位置的啮合，首先使两啮合齿轮分别转动一定角度，使之在指定轮齿的节圆啮合，然后利用指定点啮合与节圆啮合之间的齿轮副位置关系，转动两啮合齿轮，实现其在指定轮齿及位置的啮合。设指定齿轮副主动轮的第 n 个轮齿在图 6.31 所示 K_1 点啮合，可通过两次位置调整实现。

首先将齿轮副调整到在主动轮第 n 个轮齿的节点 P 处啮合。齿轮建模时，默认的是第一对齿啮合，且啮合点不在节点，若将齿轮副调整到第一对齿的节点 P 处啮合，主动轮需要转动一个角度$\angle PO_1P'$，如图 6.32 所示。若要调整到第 n 个齿的节点啮合，则主动轮还需转过 $n-1$ 个齿对应的角度。因此，将主动轮从初始装配位置调整到第 n 个齿的节点啮合，其转过的角度 φ_1 应为

$$\varphi_1=\left[\frac{s_t}{2r_1}-(\theta_{j1}-\theta_s)\right]\frac{180°}{\pi}-\frac{360°}{z_1}(n-1) \tag{6-14}$$

因为从动轮旋转方向与主动轮相反，所以从动轮在第 n 个轮齿的节圆处啮合时，应旋转角度 φ_2：

$$\varphi_2=-\left[\frac{s_t}{2r_1}-(\theta_{j1}-\theta_s)\right]\frac{z_1}{z_2}\frac{180°}{\pi}+\frac{360°}{z_2}(n-1) \tag{6-15}$$

通过上述旋转，主、从动轮都旋转到第 n 个轮齿的节圆处啮合，然后利用该轮齿指定啮合位置（啮合点对应的半径为 r_i）与节圆啮合位置之间的关系，将主、从动轮再分别旋转一定角度，即可实现指定位置啮合。

如图 6.31 所示，当齿轮副在指定某轮齿的节点 P 处啮合时，根据三角形关系，可以求出：

$$N_1P=\sqrt{r_{j1}^2-r_{b1}^2} \tag{6-16}$$

若指定啮合点到主动轮轴线的距离小于其节圆半径，即 $r_i<r_{j1}$，如图 6.31 所示，则

$$K_1P=N_1P-\sqrt{r_i^2-r_{b1}^2} \tag{6-17}$$

若指定啮合点到主动轮轴线的距离大于其节圆半径，即 $r_i>r_{j1}$，假设此时啮合点对应于啮合线上的 K_2 点，则有

$$K_2P=\sqrt{r_i^2-r_{b1}^2}-N_1P \tag{6-18}$$

综合上述两种情况，在$\triangle K_tO_1P$ 中（$t=1,2$），根据三角形余弦定理有

$$\angle K_tO_1P=\arccos\left(\frac{r_i^2+r_{j1}^2-K_tP^2}{2r_ir_{j1}}\right) \tag{6-19}$$

若使齿轮副在指定点 K_1（或 K_2）处啮合，主、从动轮还应分别转动一定角度，使齿轮副从指定轮齿的节圆啮合调整到 K_1（或 K_2）点啮合，如图 6.31 所示。

若 $r_i<r_{j1}$，则主动轮应沿 ω_1 方向旋转一定的角度 η_1，η_1 由式(6-20)求得：

$$\eta_1=(\angle K_1O_1P+|\theta_{j1}-\theta_i|)\frac{180^\circ}{\pi} \tag{6-20}$$

此时从动轮对应的旋转方向与 ω_2 方向一致，旋转角度的大小 η_2 为

$$\eta_2=\eta_1\frac{z_1}{z_2} \tag{6-21}$$

若 $r_i>r_{j1}$，则主、从动轮旋转方向分别与 ω_1 和 ω_2 相反，主动轮旋转角度 η_1 为

$$\eta_1=(\angle K_2O_1P+|\theta_{j1}-\theta_i|)\frac{180^\circ}{\pi} \tag{6-22}$$

从动轮转角仍由式(6-21)求得。

经过上述两次旋转调整，即可实现齿轮副在第 n 个轮齿指定啮合点的啮合装配，为后续的静接触分析计算奠定基础。

6.4.2　齿轮副静接触分析

1. 齿轮副静接触分析相关设置

对表 6.1 中所述齿轮进行静接触分析。同瞬态啮合分析一样，需要建立齿轮副的有限元简化模型并进行装配，如图 6.33 所示，此时齿轮副简化模型位于初始位置，即主动轮第一个轮齿中截面与从动轮第一个齿槽中截面同 XOZ 平面重合。

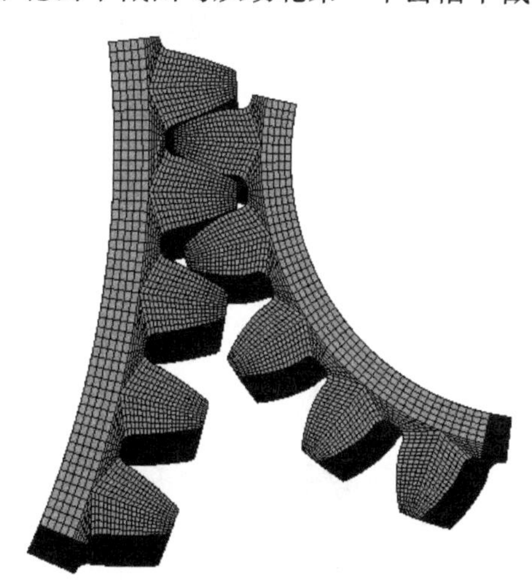

图 6.33　齿轮副初始装配位置

设定分析的啮合半径为 31mm，根据 6.4.1 节所述内容，通过计算可知，主、从动轮相对初始装配位置对应的旋转角度。在进行静接触分析时，也需要创建齿面接触对及引导节点与刚化面之间的接触对，具体方法与瞬态啮合分析时相同。

对齿轮副进行静强度分析与瞬态啮合分析的具体不同之处在于加载和约束。

在静强度分析时，在主动轮的引导节点上施加转矩，约束从动轮的引导节点绕齿轮轴线的转动自由度，从而设定从动轮固定不动，加载约束后的有限元分析模型如图 6.34 所示。在 ANSYS 软件中设置分析类型为静态分析，依然考虑大变形，只进行一次加载，并且设置为斜坡递增加载方式，然后进行求解分析。

图 6.34　静强度有限元分析模型

2. 齿轮副静强度分析结果

对齿轮副进行静强度分析结束后，通过后处理功能读取相应的分析结果如下。

1）齿面接触应力

选取接触单元，读取如图 6.35 所示接触单元的接触应力云图，图中最大应力值为 389.873MPa。

图 6.35　齿面接触应力云图

2）齿根弯曲应力

同瞬态啮合分析一样，选取主、从动轮的齿根弯曲应力时仍然选取受拉一侧齿根部位的节点。读取这些节点的应力云图如图 6.36(a)和(b)所示，其中主动轮的齿根弯曲应力值为 77.569MPa，从动轮的齿根弯曲应力值为 69.696MPa。

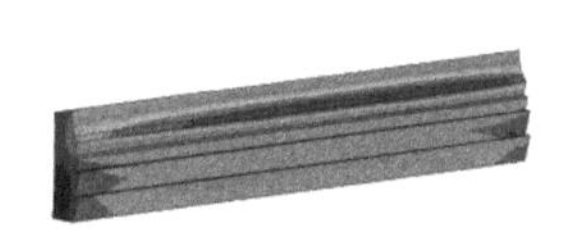

(a) 主动轮　(b) 从动轮

图 6.36　齿根弯曲应力云图

3）齿轮副等效应力、等效应变

分别读取主动轮、从动轮、齿轮副的等效应力云图如图 6.37(a)、(b)、(c)所示，其中主动轮的最大等效应力值为 256.695MPa，从动轮的最大等效应力值为 290.863MPa。读取主动轮、从动轮、齿轮副的等效应变云图如图 6.38(a)、(b)、(c)所示，其中主动轮的最大应变值为 0.001896，从动轮的最大应变值为 0.002059。

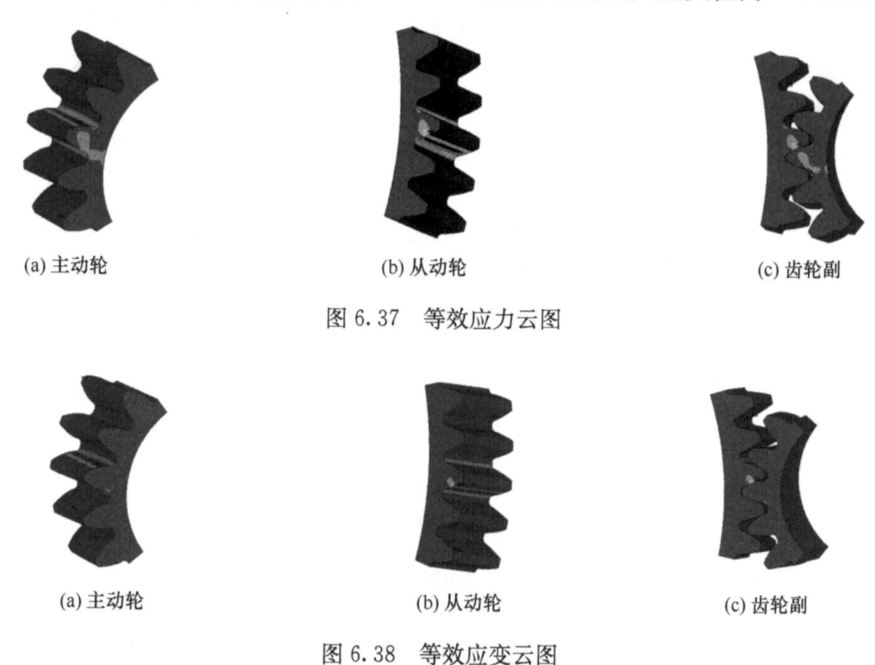

(a) 主动轮　(b) 从动轮　(c) 齿轮副

图 6.37　等效应力云图

(a) 主动轮　(b) 从动轮　(c) 齿轮副

图 6.38　等效应变云图

4）应力切片云图

斜齿轮副沿齿宽方向应力应变情况并不相同，为了显示沿齿宽方向齿轮内部的应力变化情况，在分析结束后，采用做应力切片的方式对不同位置的应力情况进行观察。此处沿齿宽方向在齿轮副中截面以及距齿轮中截面±8mm 的两端位置做应力切片云图，分别如图 6.39(a)、(b)、(c)所示。从应力云图中可以明显看出，在不同的位置，斜齿轮副内部的应力情况并不相同。

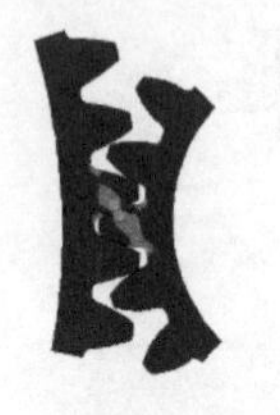

(a) 距中截面8mm

(b) 中截面

(c) 距中截面-8mm

图 6.39 应力切片云图

6.5 本章小结

本章主要介绍了渐开线圆柱齿轮传动啮合仿真分析的相关原理及具体实施方法。首先,以齿轮副弹性接触相关知识为基础,简单介绍了齿轮副弹性接触基础理论和啮合仿真分析的实施步骤;其次,基于 ANSYS 软件的参数化建模技术,探讨了渐开线圆柱齿轮副实体模型与有限元模型的创建及装配方法;再次,基于 ANSYS 软件的瞬态仿真分析功能,对渐开线圆柱齿轮传动的瞬态啮合仿真分析方法进行了研究与实现,有效获取了齿轮啮合过程中的关键性能参数;最后,对任意指定位置的渐开线圆柱齿轮传动静接触分析方法进行了研究,重点探讨了实现齿轮副任意指定位置啮合的有限元建模方法,并对齿轮副静接触分析的结果读取与分析进行了介绍。仿真实验表明,利用有限元技术对齿轮副的传动过程进行仿真分析,既能形象直观地模拟齿轮副啮合过程,精确获取齿轮啮合过程中的实时应力、应变等关键性能参数及其变化规律,也可对任意指定啮合位置高效地进行静强度分析,克服了传统方法难以精确获取齿轮强度的缺陷,为齿轮传动的寿命计算与结构优化奠定了基础。

参考文献

[1] 宋乐民. 齿形与齿轮强度. 北京:国防工业出版社,1987.
[2] 中原一郎. 弹性力学手册. 关正西,李跃明,译. 西安:西安交通大学出版社,2014.
[3] 彼得·艾伯哈特,胡斌. 现代接触动力学. 南京:东南大学出版社,2003.
[4] Atanasovska I, Nikolic-Stanojlovic V, Dimitrijevic D, et al. Finite element model for stress analysis and nonlinear contact analysis of helical gears. Scientific Technical Review, 2009, LVIX(1):61-69.
[5] 杜平安,等. 有限元法原理、建模及应用. 北京:国防工业出版社,2004.
[6] 孙桓,陈作模,葛文杰. 机械原理. 8 版. 北京:高等教育出版社,2013.
[7] 李华敏,李瑰贤,等. 齿轮机构设计与应用. 北京:机械工业出版社,2007.
[8] 张洪武,等. 有限元分析与 CAE 技术基础. 北京:清华大学出版社,2004.
[9] 博弈创作室. ANSYS 9.0 经典产品基础教程与实例详解. 北京:中国水利水电出版社,2006.

第 7 章　影响渐开线圆柱齿轮仿真分析的关键因素

利用有限元技术对齿轮传动进行仿真分析时，涉及大量的关键参数，如结构参数、工况参数、软件计算参数等，这些参数的取值将直接影响仿真分析的准确性。本章就影响渐开线圆柱齿轮仿真分析的关键因素进行讨论，深入分析各种因素对仿真结果的影响规律。

7.1　影响齿轮啮合仿真分析的主要因素

与传统方法相比，齿轮啮合仿真分析可以有效模拟齿轮啮合过程，精确获取齿轮传动过程中的最劣加载位置及极限应力。通常情况下，仿真分析的结果与齿轮副啮合的实际情况并不完全一样，两者之间存在着一定的误差。仿真分析误差主要来源于以下两个方面：一是计算方法的误差，齿轮啮合分析采用的是有限元法，有限元法本身就是一种连续问题离散化处理的方法，在计算过程中采用了大量简化技术。二是计算对象的误差，仿真分析研究的对象是齿轮的啮合问题，涉及齿轮的一些结构、模型、材料和载荷等方面的参数，以理论的方法建立实际模型，存在着因模型简化造成的误差。

为了保证渐开线圆柱齿轮仿真分析计算结果的准确性与有效性，必须考虑各种影响齿轮啮合仿真分析效果的因素，特别是影响较大的关键参数。图 7.1 列出了进行渐开线圆柱齿轮啮合仿真分析时应考虑的一些主要因素。

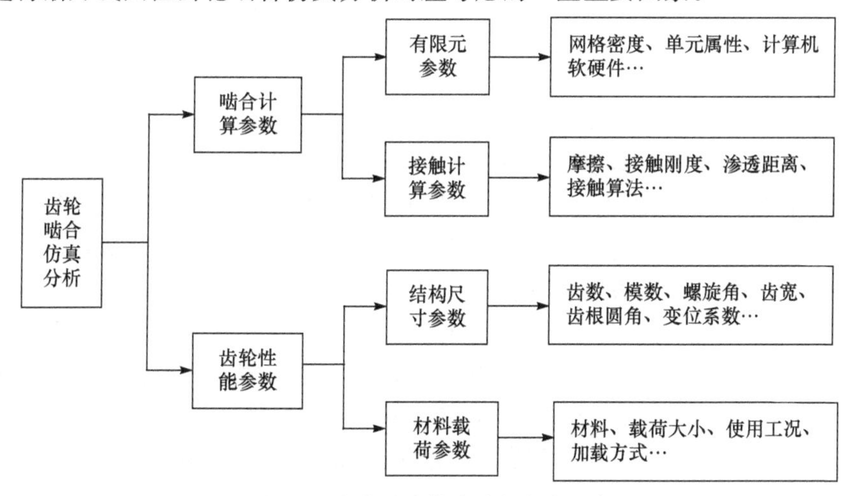

图 7.1　齿轮啮合仿真分析考虑因素

对齿轮传动进行有限元啮合仿真时，首要步骤是有限元建模。有限元模型实际上是为了适应有限元计算方法的一种离散化模型，用离散单元的组合体来逼近原始结构，有限元模型相对于实物原型本身就存在一定的简化。在有限元建模过程中，网格划分的效果直接影响到求解的精度和速度。划分网格之前应首先定义网格属性，网格密度过稀或过密都会对分析计算产生影响。齿轮的三维实体造型是以齿轮的实际结构参数为依据的，齿轮副的一些几何参数，如主从动轮的齿数、模数、螺旋角、齿宽、传动比、齿根圆角半径和变位系数等直接反映了齿轮模型的类型和尺寸，其中齿轮的齿根圆角半径和齿宽对计算结果的精度影响较大。齿轮材料对仿真分析结果也有十分重要的影响，在分析过程中使用的材料密度、弹性模量和泊松比等材料属性参数对仿真分析结果影响巨大，必须准确选取，否则产生较大的误差甚至导致分析失败。齿轮副的加载也是影响仿真分析结果的重要因素，其中为了模拟加载环境而使用的使用系数、模拟支承轴等零件变形的载荷分配系数等载荷系数都会影响仿真分析的结果。

研究齿轮啮合过程的变形和应力变化时，应当指出的是，齿轮啮合首先是一个接触问题，然后才是动力学问题[1]。接触问题是一种常见的物理现象，是一种高度非线性行为，它涉及接触状态的改变，还可能伴随发热、放电等过程，需要大量的计算资源。接触问题存在两个较大的难点：其一，在求解之前，表面之间的接触状态和接触区域是未知的，随着载荷、材料、边界条件和其他因素而定；其二，大多数的接触问题需要计算摩擦，有几种摩擦和模型可供选择，它们都是非线性的，摩擦使问题的收敛性变得困难[2]。所有的接触问题都需要定义接触刚度，两个表面之间穿透量的大小取决于接触刚度。因此，在模拟齿面接触时，是否设置摩擦系数，如何选择正确的接触刚度系数和渗透距离等也会影响啮合分析的精度。

ANSYS程序处理接触问题主要采用三种不同的算法，即动力约束法、分配参数法和对称罚函数法，其中动力约束法仅用于固定接触的处理，分配参数法用于滑动但没有分离的滑动处理，而对称罚函数法是系统默认的算法，也是最常用的算法[3]，选择不同的接触算法同样会对齿轮啮合计算的结果产生一定的影响。此外，计算机软硬件的差异也会使计算结果产生误差，对计算效率也会产生一定的影响。

综上所述，影响齿轮啮合分析结果的因素错综复杂，且这些因素在计算过程中是不可回避的。研究齿轮啮合仿真分析影响因素的目的就是尽可能地缩小分析误差，贴近实际，用有限元方法解决实际的工程问题。齿轮啮合仿真分析就是结合实际工况采用有限元方法对实际齿轮啮合过程进行模拟仿真，求解啮合过程中应变和应力的变化情况，得到影响齿轮强度和寿命的极限齿根弯曲应力和齿面接触应力，找到齿轮啮合过程中的最劣啮合位置。基于上述目的，本章选取对齿轮啮合仿真分析影响较大的六种关键参数进行系统地研究，分析这些参数对齿轮啮合分析的影响规律。

1）齿根过渡圆角对齿轮啮合仿真分析的影响

轮齿受载后，齿根处的弯曲应力较大，齿根过渡部分的形状突变还会在该处引起应力集中。当齿根的循环弯曲应力超过其疲劳极限时，会在齿根处产生疲劳裂纹，裂纹逐步扩展，致使轮齿疲劳折断，因此齿根过渡圆角的形状和大小对齿轮啮合仿真分析结果有重要影响。本章虽然按照前文所述的过渡曲线方程构建齿根过渡曲线，但现有绝大多数齿轮建模方法都采用圆弧代替过渡曲线。为了探讨这种替代方法对齿轮仿真分析的影响，选择不同的齿根圆角进行圆柱齿轮建模与分析，了解不同的齿根圆角半径对齿根弯曲应力和齿面接触应力的影响规律。

2）齿宽对齿轮啮合仿真分析的影响

齿轮啮合仿真分析采用的是瞬态分析与静接触分析相结合的分析方法，分析过程对计算机硬件有较高的要求，特别是瞬态分析，对计算机内存及运算速率的要求很高。若计算机硬件达不到要求，就会导致计算时间大大增加，甚至分析无法进行，严重影响工作进度。有时为了更快地分析整个齿轮副啮合过程的大致情况，采用简化齿宽的方法来减少单元数量，以达到降低计算量、提高计算效率的目的，但这种简化会对计算结果造成一定的影响。为了更好地在说明齿轮瞬态啮合过程中采取“薄片”简化方法的可行性，将研究齿宽对齿轮啮合分析计算结果的影响。

3）网格密度对齿轮啮合仿真分析的影响

如前所述，ANSYS 软件划分网格可采用自由网格划分和映射网格划分两种方式。自由网格划分对实体模型形状没有特殊的要求，但是对于形状复杂的几何模型，这种划分方式的单元数量通常会很大，计算效率也会降低[4]。映射网格划分是对规整模型进行网格划分的一种方法。渐开线圆柱齿轮仿真分析采用的是自适应映射网格划分方式，可以根据需要得到不同疏密程度的网格模型。从理论上讲，网格划分越密越好，因为网格越密越逼近实物原型，但实践表明，并非网格划得越细，得到的分析结果就越好。当网格数量增加到一定程度后，再继续增加网格时精度提高甚微，而计算时间却大幅度增加[5]。因此，研究齿轮模型网格疏密对齿根弯曲应力和齿面接触应力的影响，可以在对不同类型、不同尺寸的齿轮副模型进行啮合分析时，对其进行有效合理的网格划分，增加网格的经济性。

4）载荷系数对齿轮啮合仿真分析的影响

齿轮在实际传动中会受诸多外部因素和内部因素的影响，如原动机和工作机的特性、齿轮的制造精度和误差、轴和轴承等的变形，都会导致齿轮在工作过程中承受的载荷比理论计算的载荷大很多。在进行强度计算时，主要考虑传递转矩的变化，采用设定载荷系数的方式，用载荷系数乘以额定功率作为齿轮有限元分析的计算功率。由于载荷系数是根据经验值确定的，与实际情况存在一定的误差，必然会使最后的仿真结果与真实值之间存在一定的误差。因此，应根据实际工作的载荷情况，研究不同的载荷系数对齿轮的齿根弯曲应力和齿面接触应力的影响规律，使计算结果更好地接近实际值，以达到仿真分析的目的。

5）摩擦系数对齿轮啮合仿真分析的影响

传统的齿轮强度计算方法忽略了摩擦对齿轮传动的影响。实际上，齿轮啮合时轮齿之间的摩擦对齿根弯曲应力和齿面接触应力的计算都有一定的影响。啮合齿面的摩擦主要包括三种：齿面间的滑动摩擦、滚动摩擦和金属弹塑性变形引起的内摩擦，而齿面间的滑动摩擦起决定性作用，在实际工程计算中，可以忽略其他两项。ANSYS软件提供了基本的库伦摩擦模型，接触界面上的接触摩擦应力可以通过定义摩擦系数的方式，由内部程序自动根据库伦摩擦模型计算出来，摩擦系数是一非负值，缺省值为表面之间无摩擦。在有限元中可以通过库伦摩擦模型来近似模拟齿面间的滑动摩擦，得到有关摩擦系数对齿面接触应力和齿根弯曲应力的影响规律。不同摩擦系数的选择，会使最后分析结果产生差异，因此研究齿轮之间的摩擦系数对齿轮啮合仿真分析的影响也是十分必要的。

6）接触刚度系数对齿轮啮合仿真分析的影响

对齿轮进行有限元接触模拟时，在齿面之间建立面-面接触对，通常输入实常数而不是直接定义接触刚度，即通过接触刚度系数来定义接触刚度。穿透值在程序中通过分离的接触体上节点间的距离来计算。接触刚度越大，穿透就越小，理论上接触刚度为无穷大时，可以实现完全的接触状态，使穿透值等于零。但在实际计算过程中，接触刚度不可能为无穷大，穿透值也不可能真正达到零，只是个接近零的有限值。实际上接触体之间是相互不穿透的，一般来讲，为了获得更高的精度，应选取足够大的接触刚度以保证接触穿透小到可以接受，但同时又应使接触刚度足够小以避免引起总刚度矩阵的病态问题而保证收敛性。齿轮接触问题是非常复杂的问题，两齿面在啮合过程中何时接触、何时分离是很难确定的。接触刚度系数的设置是分析时的重要步骤，是影响精度和收敛行为最重要的参数。合理确定接触刚度系数的大小对有效辨别齿面之间的接触状态具有重要意义。

下面以五组渐开线直齿圆柱齿轮传动为例，通过对齿轮副在某一啮合位置的静接触分析或瞬态分析，分别探讨齿根圆角半径、齿轮宽度、网格密度、载荷系数、摩擦系数和接触刚度系数六个关键因素对计算结果的影响。

五组渐开线直齿圆柱齿轮副的主要结构参数和工况参数如表7.1所示。

表7.1 五组渐开线直齿圆柱齿轮副的基本参数

直齿圆柱齿轮副	第一组	第二组	第三组	第四组	第五组
		结构尺寸参数			
主动轮齿数 z_1	19	30	20	18	13
从动轮齿数 z_2	81	62	63	79	43
模数 m/mm	5	2	3	2	12

续表

直齿圆柱齿轮副	第一组	第二组	第三组	第四组	第五组
结构尺寸参数					
压力角 α/(°)	20	20	20	20	20
主动轮变位系数 x_1	0.63	0	0.2	0.8	0.5
从动轮变位系数 x_2	0	0	0	0.7	−0.5
齿顶高系数 h_a^*	1	1	1	1	1
顶隙系数 c^*	0.25	0.25	0.25	0.25	0.25
主动轮齿宽 B_1/mm	60	60	64	40	180
从动轮齿宽 B_2/mm	60	55	60	36	180
齿轮材料参数					
所用材料类型	20Cr2Ni4A	主动轮:40Cr 从动轮:45	主动轮:40Cr 从动轮:45	主动轮:40Cr 从动轮:45	20CrMnTi
主动轮弹性模量/(N/mm²)	206000	211000	211000	211000	212000
从动轮弹性模量/(N/mm²)	206000	209000	209000	209000	212000
泊松比	0.3	0.3	0.3	0.3	0.3
实际载荷工况					
主动轮转速/(r/min)	93.65	1450	215.1	940	97.2
主动轮转矩/(N·m)	1137.5	49.4	96.4	22.5	6600

7.2　齿轮结构参数对啮合性能的影响

7.2.1　齿根圆角半径的影响

齿轮轮齿的弯曲疲劳强度是考核齿轮承载能力的一项重要指标，而齿根过渡圆角部分突变或较小都会影响齿轮弯曲强度[6]。齿轮在实际加工过程中，齿根过渡曲线段是刀具包络形成的一条自由曲线，为了简化计算，传统方法通常用圆弧代替齿根过渡曲线，用齿根圆角半径系数与模数的乘积作为齿根过渡圆角半径，标准直齿轮计算时齿根圆角采用 0.38m，其中 m 为齿轮模数。在实际设计中，齿轮圆角的选择没有一致的标准，大多是根据设计人员的经验自行选择，而缺乏对所选圆角半径进行有效检验的可行方法。因此，通过分析不同齿根圆角半径对齿轮强度的影响，可为齿轮设计提供依据，同时也可验证采用真实齿根过渡曲线对齿轮建模和分析的必要性。图 7.2 为齿轮在不同齿根圆角半径下的部分齿形放大图。

对于表 7.1 中五组渐开线直齿圆柱齿轮副，将每对齿轮副的齿根圆角分别设为 0.29m、0.32m、0.35m、0.38m 和 0.41m，按照齿轮副在主动轮的节圆处啮合建立有限

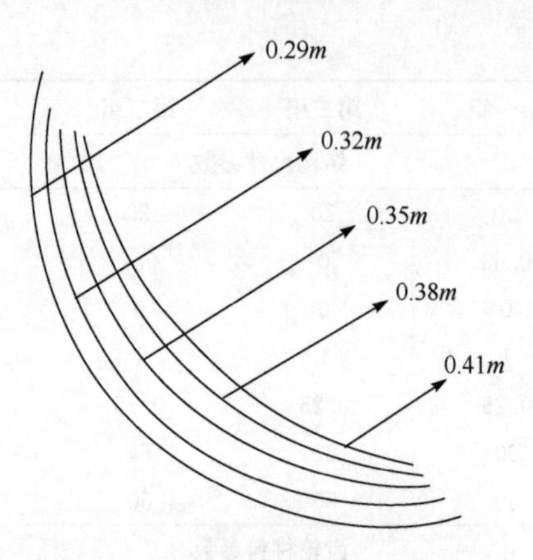

图 7.2 不同齿根圆角半径的齿形

元静接触分析模型，按照第 6 章所述方法进行齿轮静接触分析，得到相应的齿面接触应力和主、从动轮齿根弯曲应力，如表 7.2～表 7.6 所示(应力单位为 MPa)。

表 7.2 第一组齿轮副在不同齿根圆角半径下的计算结果

齿根圆角系数	0.29	0.32	0.35	0.38	0.41
齿面接触应力	607.595	610.214	612.699	615.873	621.71
主动轮齿根应力	95.02	92.818	91.763	90.666	89.49
从动轮齿根应力	142.089	139.963	139.333	138.073	136.391

表 7.3 第二组齿轮副在不同齿根圆角半径下的计算结果

齿根圆角系数	0.29	0.32	0.35	0.38	0.41
齿面接触应力	335.161	337.411	337.472	323.052	306.64
主动轮齿根应力	69.358	66.944	64.641	62.488	61.057
从动轮齿根应力	56.261	54.816	53.326	52.563	51.877

表 7.4 第三组齿轮副在不同齿根圆角半径下的计算结果

齿根圆角系数	0.29	0.32	0.35	0.38	0.41
齿面接触应力	492.082	491.872	491.662	491.457	491.265
主动轮齿根应力	82.282	79.413	76.695	74.149	71.763
从动轮齿根应力	84.207	81.973	81.23	80.363	79.276

表 7.5 第四组齿轮副在不同齿根圆角半径下的计算结果

齿根圆角系数	0.29	0.32	0.35	0.38	0.41
齿面接触应力	257.929	256.874	255.759	254.36	252.377
主动轮齿根应力	30.422	29.57	28.661	28.156	28.408
从动轮齿根应力	34.515	33.558	33.17	32.94	32.871

表 7.6　第五组齿轮副在不同齿根圆角半径下的计算结果

齿根圆角系数	0.29	0.32	0.35	0.38	0.41
齿面接触应力	658.879	661.22	663.449	658.523	658.520
主动轮齿根应力	103.918	100.833	98.092	95.668	95.667
从动轮齿根应力	216.013	208.161	200.204	195.431	195.431

1. 齿根圆角半径对齿面接触应力的影响

根据表 7.2～表 7.6 中的数据可以绘制齿面接触应力随齿根圆角半径变化的趋势图，如图 7.3 所示。

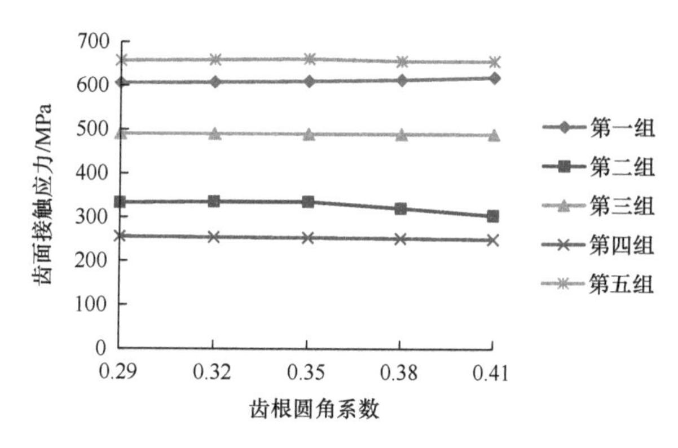

图 7.3　齿轮副齿面接触应力随齿根圆角半径的变化

由图 7.3 可以看出，齿根圆角半径对不同齿轮副的齿面接触应力的影响并不明显。

2. 齿根圆角半径对主动轮和从动轮齿根应力的影响

根据表 7.2～表 7.6 绘制齿轮副主动轮的齿根弯曲应力随齿根圆角半径变化的趋势图，如图 7.4 所示。

由图 7.4 可以看出，随着齿根圆角半径的增大，主动轮的齿根弯曲应力呈不断下降趋势。以第一组齿轮副为例，主动轮齿根弯曲应力从一开始的 95.02MPa 下降到 89.49MPa，下降幅度为 5.82%，可以看出，齿根圆角半径对主动轮齿根弯曲应力的影响较大，且随着齿根圆角半径的增大，主动轮齿根弯曲应力减小的趋势趋于平缓。

为研究齿轮副在相同载荷下，不同齿根圆角半径的齿根部位所受弯曲应力的变化情况，以齿轮副的一对齿为对象，绘制齿根弯曲应力的等值线分布图。图 7.5 为齿轮副齿根圆角部位选择的示意图，主动轮和从动轮的齿根部位选择的都是受

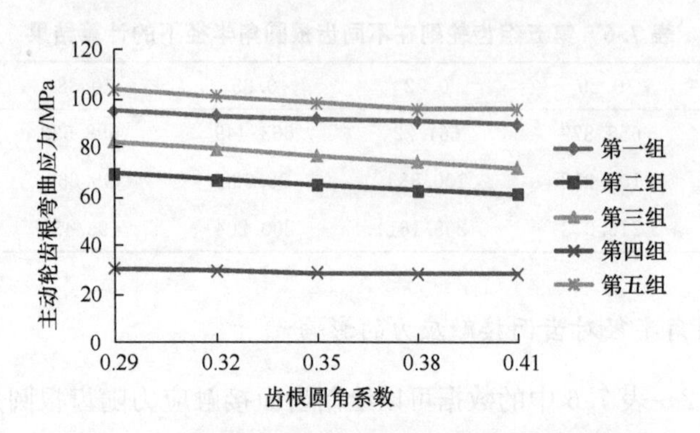

图 7.4 主动轮齿根弯曲应力随齿根圆角半径的变化

拉部位，该部位承受的弯曲应力较大，易产生弯曲疲劳。

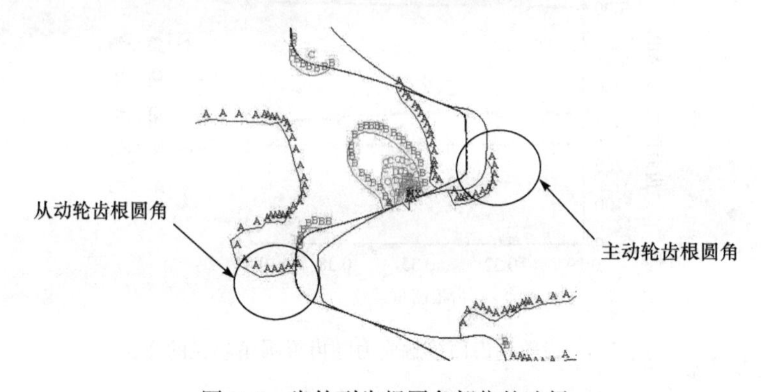

图 7.5 齿轮副齿根圆角部位的选择

图 7.6 为第三组齿轮副主动轮在不同齿根圆角半径下的齿根弯曲应力等值线分布图。

由图 7.6 可以看出，随着齿根圆角半径的增大，齿根应力的分布也发生变化，但总体来讲，齿根应力变化较为平稳。

图 7.7 为根据表 7.2～表 7.6 绘制的五组齿轮副从动轮齿根弯曲应力随齿根圆角半径变化的趋势图。图 7.8 为第三对齿轮副从动轮在不同齿根圆角半径下的齿根弯曲应力等值线分布图。

由图 7.7 可以看出，从动轮齿根弯曲应力随着齿根圆角半径的增大也是呈下降趋势的。以第一对齿轮副为例，从动轮齿根弯曲应力由一开始的 142.089MPa 降为 136.391MPa，下降幅度为 4.01%。且下降幅度随着齿根圆角半径的增大趋于平缓，齿根圆角半径对从动轮齿根弯曲应力的影响要高于对两齿之间接触应力的影响。由图 7.8 可以看出，随着齿根圆角半径的增大，从动轮齿根部位的应力也会发生变化，且变化较为平稳。

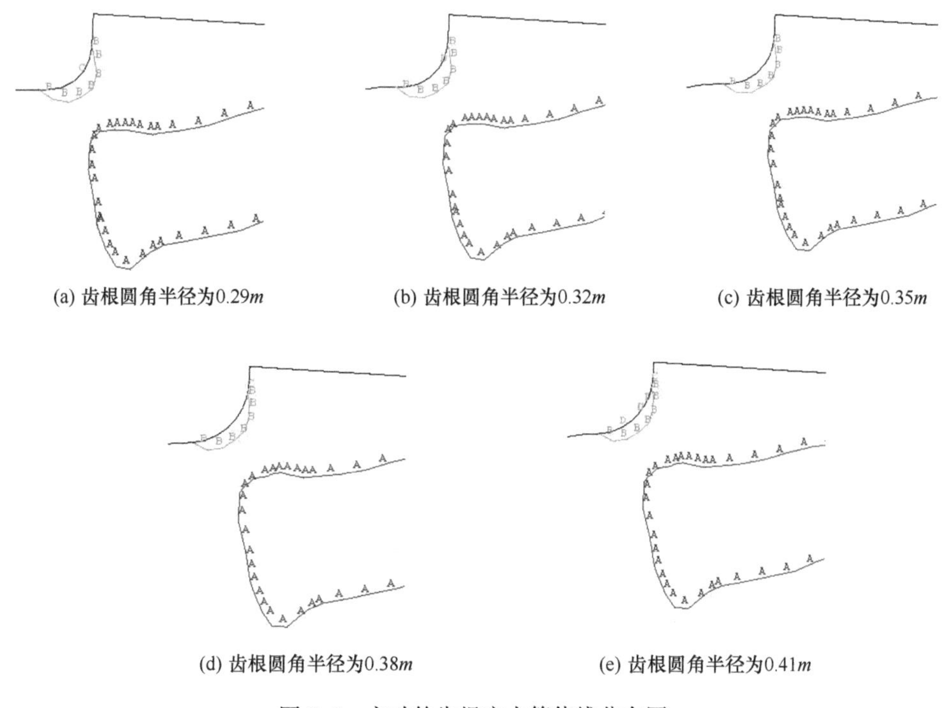

(a) 齿根圆角半径为0.29m　(b) 齿根圆角半径为0.32m　(c) 齿根圆角半径为0.35m

(d) 齿根圆角半径为0.38m　(e) 齿根圆角半径为0.41m

图 7.6　主动轮齿根应力等值线分布图

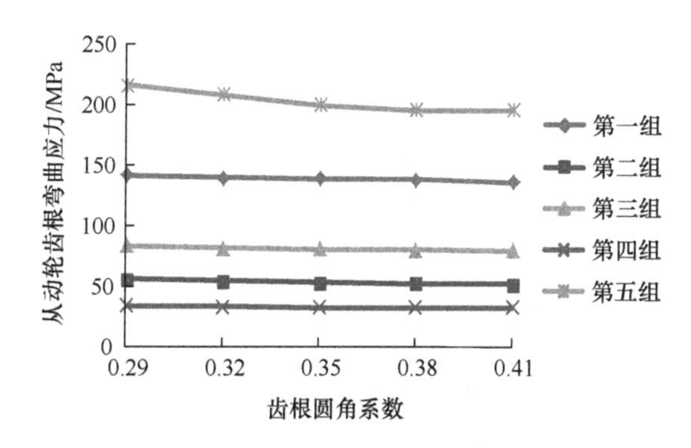

图 7.7　从动轮齿根弯曲应力随齿根圆角半径的变化

通过以上的分析研究不难发现，齿根圆角半径的大小对齿轮副的齿根弯曲应力和齿面接触应力会产生不同的影响。在相同载荷下，随着齿根圆角半径的增大，主动轮和从动轮的齿根弯曲应力明显减少，两齿面间的接触应力虽然略有变化，但变化幅度较小。在实际设计计算时，对于选择多大的圆角半径可近似代替齿根过渡曲线没有可行的参考依据。因此，为了保证计算精度，应基于真实的齿根过渡曲线建立模型并进行仿真分析。

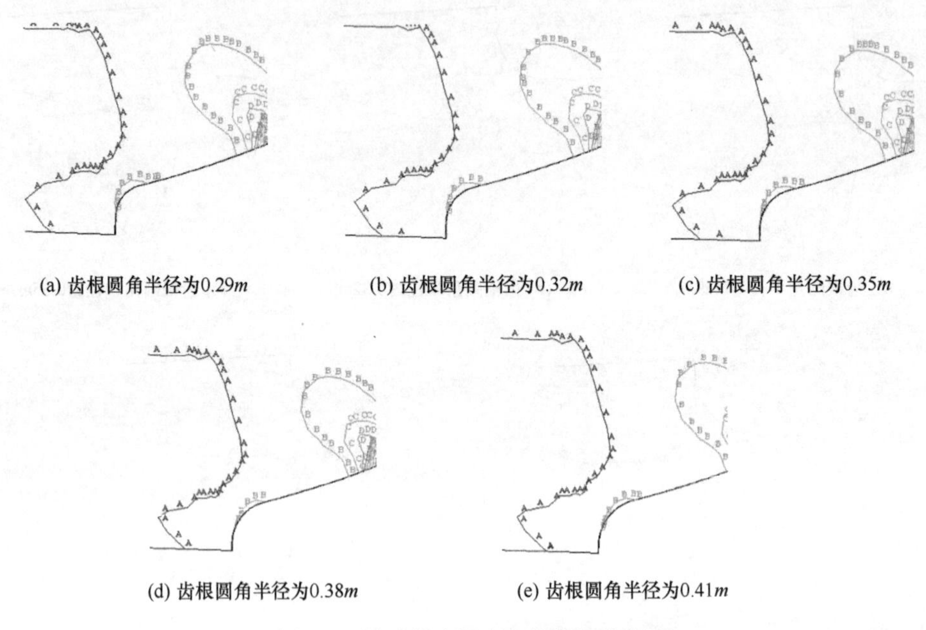

(a) 齿根圆角半径为0.29m　(b) 齿根圆角半径为0.32m　(c) 齿根圆角半径为0.35m

(d) 齿根圆角半径为0.38m　(e) 齿根圆角半径为0.41m

图 7.8　从动轮齿根应力等值线分布图

7.2.2　齿宽的影响

对齿轮进行瞬态啮合分析时，会占用计算机较多的内存空间，对计算机的配置有一定的要求，为提高计算效率，通常采用“简化”齿宽的方法对齿轮进行静态或瞬态分析。“简化”齿宽是指在进行齿轮有限元建模时，将齿宽缩减到原来齿宽的某一比例，形成齿轮“薄片”模型。采用这种方法可以快速有效地减少分析模型的单元数量，相应地，在进行加载约束时，把主动轮上施加的功率值也按同样的比例缩减，可以满足对齿轮啮合整体运转情况查看的一般分析目的。图 7.9 为齿轮副“薄片”模型。

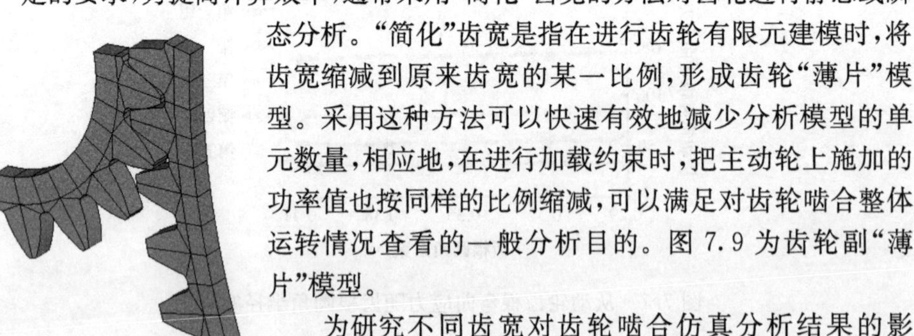

图 7.9　齿轮副“薄片”模型

为研究不同齿宽对齿轮啮合仿真分析结果的影响，以表 7.1 中第四组齿轮副为例，采用不同齿宽的“薄片”模型进行瞬态分析，并与完整齿宽模型的分析结果进行比较。为便于对比，模型齿宽按照原齿宽缩减相同的比例得到，四种齿宽类型的齿宽缩减比例分别为 1/5、2/5、3/5 和 4/5。记录齿轮副的最大齿根弯曲应力和最大齿面接触应力值的大小及发生位置，其中位置是以开始计算到出现极限应力值时的时间来表示的。表 7.7 为齿轮副“薄片”模型和整齿模型仿真计算结果。

表 7.7　“薄片”模型与整齿模型仿真计算结果

模型		齿面接触应力		主动轮齿根应力		从动轮齿根应力	
		大小/MPa	位置/s	大小/MPa	位置/s	大小/MPa	位置/s
类型 1	1/5 齿宽	439.889	0.007541	56.742	0.008711	72.382	0.006193
类型 2	2/5 齿宽	425.598	0.007540	56.462	0.008700	68.931	0.006193
类型 3	3/5 齿宽	410.816	0.007543	56.324	0.008700	68.919	0.006193
类型 4	4/5 齿宽	409.370	0.007542	55.545	0.008700	68.814	0.006193
类型 5	整齿	401.272	0.007543	54.639	0.008711	69.028	0.006204

由表 7.7 可以看出,“薄片”模型和整齿模型出现极限应力的位置基本一致,为研究齿宽变化对齿面接触应力和齿轮副的弯曲应力的影响,分别绘制五种齿宽模型应力计算结果的折线图。图 7.10 为齿面接触应力随齿宽变化的趋势图。可以看出,齿面接触应力由一开始的 439.889MPa 下降到 401.272MPa,降幅为 8.78%,下降幅度较大。

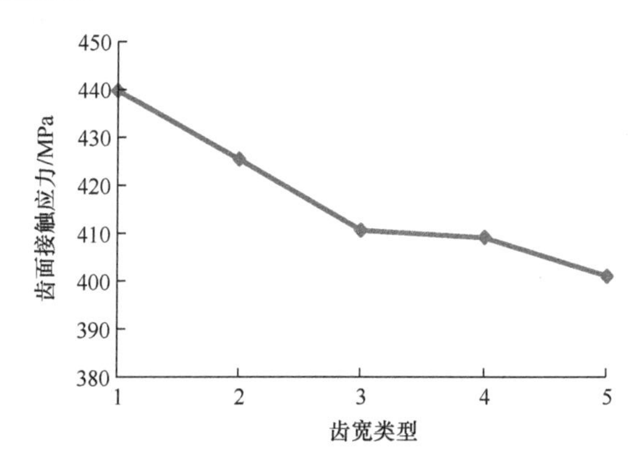

图 7.10　不同齿宽的齿轮副齿面接触应力

图 7.11 为主动轮和从动轮的齿根弯曲应力随齿宽变化的趋势图。可以看出,随着齿宽的变化,主动轮和从动轮的齿根弯曲应力均略有下降,但总体波动并不明显。主动轮齿根弯曲应力从 56.742MPa 下降到 54.638MPa,下降幅度为 3.7%;从动轮齿根弯曲应力从 72.382MPa 下降到 69.028MPa,下降幅度为 4.6%。从中可以看出,齿宽对齿轮齿根弯曲应力的影响要低于对齿轮副齿面接触应力的影响。

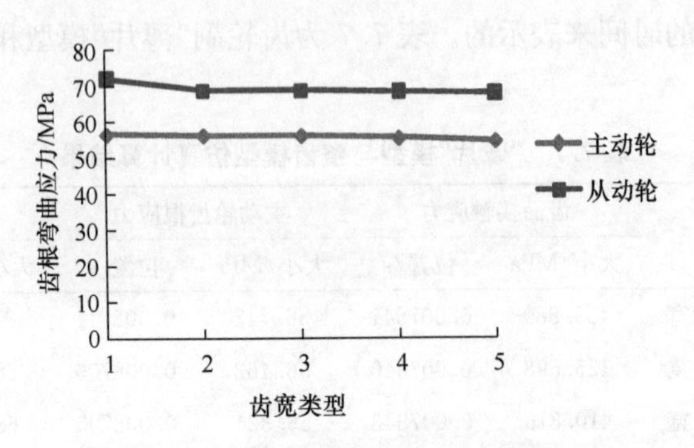

图 7.11 不同齿宽的齿轮副主动轮齿根应力

7.3 计算参数对齿轮啮合仿真的影响

7.3.1 网格密度的影响

齿轮有限元模型的网格密度决定了有限元啮合仿真分析的计算精度和效率。在实际计算过程中,需要根据经验决定齿轮网格密度的大小,本节中齿轮啮合分析采用映射网格划分方式。如图 7.12 所示,以五组直齿圆柱齿轮副为例,选取不同的 L1、L2、L3、L4 和 L5 值来控制网格的疏密程度,其中 L5 为在轮齿齿宽方向划分的网格数。通过对齿轮采取不同的网格划分方式进行静接触分析来研究网格密度对齿轮啮合分析的影响。表 7.8~表 7.12 分别列出了五组齿轮副在不同网格划分方式下的计算结果(应力单位为 MPa)。

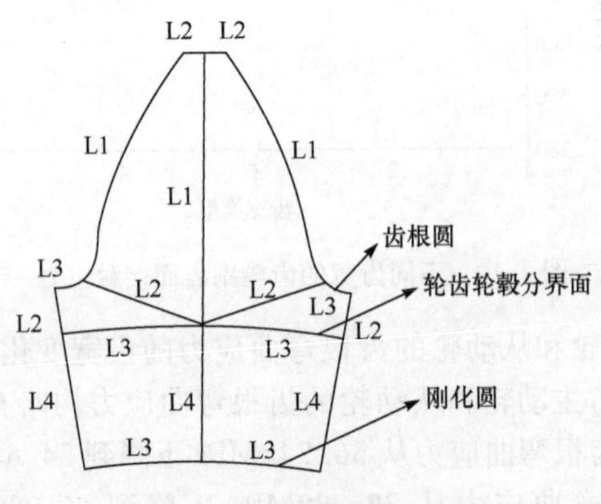

图 7.12 齿面网格划分方式

表 7.8　第一组齿轮副在不同网格密度下的计算结果

类型	L1	L2	L3	L4	L5	齿面接触应力	主动轮齿根应力	从动轮齿根应力
类型 1	10	2	2	2	30	278.400	73.761	105.693
类型 2	15	2	2	3	35	470.043	83.498	120.639
类型 3	20	2	2	2	40	613.699	87.797	122.482
类型 4	25	3	3	3	45	615.873	90.666	130.073
类型 5	30	4	4	4	50	593.854	94.923	147.960

表 7.9　第二组齿轮副在不同网格密度下的计算结果

类型	L1	L2	L3	L4	L5	齿面接触应力	主动轮齿根应力	从动轮齿根应力
类型 1	20	2	2	2	35	313.416	51.382	47.703
类型 2	25	2	2	2	40	367.834	52.180	48.640
类型 3	30	3	3	3	40	454.296	56.160	52.735
类型 4	35	4	4	4	45	445.408	59.795	55.492
类型 5	40	5	5	5	50	442.012	61.619	58.130

表 7.10　第三组齿轮副在不同网格密度下的计算结果

类型	L1	L2	L3	L4	L5	齿面接触应力	主动轮齿根应力	从动轮齿根应力
类型 1	20	2	2	2	35	348.886	58.999	60.993
类型 2	25	2	2	2	40	502.453	59.162	61.865
类型 3	30	3	3	3	40	595.596	63.009	64.398
类型 4	35	4	4	4	45	586.359	65.864	69.613
类型 5	40	5	5	5	50	589.386	68.098	73.397

表 7.11　第四组齿轮副在不同网格密度下的计算结果

类型	L1	L2	L3	L4	L5	齿面接触应力	主动轮齿根应力	从动轮齿根应力
类型 1	18	2	2	2	20	237.716	19.347	24.801
类型 2	22	3	3	3	20	273.142	25.008	29.233
类型 3	25	3	3	3	25	282.517	27.749	29.600
类型 4	28	4	4	4	28	296.065	33.222	32.780
类型 5	32	5	5	5	30	295.766	31.267	34.394

表 7.12　第五组齿轮副在不同网格密度下的计算结果

类型	L1	L2	L3	L4	L5	齿面接触应力	主动轮齿根应力	从动轮齿根应力
类型 1	25	2	2	2	100	512.939	75.732	151.551
类型 2	30	2	2	2	100	698.987	76.475	163.951
类型 3	35	3	3	3	120	740.907	82.587	166.588
类型 4	40	4	4	4	120	740.513	82.398	169.910
类型 5	28	6	6	6	160	691.662	83.381	173.208

1. 网格密度对齿面接触应力的影响

根据表 7.8～表 7.12 绘制五组齿轮副在不同网格密度下的齿面接触应力曲线，如图 7.13 所示。

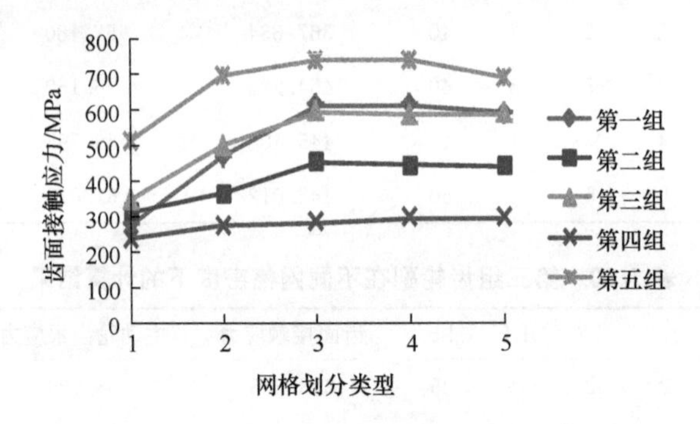

图 7.13　齿面接触应力随网格密度的变化

从图中可以看出，在网格密度较稀的情况下，随着网格密度的不断增大，齿面接触应力也随之增大，但随着网格密度的增加，齿面接触应力增加的幅度逐渐下降，当网格密度增加到一定程度后，齿面接触应力趋于稳定，甚至略有下降。以第一组齿轮副为例，相邻两种网格密度状态下齿面接触应力的误差分别为 68.8%、30.6%、0.4%和－3.6%，从中可以看出，前两种网格密度都较稀，未达到仿真分析的网格密度要求，导致误差较大。当达到第三种网格密度后，网格模型已足以模拟实际模型，此时网格继续加密，已对分析结果影响甚微，但离散网格节点处的应力集中有一定程度的减小，导致计算出的齿面接触应力有轻微下降。因此，对该对齿轮模型而言，采用第三种网格密度较为合理。通常情况下，网格密度的设定以计算结果的误差小于 3%～5%为宜。

2. 网格密度对主动轮和从动轮齿根弯曲应力的影响

根据表 7.8～表 7.12 绘制五组齿轮副在不同的网格划分情况下的主、从动轮齿根弯曲应力曲线，如图 7.14 和图 7.15 所示。

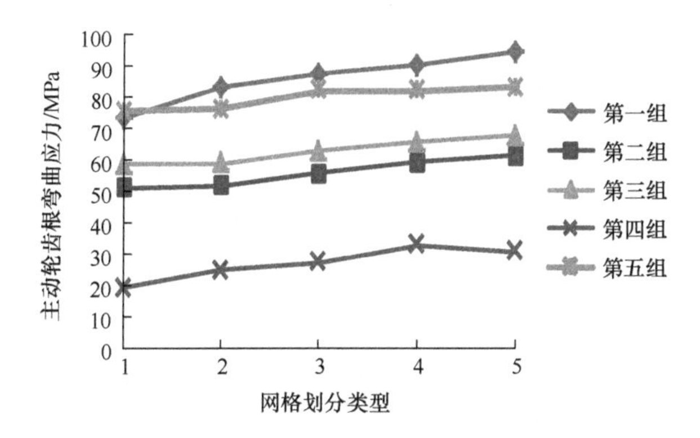

图7.14 主动轮齿根弯曲应力随网格密度的变化

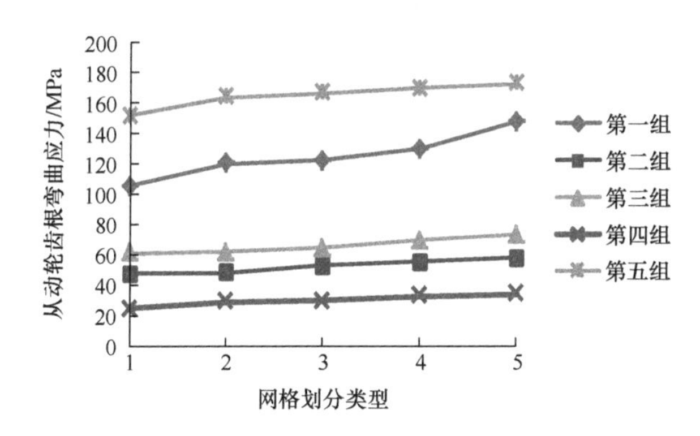

图7.15 从动轮齿根弯曲应力随网格密度的变化

由图中可以看出，随着网格密度的增大，主动轮和从动轮的齿根弯曲应力均略有增大。但与网格密度对齿面接触应力的影响相比，网格密度对齿根弯曲应力的影响较小。因此，在对渐开线圆柱齿轮副仿真分析时，网格密度选择应以齿面接触应力的变化率为依据。

7.3.2 载荷系数的影响

齿轮实际传动中，由于受多种因素的影响，齿轮实际承受的载荷比计算得到的名义载荷大，因此在齿轮强度计算中，采用载荷系数对载荷进行修正。传统齿轮设计方法中，载荷系数等于使用系数 K_A、动载系数 K_V、齿间载荷分配系数 K_α、齿向载荷分配系数 K_β 的连乘积[7]。使用系数 K_A 是由原动机和工作机的特性、质量比、联轴器类型以及运行状态所决定的，它们在不同的工况下(均匀平稳、轻微冲击、中等冲击、严重冲击)数值大小是不同的，变化范围为1至2或更大。动载系数 K_V 主要考虑轮齿内部附加动载荷的影响，齿面的动载荷主要是由齿轮的制造误差和齿轮啮合过程中轮齿刚度的变化等引起的振动产生的。齿间载荷分配系数

K_{α} 是考虑多齿啮合时，由于制造误差和接触部位的差异，每对齿上的载荷分配不均匀，从而影响齿轮的实际承载能力。齿向载荷分布系数 K_{β} 是考虑轴承相对于齿轮配置不对称、轴受载后产生弯曲变形、轴和齿轮的扭转变形、轴承和支座的变形以及制造装配误差等因素导致齿面上载荷分布不均匀而设定的载荷系数。

采用有限元法进行齿轮啮合仿真分析时，分析模型为有限元实体模型，模拟的是齿轮副啮合情况，多齿啮合情况已体现在装配模型中，因此不需施加齿间载荷系数，而其他三种影响因素在仿真分析方法中仍难以精确模拟，计算时仍需参照传统计算方法通过载荷系数表达，因此仿真分析中的载荷系数由使用系数 K_{A}、动载系数 K_{V} 和齿向载荷分布系数 K_{β} 三部分组成。

仍然以上述五组渐开线直齿圆柱齿轮副为例，在每对齿轮副的最大接触应力啮合位置(通过瞬态分析确定)进行静接触分析，设定载荷系数的范围为1～2，依次取载荷系数为1,1.2,1.4,1.6,1.8,2,分别对处于不同载荷系数下的齿轮副有限元模型进行静强度计算。计算结果如表7.13～表7.17所示(应力单位为MPa)。

表7.13　第一组齿轮副在不同载荷系数下的计算结果

载荷系数	1	1.2	1.4	1.6	1.8	2
齿面接触应力	1213	1315	1382	1449	1511	1552
主动轮齿根应力	109.454	131.399	153.312	175.222	195.212	207.761
从动轮齿根应力	152.644	182.679	213.008	243.343	271.356	290.129

表7.14　第二组齿轮副在不同载荷系数下的计算结果

载荷系数	1	1.2	1.4	1.6	1.8	2
齿面接触应力	308.417	372.244	432.117	491.996	551.881	611.771
主动轮齿根应力	30.531	36.608	42.695	48.781	54.868	60.954
从动轮齿根应力	24.398	29.392	34.306	39.220	44.133	49.047

表7.15　第三组齿轮副在不同载荷系数下的计算结果

载荷系数	1	1.2	1.4	1.6	1.8	2
齿面接触应力	287.093	344.487	401.887	459.289	516.696	574.105
主动轮齿根应力	35.309	42.368	49.427	56.486	63.544	70.603
从动轮齿根应力	30.526	36.658	42.790	48.923	55.055	61.188

表7.16　第四组齿轮副在不同载荷系数下的计算结果

载荷系数	1	1.2	1.4	1.6	1.8	2
齿面接触应力	276.586	331.769	376.123	405.062	430.636	456.200
主动轮齿根应力	24.568	29.474	34.330	39.190	44.039	48.880
从动轮齿根应力	23.471	28.179	33.066	37.823	42.603	47.401

表 7.17 第五组齿轮副在不同载荷系数下的计算结果

载荷系数	1	1.2	1.4	1.6	1.8	2
齿面接触应力	596.285	715.23	834.830	968.392	1030	1091
主动轮齿根应力	65.581	78.714	91.826	104.899	118.088	131.325
从动轮齿根应力	100.116	120.520	140.902	161.448	181.318	201.249

1. 载荷系数对齿面接触应力的影响

根据表 7.13～表 7.17 中的数据绘制五组齿轮副的齿面接触应力随载荷系数变化的趋势图，如图 7.16 所示。

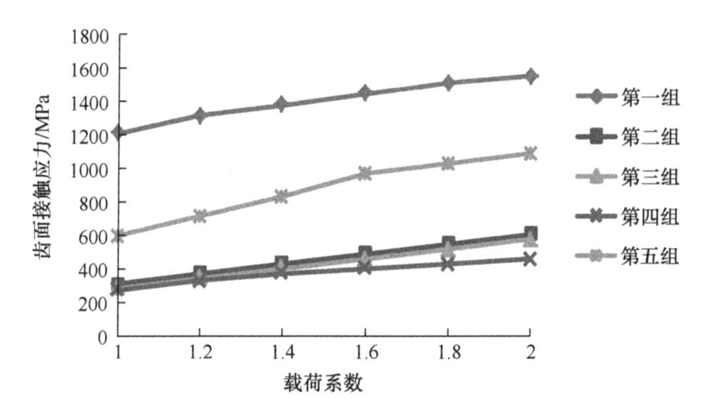

图 7.16 齿面接触应力随载荷系数的变化

由图 7.16 可以看出，随着载荷系数的增大，齿轮副间的齿面接触应力总体趋势是不断增大的。除了第五组齿轮副的曲线略呈折线外，其余几组齿轮副的齿面接触应力随载荷系数的增加基本呈线性增长关系。

2. 载荷系数对主动轮和从动轮齿根弯曲应力的影响

图 7.17 和图 7.18 分别为主、从动轮齿根弯曲应力随载荷系数变化的趋势图。从图 7.17 和图 7.18 可以看出，同载荷系数对齿面接触应力的影响一样，随着载荷系数的增加，主、从动轮齿根弯曲应力都相应地增大，且基本上呈线性增长趋势。

7.3.3 摩擦系数的影响

齿轮啮合过程中，由于受到啮合力的作用，轮齿表面存在摩擦，摩擦力对于齿面接触应力和齿根弯曲应力的计算有一定的影响[8]。图 7.19 为考虑摩擦的情况下，计算齿面接触应力的齿轮副啮合模型，其中，主动轮转速为 ω_1，从动轮转速为

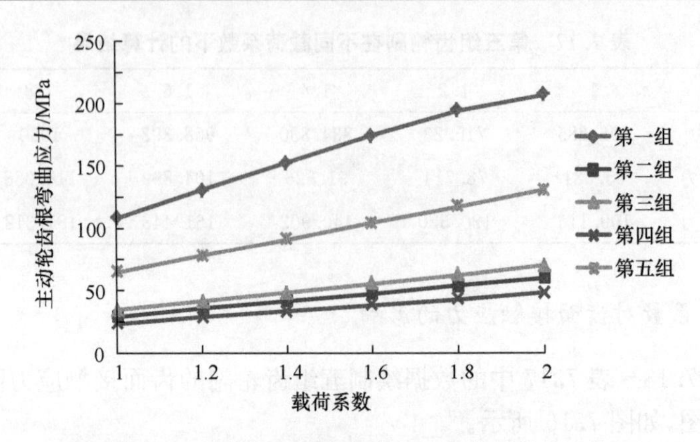

图 7.17　主动轮齿根弯曲应力随载荷系数的变化

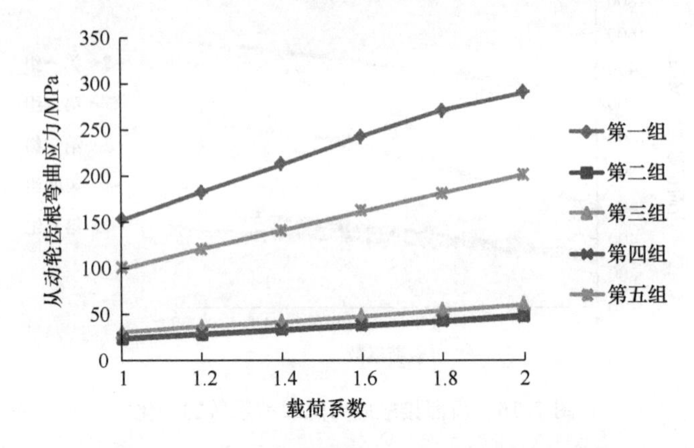

图 7.18　从动轮齿根弯曲应力随载荷系数的变化

ω_2，在啮合线上的某一啮合点 P，主动轮受到从动轮的作用力 F_N，齿面间的摩擦力 F_f 位于该啮合点上且方向垂直于啮合线。图 7.20 为在考虑摩擦的情况下，计算齿根弯曲应力的齿轮副啮合模型，其中法向载荷 P_{ca} 作用于轮齿的齿顶部位，摩擦力 F_f 沿齿廓切线方向与法向载荷 P_{ca} 垂直，γ 和 α_f 分别为 P_{ca} 和 F_f 的载荷作用角。

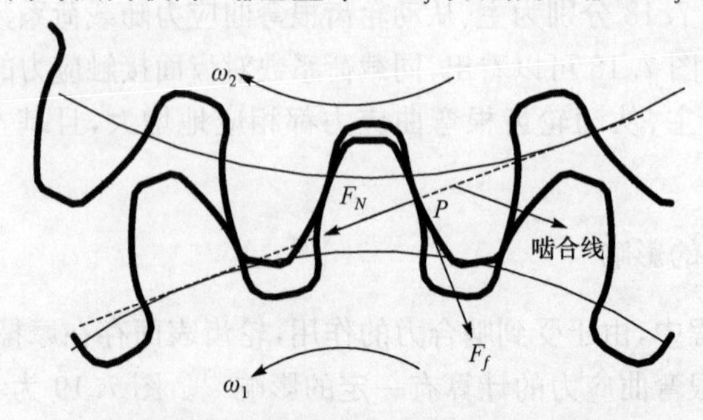

图 7.19　考虑摩擦力的齿面接触应力的齿轮副啮合计算模型

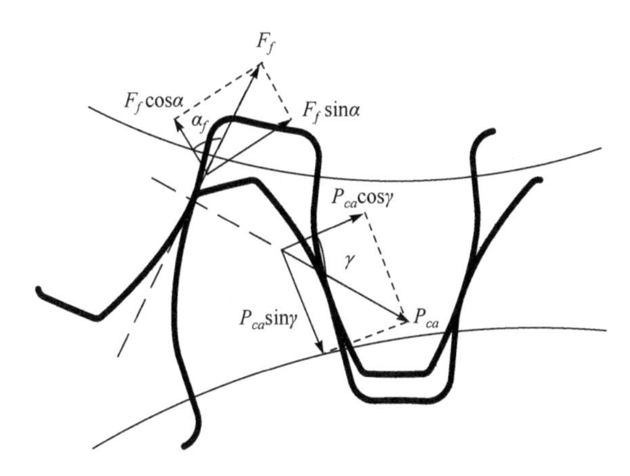

图 7.20　考虑摩擦力的齿根弯曲应力的齿轮副啮合计算模型

对五组齿轮副分别采用不同的摩擦系数进行静接触分析，得到各齿轮副的计算结果如表 7.18～表 7.22 所示(应力单位为 MPa)。

表 7.18　第一组齿轮副在不同摩擦系数下的计算结果

摩擦系数	0	0.1	0.2	0.3	0.4	0.5
齿面接触应力	1213	1202	1200	1199	1198	1197
主动轮齿根应力	109.454	113.987	115.983	115.735	116.053	116.260
从动轮齿根应力	152.644	156.890	158.010	158.523	158.819	159.010
摩擦系数	0.6	0.7	0.8	0.9	1	
齿面接触应力	1197	1197	1197	1197	1197	
主动轮齿根应力	116.045	116.513	116.596	116.663	116.717	
从动轮齿根应力	159.145	159.245	159.322	159.383	159.433	

表 7.19　第二组齿轮副在不同摩擦系数下的计算结果

摩擦系数	0	0.1	0.2	0.3	0.4	0.5
齿面接触应力	308.417	307.534	307.042	306.734	306.522	306.367
主动轮齿根应力	30.531	30.605	30.654	30.689	30.715	30.735
从动轮齿根应力	24.398	24.648	24.899	25.055	25.173	25.268
摩擦系数	0.6	0.7	0.8	0.9	1	
齿面接触应力	306.469	306.147	306.073	306.013	305.964	
主动轮齿根应力	30.746	30.763	30.774	30.782	30.790	
从动轮齿根应力	25.492	15.409	25.463	25.510	25.551	

表 7.20　第三组齿轮副在不同摩擦系数下的计算结果

摩擦系数	0	0.1	0.2	0.3	0.4	0.5
齿面接触应力	287.093	284.091	282.796	282.059	281.562	281.216
主动轮齿根应力	35.309	35.735	35.924	36.035	36.109	36.162
从动轮齿根应力	30.526	31.214	31.548	31.749	31.884	31.981
摩擦系数	0.6	0.7	0.8	0.9	1	
齿面接触应力	280.956	280.758	280.597	280.466	280.356	
主动轮齿根应力	36.201	36.232	36.256	36.276	36.293	
从动轮齿根应力	32.055	32.113	32.160	32.199	32.231	

表 7.21　第四组齿轮副在不同摩擦系数下的计算结果

摩擦系数	0	0.1	0.2	0.3	0.4	0.5
齿面接触应力	266.586	263.878	257.676	254.058	251.698	250.036
主动轮齿根应力	24.568	25.975	26.834	27.379	27.755	28.030
从动轮齿根应力	23.471	24.874	25.942	26.657	27.170	27.556
摩擦系数	0.6	0.7	0.8	0.9	1	
齿面接触应力	248.802	247.846	247.084	246.461	245.941	
主动轮齿根应力	28.040	28.405	28.539	28.649	28.742	
从动轮齿根应力	27.875	28.099	28.297	28.463	28.601	

表 7.22　第五组齿轮副在不同摩擦系数下的计算结果

摩擦系数	0	0.1	0.2	0.3	0.4	0.5
齿面接触应力	596.285	568.349	559.473	552.514	549.775	548.024
主动轮齿根应力	65.581	72.035	74.652	75.946	76.786	77.356
从动轮齿根应力	100.116	106.287	108.706	109.938	110.714	111.241
摩擦系数	0.6	0.7	0.8	0.9	1	
齿面接触应力	546.829	545.973	545.335	544.849	544.472	
主动轮齿根应力	77.369	78.083	78.328	78.526	78.689	
从动轮齿根应力	111.622	111.913	112.141	112.325	112.477	

1. 摩擦系数对齿面接触应力的影响

根据表 7.18～表 7.22 绘制齿轮副齿面接触应力随摩擦系数变化的趋势图，如图 7.21 所示。

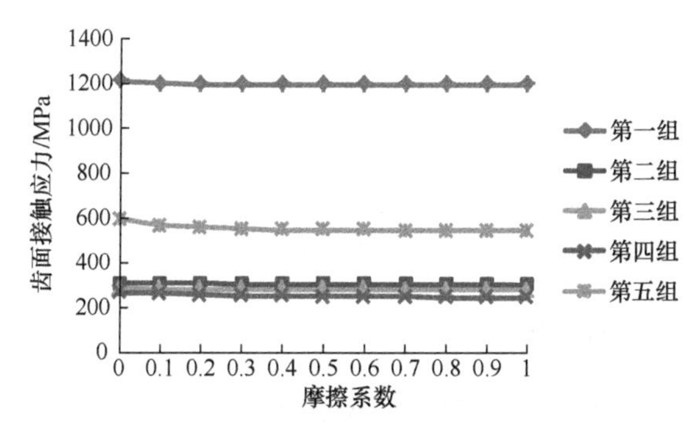

图 7.21　齿面接触应力随摩擦系数的变化

由图 7.21 中可以看出，随着摩擦系数的增大，齿轮副之间的齿面接触应力略有减小，但减小幅度并不明显，说明摩擦系数对齿面接触应力虽然有一定的影响，但影响程度较小，一般情况下可不予考虑。

2. 摩擦系数对主动轮和从动轮齿根弯曲应力的影响

图 7.22 和图 7.23 分别为主动轮和从动轮的齿根弯曲应力随摩擦系数变化的趋势图。

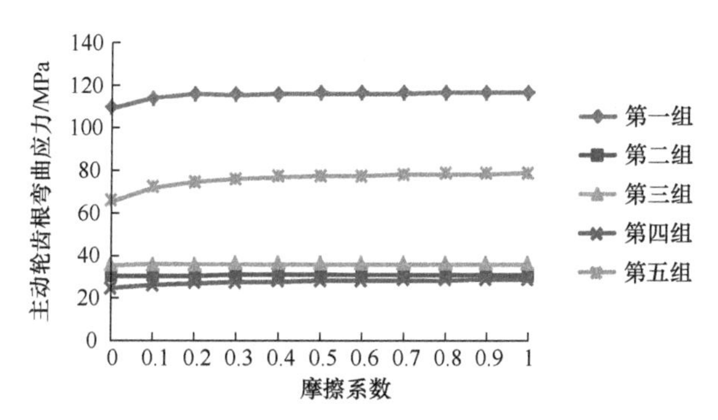

图 7.22　主动轮齿根弯曲应力随摩擦系数的变化

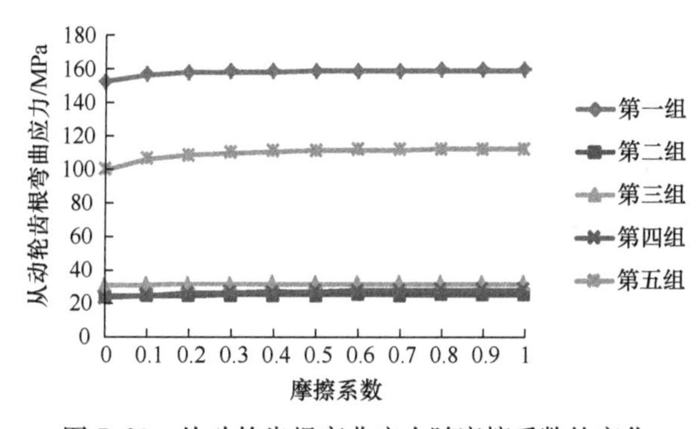

图 7.23　从动轮齿根弯曲应力随摩擦系数的变化

从图 7.22 和图 7.23 可以看出，当摩擦系数小于 0.2 时，主、从动轮的齿根弯曲应力随摩擦系数的增加有所增加；但当摩擦系数大于 0.2 时，增大摩擦系数对主、从动轮齿根弯曲应力的影响并不明显。因此，在齿轮啮合仿真分析时，若摩擦系数较小，应考虑摩擦系数的影响，精确选取齿轮摩擦副之间的摩擦系数；若摩擦系数较大，则对摩擦系数的精度无需过高要求。

7.3.4 接触刚度系数的影响

对齿轮副进行啮合仿真分析时需要定义接触刚度，用于确定两个啮合齿面之间的穿透量。接触刚度系数是影响计算精度和收敛行为的重要参数，它不仅与材料有关，还与两个接触面的几何形状和受力状态有关。在齿轮啮合过程中，齿面接触区域是随时变化的。接触齿面单元之间的相互作用是通过接触单元间的相互穿透进行的，接触刚度类似于罚函数中接触“弹簧”刚度[9]，如图 7.24 所示。接触刚度系数与穿透量之间的关系满足如下的接触平衡方程：

$$F_N = k\Delta \tag{7-1}$$

式中，F_N为啮合齿面的接触压力；k 为接触刚度系数；Δ 为接触侵入量（弹簧的压缩量）。

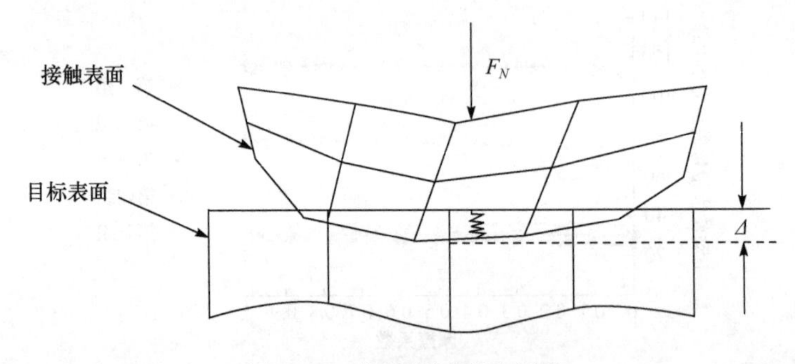

图 7.24 接触“弹簧”示意图

为了达到精确计算的要求，接触刚度系数的选择尤为重要，它直接关系到齿轮副啮合齿面间接触应力的大小和出现的位置。接触刚度系数一般在 0.01 和 10 之间，通过设置不同的接触刚度系数，研究接触刚度系数对齿面接触应力和齿根弯曲应力的影响规律。表 7.23～表 7.27 分别为五组渐开线直齿圆柱齿轮副在不同接触刚度系数下的强度计算结果（应力单位为 MPa）。

表 7.23　第一组齿轮副在不同接触刚度系数下的计算结果

接触刚度系数	0.01	0.05	0.1	0.3	0.5	0.7	0.9
齿面接触应力	344.507	564.162	695.266	896.250	1027	1130	1193
主动轮齿根应力	106.352	109.680	109.553	109.514	109.494	109.486	109.470
从动轮齿根应力	148.146	152.518	152.117	152.394	152.339	152.334	152.538
接触刚度系数	1	3	5	7	9	10	
齿面接触应力	1213	1230	1230	1230	1230	1230	
主动轮齿根应力	109.454	109.464	109.464	109.464	109.464	109.465	
从动轮齿根应力	152.644	152.771	152.806	152.831	152.846	152.857	

表 7.24　第二组齿轮副在不同接触刚度系数下的计算结果

接触刚度系数	0.01	0.05	0.1	0.3	0.5	0.7	0.9
齿面接触应力	109.234	193.352	238.246	291.526	298.009	305.168	309.594
主动轮齿根应力	29.499	30.920	30.833	30.643	30.578	30.541	30.523
从动轮齿根应力	22.016	23.498	23.593	23.959	24.149	24.331	24.437
接触刚度系数	1	3	5	7	9	10	
齿面接触应力	308.417	307.074	307.796	306.373	308.909	309.743	
主动轮齿根应力	30.531	30.483	30.440	30.417	30.404	30.399	
从动轮齿根应力	24.398	24.457	24.615	24.696	24.757	24.778	

表 7.25　第三组齿轮副在不同接触刚度系数下的计算结果

接触刚度系数	0.01	0.05	0.1	0.3	0.5	0.7	0.9
齿面接触应力	133.226	220.097	281.942	287.841	286.146	286.458	286.870
主动轮齿根应力	35.741	35.540	35.445	35.337	35.338	35.321	35.312
从动轮齿根应力	29.030	29.733	30.024	30.274	30.425	30.488	30.518
接触刚度系数	1	3	5	7	9	10	
齿面接触应力	287.093	不收敛	不收敛	不收敛	不收敛	不收敛	
主动轮齿根应力	35.309	不收敛	不收敛	不收敛	不收敛	不收敛	
从动轮齿根应力	30.526	不收敛	不收敛	不收敛	不收敛	不收敛	

表 7.26　第四组齿轮副在不同接触刚度系数下的计算结果

接触刚度系数	0.01	0.05	0.1	0.3	0.5	0.7	0.9
齿面接触应力	121.844	187.376	202.382	228.562	260.417	276.66	276.732
主动轮齿根应力	24.727	24.564	24.545	24.483	24.536	24.576	24.572
从动轮齿根应力	22.684	23.112	23.230	23.565	23.537	23.440	23.454
接触刚度系数	1	3	5	7	9	10	
齿面接触应力	276.586	274.515	276.59	不收敛	不收敛	不收敛	
主动轮齿根应力	24.568	24.536	24.528	不收敛	不收敛	不收敛	
从动轮齿根应力	23.471	23.597	23.634	不收敛	不收敛	不收敛	

表 7.27　第五组齿轮副在不同接触刚度系数下的计算结果

接触刚度系数	0.01	0.05	0.1	0.3	0.5	0.7	0.9
齿面接触应力	231.013	370.52	458.631	562.718	595.741	596.13	593.354
主动轮齿根应力	66.200	65.950	65.984	65.663	65.609	65.591	65.580
从动轮齿根应力	101.127	100.759	100.589	100.963	100.899	100.558	100.252
接触刚度系数	1	3	5	7	9	10	
齿面接触应力	596.285	596.405	596.454	596.475	596.485	596.489	
主动轮齿根应力	65.581	65.579	65.751	65.568	65.566	65.565	
从动轮齿根应力	100.116	99.910	99.895	99.888	99.885	99.883	

1. 接触刚度系数对齿面接触应力的影响

根据表 7.23～表 7.27 中的数据绘制齿面接触应力随接触刚度系数变化的趋势图，如图 7.25 所示。

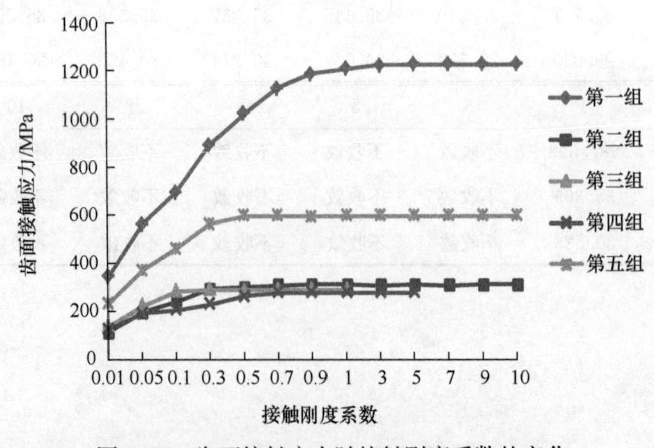

图 7.25　齿面接触应力随接触刚度系数的变化

从图 7.25 中可以看出，随着接触刚度系数的增大，齿面接触应力也不断增大，但当刚度系数大于 1 后，接触刚度对接触应力的影响很小，基本可以忽略。对于第三、四组齿轮副，当接触刚度系数分别大于 1 和 5 时，计算不收敛，说明接触刚度系数不能过大，否则计算不收敛。

2. 接触刚度系数对主动轮和从动轮齿根应力的影响

图 7.26 和图 7.27 分别为主、从动轮齿根弯曲应力随接触刚度系数变化的趋势图。

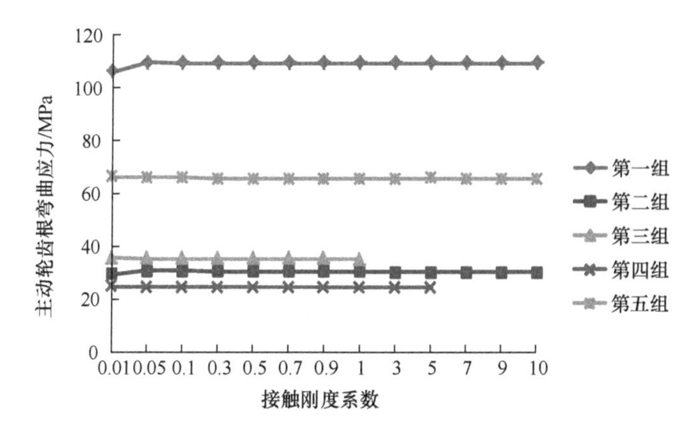

图 7.26　主动轮齿根应力随接触刚度系数的变化

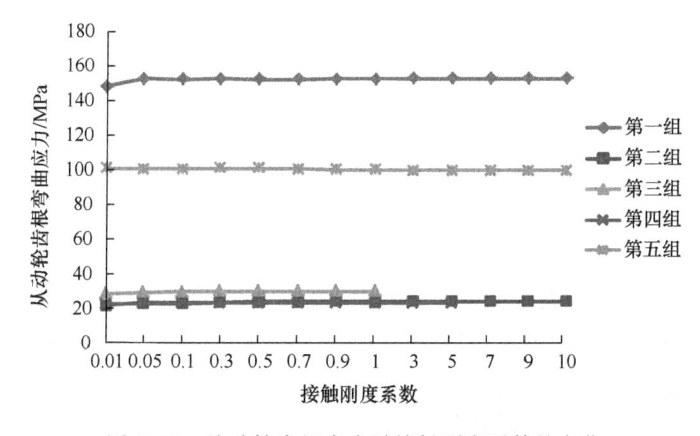

图 7.27　从动轮齿根应力随接触刚度系数的变化

从图 7.26 和图 7.27 中可以看出，接触刚度系数对主、从动轮齿根弯曲应力的影响非常有限，几乎可以忽略。

综合分析接触刚度系数对齿面接触应力和主、从动轮齿根弯曲应力的影响可以得出如下结论，在进行齿轮副啮合仿真分析时，接触刚度系数既不能过大，也不能过小,通常情况下,设为1比较合理。

7.4 本章小结

本章主要研究了影响渐开线圆柱齿轮啮合仿真分析的六个关键因素,以五组渐开线圆柱直齿轮副为例,通过改变齿根圆角半径系数、齿宽、网格密度、载荷系数、摩擦系数及接触刚度系数的大小进行仿真分析,分别计算齿轮副在各种参数下的齿面接触应力和主、从动轮齿根弯曲应力,并以表格和曲线的方式对计算结果进行了整理与分析。对比计算结果,可以得到如下结论:

(1) 齿根圆角半径对齿轮的齿面接触应力和齿根弯曲应力都有一定的影响,其中对齿面接触应力影响较小,对齿根弯曲应力影响较大,随着齿根圆角半径的增大,齿轮齿根弯曲应力不断减小。因为实际齿轮的齿根过渡段形状是确定的,为了保证计算精度,应采用真实过渡曲线建模及分析。

(2) 齿宽对齿面接触应力的影响较大,对主、从动轮齿根弯曲应力的影响较小。且采用不同的齿宽进行瞬态啮合分析时,最大齿面接触应力和主、从动轮最大齿根弯曲应力所对应的啮合位置是确定的,并不随齿宽的变化而发生变化。

(3) 网格密度对齿轮的齿面接触应力和齿根弯曲应力都有一定的影响,采用不同的网格划分方式,计算结果会产生差异。一般来讲,齿轮网格密度越大,计算结果越精确,但网格密度超过一定密度,计算结果变化并不明显,但计算量成倍增加,考虑到与计算效率相平衡,选取适当的网格划分方式十分重要。

(4) 载荷系数对齿轮的齿面接触应力和齿根弯曲应力都有显著的影响,随着载荷系数的增大,齿面接触应力和齿根弯曲应力基本上呈线性增大。

(5) 摩擦系数对齿面接触应力虽然有一定的影响,但影响程度较小,一般情况下可忽略。当摩擦系数小于0.2时,主、从动轮的齿根弯曲应力随摩擦系数的增加明显增加;当摩擦系数大于0.2时,摩擦系数对主、从动轮齿根弯曲应力的影响并不明显。

(6) 随着接触刚度系数的增大,齿面接触应力也不断增大,但刚度系数大于1后,接触刚度对接触应力的影响很小,基本可以忽略。接触刚度系数对主、从动轮的齿根弯曲应力影响非常有限。过大的接触刚度系数可能导致计算不收敛。多数情况下,接触刚度系数设为默认值1即可。

参考文献

[1] 李超超. 基于均匀三次B样条曲面的齿轮精确建模与啮合仿真分析研究. 青岛:山东科技大学硕士学位论文,2013.

[2] 郑群川. 基于ANSYS的齿轮减速箱的仿真技术研究. 西安:西安电子科技大学硕士学位论

文,2011.

[3] 田晓丽,陈国光,辛长范.有限元方法与工程应用.北京:兵器工业出版社,2009.

[4] 袁国勇.ANSYS 网格划分方法的研究.计算机应用,2009,(6):9-60.

[5] 李庆龄.ANSYS 中网格划分方法研究.上海电机学院学报,2006,(5):17-18.

[6] 李丹,陈伟,李昌华,等.齿根过渡圆角对齿轮弯曲强度的影响.机械工程师,2014,(1):190-192.

[7] 濮良贵,陈国定,吴立言.机械设计.9 版.北京:高等教育出版社,2013.

[8] 李秀莲,董晓英,曹清林.基于摩擦的斜齿轮齿面接触疲劳强度计算.农业机械学报,2005,36(4):123-124.

[9] 王新敏,李义强,许宏伟.ANSYS 结构分析单元与应用.北京:人民交通出版社,2011.

第8章 渐开线圆柱齿轮传动智能设计及仿真分析系统开发

为了提高渐开线圆柱齿轮传动的设计、优化及仿真分析效率，基于前述章节的理论研究，在 Visual C++ 2005(以下简称 VC++ 2005)开发环境中将渐开线圆柱齿轮传动的参数化设计、校核、结构优化、变位系数优选以及面向 ANSYS 分析平台的齿轮副三维实体建模、有限元建模、瞬态啮合仿真分析、静接触分析和后处理等模块进行了整合，开发了渐开线圆柱齿轮传动智能设计及仿真分析系统。该系统主要实现了圆柱齿轮传动的智能设计和啮合仿真分析两大功能，其中智能设计包括参数化初步设计、参数计算、齿面接触强度校核、齿根弯曲强度校核、单级/两级圆柱齿轮结构优化和变位系数优选等功能；啮合仿真分析包括完全参数化的齿轮实体建模、有限元建模、瞬态啮合仿真分析、静接触分析和分析结果自动读取等功能。本章重点介绍系统的开发思路以及面向对象的 VC++ 2005 与 MATLAB 及 APDL 命令流联合编程方法，并以具体的计算实例对该系统进行运行演示。

8.1 系统的开发思路及总体框架

基于 VC++与 MATLAB 及 ANSYS 联合编程方法开发的渐开线圆柱齿轮传动智能设计及仿真分析系统适用于渐开线直、斜齿圆柱齿轮(包括外啮合和内啮合两种形式)的设计、优化与仿真啮合分析。在系统的开发过程中，以提高齿轮减速器的设计优化效率与精确啮合性能分析为主要目的。使用时，首先根据原始的工况参数进行传动方案的初步设计，然后利用系统提供的优化功能对设计结果进行优化(包括结构优化和变位系数优选)。根据圆柱齿轮传动智能设计模块的设计结果，利用系统提供的参数化仿真分析功能，在 ANSYS 平台下对设计的齿轮副进行参数化瞬态啮合分析或静接触分析，获得齿轮副的各种啮合性能参数，为齿轮副的精确寿命分析及进一步优化提供依据。

8.1.1 开发思路

在开发渐开线圆柱齿轮传动智能设计及仿真分析系统时，需要考虑设计人员的使用习惯，以便最大程度地同传统的设计流程和逻辑思维相一致，提高系统的易用性。因此，在设计本系统时严格遵循传统设计方法中的“设计-校核”流程并利用有限元软件进行设计结果的仿真分析与验证。传统方法在校核完成后便完成了最终的设计方案，该方案在很大程度上是依据设计经验选取的，具有很大的优化余地，因此在校核流程结束后，增加优化模块以对方案进行优化，进而利用有限元软件进行仿真分析以充分保证结果的准确性。图 8.1 为本系统的开发思路。

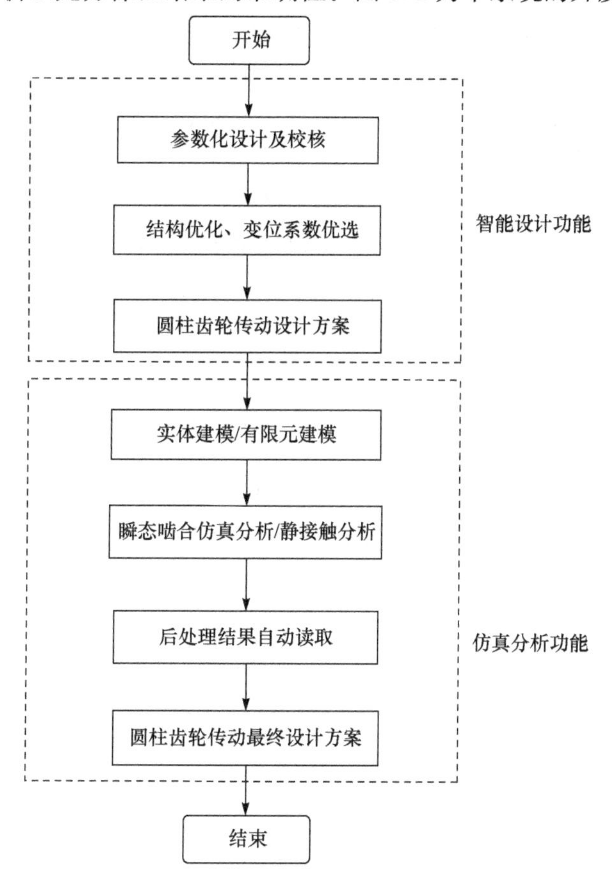

图 8.1　渐开线圆柱齿轮传动智能设计及仿真分析系统的开发思路

8.1.2　总体框架

依照上述开发思路，对渐开线圆柱齿轮传动智能设计及仿真分析系统进行框架设计。该系统主要包括两大功能：智能设计功能和仿真分析功能。

智能设计功能包括初步设计、参数计算、齿面接触强度校核、齿根弯曲强度校核、结构优化和性能优化等六个模块；仿真分析功能包括实体建模、有限元建模、瞬态啮合仿真分析、静接触分析、后处理等五个模块。

智能设计功能根据已有工况参数对圆柱齿轮传动设计方案进行初算并优化，该功能同传统方法相一致，因此包含初步设计、强度校核、优化三个部分。鉴于强度校核部分涉及大量的参数计算，且需要对齿面接触强度和齿根弯曲强度分别进行校核，因此对强度校核模块进一步拆分，形成中间参数计算、齿面接触强度校核和齿根弯曲强度校核三个模块。优化部分是在完成初步设计方案之后，对该方案进行优化以便达到最佳的工作性能。优化模块一般以最小总体积或最小总中心距为优化目标，对齿数、模数、齿宽和螺旋角等几何参数进行优化选择得到最优值，这种优化模式在本系统中被称为结构优化。结构优化结束后，再以优化后的几何参数为基准进行变位系数的优选，以达到配凑中心距、提高齿轮承载能力的目标，这种优选模式称为性能优化。

为保证设计结果的合理性和准确性，除使用传统方法进行强度校核外，还应利用有限元软件进行结果验证，以充分保证设计结果的可行性，这是设计仿真分析模块的初衷。渐开线圆柱齿轮传动啮合仿真分析系统可根据已生成的设计参数，自动生成齿轮副的三维实体或有限元模型。三维实体模型可以导入其他三维软件进行后续操作，有限元模型则为后续的瞬态啮合仿真分析和静接触分析奠定基础。最后，通过后处理模块，系统可以自动读取瞬态啮合仿真分析或静接触分析的结果，并以曲线、图片、视频等形式显示在软件显示界面中，供设计人员进行评估。

基于渐开线圆柱齿轮传动智能设计及仿真分析系统所应实现的功能，可以对该系统进行框架设计及模块划分，如图 8.2 所示。

8.1.3 各模块功能简介

渐开线圆柱齿轮传动智能设计及仿真分析系统基于对话框实现，首先利用智能设计功能完成渐开线圆柱齿轮传动的结构设计、校核及优化，然后利用仿真分析功能根据齿轮副结构参数建立有限元模型，验证设计结果的合理性与有效性。

1. 智能设计功能

1）初步设计模块

根据输入功率、输入转速等原始工况参数对传动方案进行设计，选取齿轮材料，确定啮合类型及齿数、模数、压力角和螺旋角等主要齿形参数。

2）参数计算模块

根据基本的输入参数（如齿数、模数、压力角等）完成齿轮主要几何参数的详细计算，计算结果将用于计算齿面接触强度和齿根弯曲强度。

3）齿面接触强度校核模块

根据不同的工况和结构尺寸等参数计算接触应力、许用接触应力，并相应地计算齿面接触强度安全系数。

4）齿根弯曲强度校核模块

计算不同齿形下的弯曲应力、许用弯曲应力，同时计算出当前工况下的齿根弯曲强度安全系数。

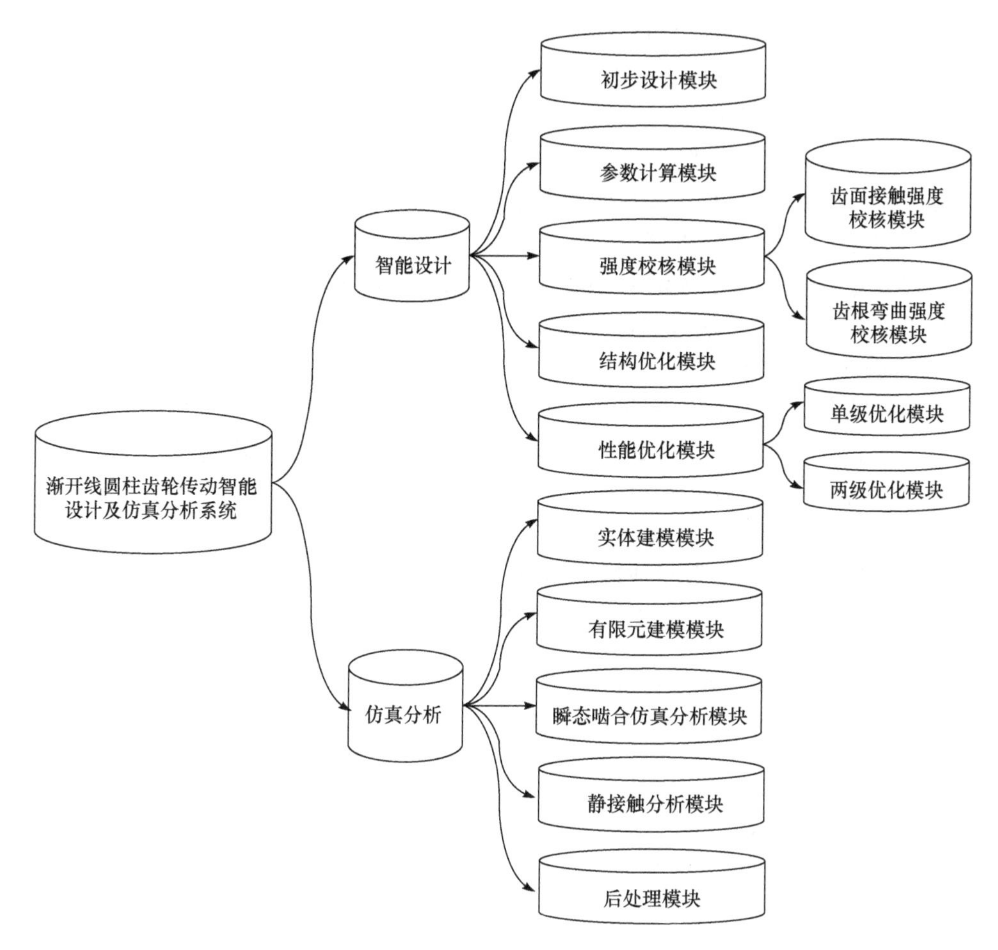

图8.2　渐开线圆柱齿轮传动智能设计及仿真分析系统的总体框架

5）单级优化模块

以中心距最小或体积最小为优化目标，对初步设计中的单级传动方案进行主要参数（如齿数、模数、螺旋角和齿宽等）的优选，并可以根据等滑动率或等弯曲强度原则对变位系数进行计算。

6）两级优化模块

以两级总中心距最小或总体积最小为优化目标，对初步设计中的两级传动方案进行联合优化，保证两级间的尺寸不发生干涉，同时各齿轮满足强度准则。

2. 仿真分析功能

1）实体建模模块

可以根据齿轮副相关设计参数建立主动轮、从动轮或齿轮副的参数化实体模型,模型结构包括实体式、腹板式和轮辐式三种基本结构,所生成的实体模型可以导入 Pro/E、SolidWorks、UG 等三维软件中使用。

2) 有限元建模模块

通过自定义轮齿和齿宽方向上各段的分段数,系统自动生成一对圆柱齿轮的有限元网格模型,该模型可供后续瞬态啮合仿真分析和静接触分析。

3) 瞬态啮合仿真分析模块

建立好有限元网格模型后,系统自动施加载荷、约束等边界条件并进行瞬态啮合仿真分析,从而获得最劣啮合位置。

4) 静接触分析模块

瞬态啮合仿真分析后,系统可自动调整有限元网格模型,使齿轮副在瞬态啮合仿真分析获得的最劣啮合位置处啮合,也可使齿轮副在特定轮齿的指定啮合位置啮合,然后自动施加载荷、约束等边界条件并进行静接触分析。

5) 后处理模块

基于瞬态啮合仿真分析或静接触分析的结果,自动从结果数据中读取分析结果,并以曲线、图片和视频的形式直观地显示在软件界面中供设计人员评估。

8.1.4 系统开发工具及运行环境

渐开线圆柱齿轮传动智能设计及仿真分析系统要求具有良好的人机界面,且具备某些专家型智能系统的特点。在开发过程中,需要涉及大量的数据计算、不同模块之间数据的传递,初步设计及强度计算完成后需要对所得方案进行结构优化和仿真分析,因此需要首先确定好编程平台、数据库技术、优化软件和仿真分析平台等,然后运用相应的开发工具对系统进行开发。根据以往的开发经验,本系统采用的编程平台为 VC++ 2005,数据库软件为 Microsoft Office Access(以下简称 Access),采用 OLE DB 接口同数据库建立连接,优化软件采用 MATLAB 自带的优化工具箱,仿真分析软件采用 ANSYS。

1. 编程平台

VC++ 2005 是 Microsoft 开发的、用于 Windows 操作系统下的大型集成开发工具。微软基础类库(Microsoft Fundamental Class,MFC)作为 VC++ 2005 中最重要的组件,封装了大量的 Windows API 函数,它是 Microsoft 为了简化程序员的开发工作而单独设计的一套面向对象的 C++函数类库。开发人员可以使用 MFC 中现成类库,在 Windows 系统下快速开发出功能强大、人机界面良好的易用程序,从而有效地缩短开发时间,提高开发效率[1]。

2. 数据库技术

齿轮传动的初步设计及强度计算过程中，需要计算大量的关键系数，而这些系数通常需要从曲线、表格中按照一定的条件进行查取，如何对这些工程数据进行简单、有效地管理，对于降低数据查取的工作量具有重要的意义。

本系统所采用的数据库软件为 Access，它是 Microsoft 开发的关联式数据库管理系统，结合了 Microsoft Jet Database Engine 和图形用户界面两大特点[2]，是 Office 办公套件中的重要组件。Access 不仅可以以自己的格式存储数据，也可以直接从其他数据软件(如 Excel)中导入现成的数据，因此其使用非常简单。

在编程过程中，尤其是参数化初步设计和强度计算的数据查取阶段，需要解决数据库同编程语言的接口问题。本系统采用的接口为 OLE DB(Object Linking and Embedding Database)，即对象链接嵌入数据库。OLE DB 是 Microsoft 为了以统一的方式访问不同类型的数据库而设计的一种应用程序接口，其本质为用 COM 组件实现的接口，而与对象链接和嵌入无关。作为开发数据库互联(Open Database Connectivity，ODBC)的替代者，OLE DB 具有更强大的数据库访问功能，对数据库的支持也更加全面。

3. 优化工具

结构优化模块和性能优化模块是渐开线圆柱齿轮传动智能设计系统的两个优化模块，结构优化模块用于对(单级或两级)圆柱齿轮的体积或中心距进行优化设计，性能优化模块则用于选择合理的变位系数以便提高齿轮的承载能力，同时达到配凑中心距的目的。这两种优化问题都包含大量的非线性多元约束条件，因此需要合理选择优化算法和优化工具进行优化求解，得到最优性能的设计方案。

本系统所采用的优化工具为 MATLAB 优化工具箱，MATLAB 是 MathWorks 公司开发的一款功能非常强大的数值软件，主要用于算法开发、数据可视化处理、数据分析以及数值计算，其编程语言简单易学、灵活可靠[3]。MATLAB 优化工具箱作为 MATLAB 中的一个重要组件，提供了大量的成熟可靠的优化算法(如传统优化方法、遗传算法和蚁群算法等)以解决工程问题中的线性规划和非线性优化问题。在使用 MATLAB 优化工具箱进行优化时，需要先根据问题的背景建立相应的数学模型，再选择最合适的优化算法进行计算。

4. 有限元分析软件

ANSYS 由美国 ANSYS 公司开发，是集结构、流体、电磁场、声场和耦合场分析于一体的大型通用有限元分析软件[4]。它可以与大多数的 CAD 软件接口以实现数据共享和交换，如 Pro/E、UG、CATIA、AutoCAD 等，是现代产品设计中的高级 CAD/CAE 工具之一。

ANSYS 公司成立于 1970 年，总部位于美国宾夕法尼亚州的匹兹堡，致力于 CAE 技术的研究和发展。经过 40 多年的不断改进和发展，ANSYS 软件已广泛应用于航空航天、汽车工业、生物医学、桥梁、建筑、电子产品、重型机械、微机电系统、运动器械等领域，其分析类型涵盖结构静接触分析、结构动力学分析、结构非线性分析、动力学分析、热分析、电磁场分析、流体动力学分析、声场分析、压电分析等。

ANSYS 软件虽然功能强大，但由于其软件结构基于 FORTRAN 77 语言编写，所以软件界面的人机交互功能比较差，不利于初学者或没接触过 ANSYS 的使用者进行分析。为了拓展功能，便于开发出功能更强、易于使用的模块，ANSYS 提供了四种强有力的二次开发工具，分别是：ANSYS 参数化设计语言 APDL(ANSYS Parametric Design Language)、用户界面设计语言 UIDL(User Interface Design Language)、用户编程语言 UPFs(User Programmable Features)和数据接口。合理利用上述二次开发工具，结合面向对象的软件开发风格以及 VC++ 2005 等成熟的集成化开发环境，可以开发出基于 ANSYS、具有良好人机界面、简单易用以及功能强大的二次开发包。

5. 运行环境

渐开线圆柱齿轮传动智能设计及仿真分析系统适用于 Windows 平台，可在 Windows 2000/XP/2003/Vista/7(包括 32 位和 64 位系统)操作系统下运行。软件运行的基本硬件配置为：CPU 1.6GHz，512MB 内存，100GB 硬盘空间，64MB VGA 显卡；推荐硬件配置为：CPU 2.0GHz，2GB 内存，500GB 硬盘空间，512MB VGA 显卡。

6. 参考标准

渐开线圆柱齿轮传动智能设计及仿真分析系统在开发过程中，所参考的资料和标准如下。

(1) 初步设计部分：主要参考《齿轮手册(第二版)》[5]、《机械设计手册》[6]等资料对初选方案进行设计。

(2) 详细计算和强度校核部分：主要依据国家技术监督局于 1997 年 12 月 30 日发布的国家标准 GB/T 3480—1997《渐开线圆柱齿轮承载能力计算方法》[7]，同时参考国际标准化协会发布的 ISO 6336-1～6336-3：1996 标准及德国 DIN 3990 标准对国家标准 GB/T 3480—1997 中的不妥之处进行修正；精度制方面参考国家标准 GB/T 10095.1—2008《圆柱齿轮 精度制 第 1 部分：轮齿同侧齿面偏差的定义和允许值》[8]。

(3) 优化部分:主要参考《机械优化设计》及与齿轮减速器优化相关的文献。

(4) 仿真分析部分:主要参考 *ANSYS 12.0 Help* 及与 ANSYS 有限元分析相关的文献。

8.2　渐开线圆柱齿轮传动参数化结构设计及优化系统开发

利用 MATLAB 编写的优化程序虽然可以完成齿轮的结构优化和性能优化,但优化工作需要在 MATLAB 中完成。为了提高系统的可移植性,利用 MATLAB 提供的编程接口将 MATLAB 编写的代码封装为 dll(动态链接库)文件,以便可以在 VC++中进行调用。实施该操作时,首先需要正确编写目标函数、约束条件等,然后按照一定的规则将各函数输出为 dll 文件。

8.2.1　目标函数及约束条件

1) 目标函数的编写

针对两级展开式和两级同轴式两种结构形式,分别以最小总中心距和最小总体积为优化目标,编写目标函数,函数名为 targ(x),具体代码可参考附录。

2) 约束条件函数的编写

将约束条件编写为独立的函数,函数名为 cons(x),具体代码可参考附录。

8.2.2　优化算法的选择及设置

两级渐开线圆柱齿轮的联合结构优化问题,属于比较复杂的单目标非线性约束优化问题。可供选择的优化算法有传统非线性优化算法(如惩罚函数法)以及智能优化算法(如遗传算法)。由于遗传算法只针对无约束优化问题,在处理约束优化问题时需要将约束优化问题转化为无约束优化问题,手动构造目标函数,且需要选取合适的适度值、交叉概率和变异概率,操作比较复杂。因此,本系统仍然采用传统的惩罚函数法。

惩罚函数法包括三种方法:外点法、内点法、混合法,具体选用哪种优化方法需要根据 MATLAB 优化工具箱中的优化函数来确定。MATLAB 中有关求最小值的函数主要有 fgoalattain、fminbnd、fmincon、fminmax、fminsearch、fminunc 等,各函数的特点如下所述[9]。

(1) fgoalattatin:用于求解多目标优化问题。

(2) fminbnd:用于查找给定区间单变量函数的最小值。

(3) fmincon:用于搜索单目标多元非线性约束优化问题的最小值。

(4) fminmax:用于求解约束问题的最值(最大值、最小值)优化问题。

(5) fminsearch:使用自由导数法搜索多元无约束优化问题的最小值。

(6) fminunc:用于搜索多元无约束优化问题的最小值。

由于齿轮的结构优化问题属于单目标多元非线性约束优化问题,且求取的是两级圆柱齿轮的最小总中心距或最小总体积,很显然应选用 fmincon 函数。该函数的使用方法为

```
options=optimset('LargeScale','off','Algorithm','interior-point',
                 'Display','Iter');
[x,fval,exitflag]=fmincon(@targ,x0,[],[],[],[],lb,ub,@cons,options);
```

这两行代码中,第一行用于对优化函数进行相关的设置,如选择何种优化算法、是否显示迭代信息等;第二行用于执行优化函数。fmincon 函数中内置了四种算法,各自特点分别如下。

(1) interior-point,内点法:既可以处理大型稀疏矩阵问题,也可以处理小型稠密矩阵问题。在每次迭代过程中,迭代点均满足所有边界条件(包括等式约束和不等式约束),应优先选用该方法。

(2) sqp,序列二次规划法:在迭代过程中满足所有边界条件,无法处理大型优化问题。

(3) active-set,起作用集法:对非连续约束优化问题有效,无法处理大型优化问题。

(4) trust-region-reflective,信赖域反射法:要求目标函数具有梯度函数,允许只使用边界或线性等式约束,既可以处理大型优化问题,也可以处理小型优化问题,为默认优化算法。

基于上述特点,选用“interior-point”法作为 fmincon 函数的算法,并选择在每次迭代过程中输出迭代信息。

8.2.3 优化模块动态链接库文件的生成

经过以上的工作,两级渐开线圆柱齿轮减速器结构优化方法得以在 MATLAB 中实现。为了进一步提高优化算法的灵活性,利用 MATLAB 自带的 MATLAB 编译运行库 MCR(MATLAB Compiler Runtime),将已经完成的优化算法封装为 dll 文件,以便可以被其他编程语言所调用,提高算法的可重用性[10]。

本系统最初使用 64 位 MATLAB 进行 lib 和 dll 的编译,但生成的 dll 文件在 VC 中无法使用,用 VC 提供的 DUMPBIN 工具查看发现 dll 中不含有任何的函数,说明使用 64 位的编译器会导致编译失败,因此在 64 位的系统下仍然采用 32 位的 MATLAB。软件及系统版本:操作系统,Windows7 X64 旗舰版;VC++ 2005 SP1;MATLAB 2010a(7.10),32 位。生成 dll 文件的具体方法如下。

1. 在 MATLAB 中配置 mex 及 mbuild

在 MATLAB 的命令窗口中输入 mex-setup，选择构建外部接口文件的编译器，输入 y 后 MATLAB 将自动定位编译器的目录并提供选择，如图 8.3 所示。

```
Select a compiler:
[1] Lcc-win32 C 2.4.1 in D:\PROGRA~1\MATLAB\R2010a\sys\lcc
[2] Microsoft Visual C++ 2005 SP1 in D:\Program Files (x86)\Microsoft Visual Studio 8
[3] Microsoft Visual C++ 6.0 in D:\Program Files (x86)\Microsoft Visual Studio

[0] None

Compiler: |
```

图 8.3　编译器目录选择

本系统选择 VC++ 2005 SP1 作为编译器，输入 2 回车确认，然后输入 y 回车确认便完成了对 mex 的配置，如图 8.4 所示。

```
Please verify your choices:

Compiler: Microsoft Visual C++ 2005 SP1
Location: D:\Program Files (x86)\Microsoft Visual Studio 8

Are these correct [y]/n? y

Trying to update options file: C:\Users\Flanker\AppData\Roaming\MathWorks\MATLAB\R2010a\mexopts.bat
From template:              D:\PROGRA~1\MATLAB\R2010a\bin\win32\mexopts\msvc80opts.bat

Done . . .

**************************************************************************
  Warning: The MATLAB C and Fortran API has changed to support MATLAB
           variables with more than 2^32-1 elements.  In the near future
           you will be required to update your code to utilize the new
           API. You can find more information about this at:
           http://www.mathworks.com/support/solutions/en/data/1-5C27B9/?solution=1-5C27B9
           Building with the -largeArrayDims option enables the new API.
**************************************************************************
```

图 8.4　mex 配置完成

配置 mbuild 的过程与 mex 类似，使用 mbuild-setup 命令进行配置，这里不再赘述。

2. 编译生成 dll 文件

编译生成 dll 文件时，需要将 MATLAB 中所有的函数同时打包，否则生成的 dll 文件将无法使用。在 MATLAB 命令行中输入：mcc -W cpplib：gearoptim -T link：lib gear_opt. m runopt. m targ_fun. m cons_fun. m varied_factors_init. m fixed_factors_init. m disp_init. m gen_report. m roundm. m，之后将生成一系列文件，如图 8.5 所示。其中，. h(头文件)、. lib(导入库)和 . dll(动态链接库)三个文件作为优化模块的库操作文件在 VC 中进行调用。

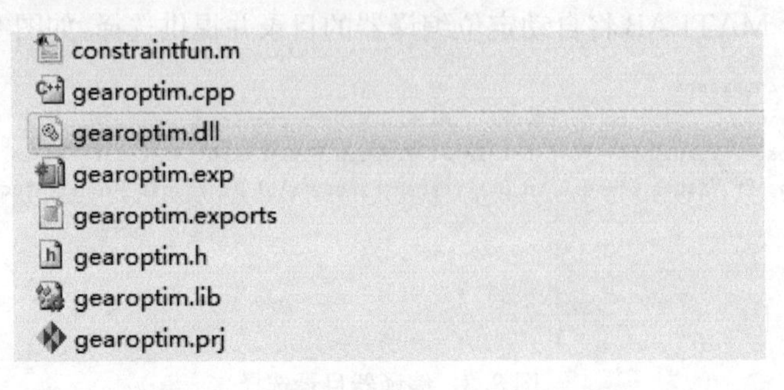

图 8.5 使用 mcc 命令生成的 dll 文件

8.3 面向 ANSYS 应用平台的渐开线圆柱齿轮啮合仿真分析系统开发

8.3.1 ANSYS 参数化设计语言

APDL 是 ANSYS Parametric Design Language 的缩写，即参数化设计语言，它是一种为进行 ANSYS 二次开发而专门设计编写的介绍性语言，提供一般程序语言的功能，如参数、宏、标量、向量及矩阵运算、分支、循环、重复以及访问 ANSYS 有限元数据库等。APDL 允许复杂的数据输入，使用户设计和分析有更多的控制权。而且 APDL 扩展了传统有限元分析范围之外的能力，提供了建立标准化零件库、序列化分析、设计修改、设计优化以及更高级的数据分析处理能力，包括灵敏度研究等。

利用 APDL 的程序语言与宏技术组织管理 ANSYS 有限元分析命令，就可以实现参数化建模、参数化加载与求解以及参数化后处理结果的显示，从而实现参数化有限元分析的全过程。在参数化有限元分析的过程中，可以简单地修改其中的参数达到反复分析各种尺寸、不同载荷大小的多种设计方案，有效提高分析效率，节省分析时间。

利用程序设计语言将 ANSYS 命令组织起来，编写出参数化的用户程序，从而实现有限元分析的全过程，即建立参数化的 CAD 模型、参数化的网格划分与控制、参数化的材料定义、参数化的载荷和边界条件定义、参数化的分析控制和求解以及参数化的后处理过程。

8.3.2 系统与 ANSYS 平台的参数交互

ANSYS 提供的 APDL 命令流是一种高效、简洁的二次开发工具，在利用 APDL 对 ANSYS 进行二次开发时，主要使用宏文件和宏命令的形式进行组织。宏是开发人员编写的参数化程序，具备用户定制的功能，而且可以方便地被 ANSYS 程序调用。利用这个原理，可以通过 VC 将输入的齿轮参数化建模参数保存成宏文件，由 ANSYS 调用进行建模和分析，生成一系列结果文件，然后进行后处理分析，最后得到所需的图片、视频、参数等信息。

1. 参数传递原理

图 8.6 为软件与 ANSYS 之间参数传递流程图。

软件与 ANSYS 的参数传递具体可以分为以下几个过程：

(1) 通过软件界面将输入参数以及各控制参数写入宏文件中以供 APDL 程序调用；

(2) 根据需要选择建模或者分析，此过程将调用 APDL 宏程序，并读取各参数文件的变量值；

(3) ANSYS 后台进行建模或者分析；

(4) 建模、分析过程结束后，生成一系列结果文件；

(5) 通过软件的后处理模块调用 ANSYS 对上述结果文件进行后台批处理分析；

(6) 结果分析完毕后生成视频、图片等参数导入前台供查看。

在软件界面中输入的参数以字符串的形式写入后缀名为 mac 的宏文件中，ANSYS 在建模和分析时通过读取宏文件中的参数，达到间接调用输入参数的目的。在建模和分析过程结束后，软件读取 ANSYS 生成的分析结果文件，并将其显示到软件界面以供进行实时修改。在整个过程中，只需要输入参数，并根据需要选择建模或分析参数，具体的实施过程将由 ANSYS 后台调用 APDL 程序和各参数宏文件实现，无需介入。

2. 参数传递实现过程

软件中的变量类型主要有整型(int)和浮点型(float，double)，在保存为参数宏文件(.mac)时，需要以文本的形式写入，因此在写参数之前，需要格式化输出参数，将其格式化为字符串，然后写入参数文件中并保存。考虑到输出参数较多，为了方便输出，采用数组结合循环语句的方式来保存参数，即构造参数化数组，对其进行格式化(将整型和浮点型转化为字符串)，最后通过 for 循环将相关参数写入参数文件中，以提高程序的运行效率。该过程的流程如图 8.7 所示。

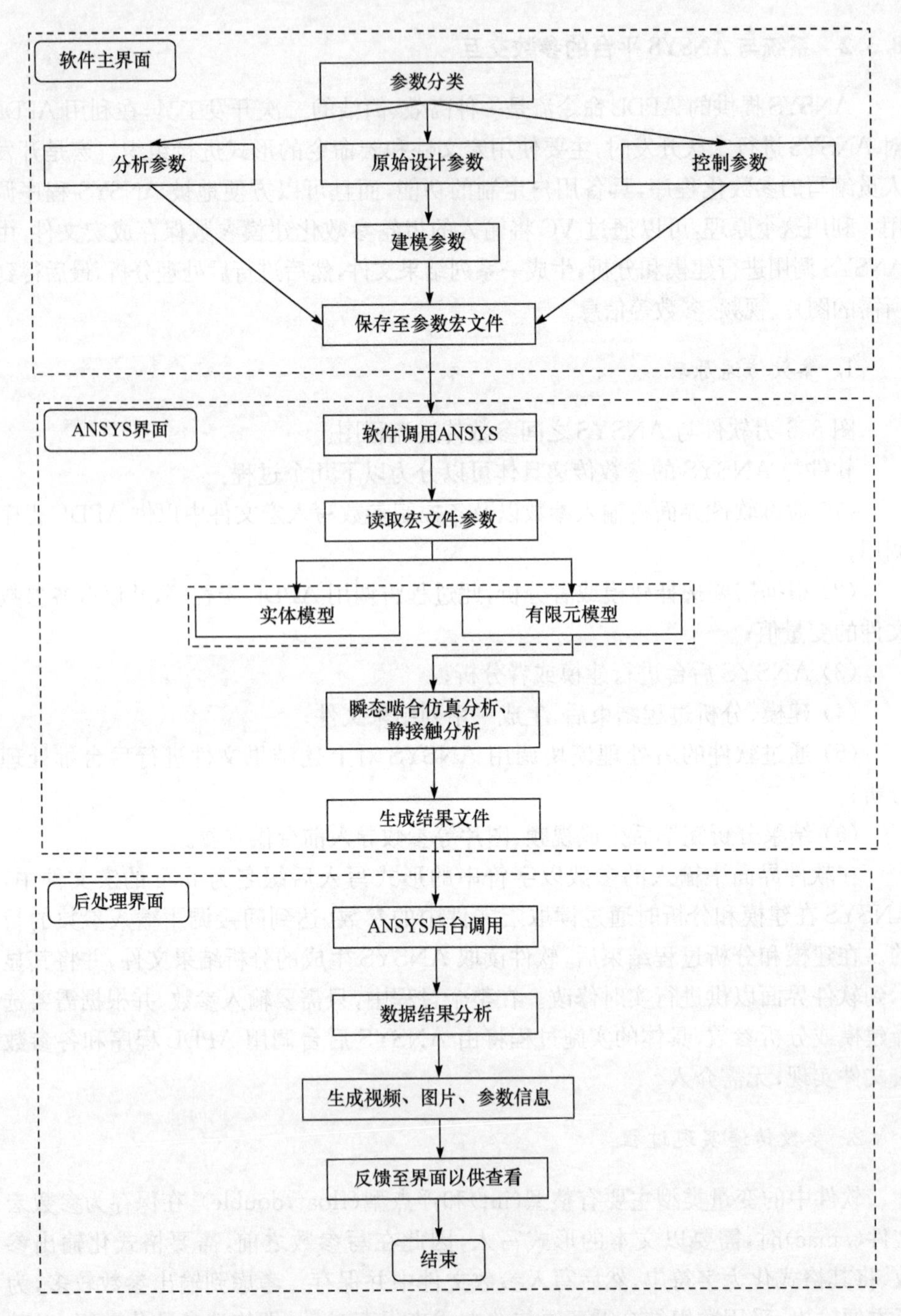

图 8.6 软件与 ANSYS 参数传递流程图

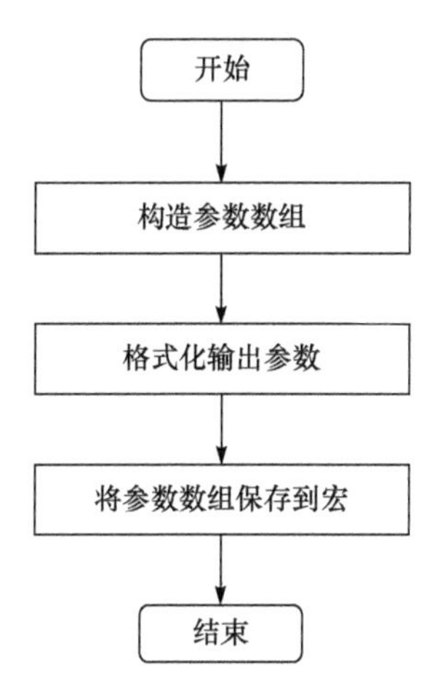

图 8.7　参数传递流程图

3. 程序示例

以圆柱齿轮为例,介绍如何在 VC++ 2005 中构造参数数组、格式化并批量输出参数。

1) 构造参数数组

```
#include <stdafx.h>
#include "Interface.h"
#include "SCGUIDlg.h"
void CSCGUIDlg::SCGUIArray(ParaCtrl*p)
{
        p[0].tp=1;
        p[0].sc="z1";
        p[1].tp=1;
        p[1].sc="z2";
        p[2].tp=1;
        p[2].sc="xn1";
        p[3].tp=1;
        p[3].sc="xn2";
        p[4].tp=1;
        p[4].sc="m_n";
        p[5].tp=1;
        p[5].sc="angle";
        p[6].tp=1;
        p[6].sc="b1";
```

```
        p[7].tp=1;
        p[7].sc="b2";
        p[8].tp=1;
        p[8].sc="ha_c";
        p[9].tp =1;
        p[9].sc="c_c";
        p[10].tp=1;
        p[10].sc="dfr";
        p[11].tp=1;
        p[11].sc="dd";
        p[12].tp=1;
        p[12].sc="beita";
}
```

2）格式化输出参数

```
sprintf_s(p[0].p.ps,MAX_ROW,"%f\r\n",m_em);
sprintf_s(p[1].p.ps,MAX_ROW,"%f\r\n",m_pr);
sprintf_s(p[2].p.ps,MAX_ROW,"%f\r\n",m_p);
sprintf_s(p[3].p.ps,MAX_ROW,"%f\r\n",m_n);
sprintf_s(p[4].p.ps,MAX_ROW,"%f\r\n",floor(m_ns));
sprintf_s(p[5].p.ps,MAX_ROW,"%f\r\n",floor(m_nsmax));
sprintf_s(p[6].p.ps,MAX_ROW,"%f\r\n",floor(m_nsmin));
sprintf_s(p[7].p.ps,MAX_ROW,"%d\r\n",m_posz);
sprintf_s(p[8].p.ps,MAX_ROW,"%f\r\n",m_radius);
sprintf_s(p[9].p.ps,MAX_ROW,"%f\r\n",m_em2);
sprintf_s(p[10].p.ps,MAX_ROW,"%f\r\n",m_pr2);
sprintf_s(p[11].p.ps,MAX_ROW,"%f\r\n",m_friction);
```

3）保存参数数组至宏文件

```
#include "stdafx.h"
#include "ScdyansDlg.h"
#include "General01.h"
#include "Interface.h"
#include "global.h"
#include "math.h"
#define NP 12
void CScdyansDlg::ScdyansSave()
{
    ParaCtrl p[NP];            //array of parameters for interface ctrls
    Err err;                   //error information
```

```
    char *nfp="d:\\sdust_gear\\spur_gear\\ParameterFiles\\para_gears.mac";
        ScdyansArray(p);
        for(int i=0;i<NP;i++)
        {
          p[i].tp=2;
          PFilePmtModify(nfp,p[i].sc,p[i].p.ps,&err);
    }
}
```

4. 软件对 ANSYS 的调用

1) API 调用函数介绍

应用程序编程接口 API(Application Programming Interface)是一些预先定义的函数,目的是提供应用程序与开发人员基于某软件或硬件得以访问一组例程的能力,而又无需访问源代码或理解内部工作机制的细节。VC++ 2005 MFC 为用户提供了大量的 API 函数,方便用户实现对各种函数的调用。

在对 ANSYS 进行二次开发时,有四个函数可供调用,分别为:system()、ShellExecute()、CreateProcess()和 WinExec(),其函数原型分别为:

```
① int system(const char *command);
② HINSTANCE ShellExecute(
  HWND hwnd,
  LPCTSTR lpOperation,
  LPCTSTR lpFile,
  LPCTSTR lpParameters,
  LPCTSTR lpDirectory,
  INT nShowCmd);
③ BOOL CreateProcess(
  LPCTSTR lpApplicationName,
  LPTSTR lpCommandLine,
  LPSECURITY_ATTRIBUTES lpProcessAttributes,
  LPSECURITY_ATTRIBUTES lpThreadAttributes,
  BOOL bInheritHandles,
  DWORD dwCreationFlags,
  LPVOID lpEnvironment,
  LPCTSTR lpCurrentDirectory,
  LPSTARTUPINFO lpStartupInfo,
  LPPROCESS_INFORMATION lpProcessInformation);
```

```
④ UINT WinExec(
   LPCSTR lpCmdLine,
   UINT uCmdShow);
```

其中,system()为标准 C 语言库函数,其他三个函数均为 Windows API 函数。这四个函数都可以完成对 ANSYS 的启动以及后处理调用,但是具体的调用过程以及调用以后对进程的控制仍然存在区别,这主要是由函数本身的特性决定的。

system()函数是一个同步进程调用函数,函数将一直等待命令行执行完毕然后结束并返回。用 system()可以启动 ANSYS,由于启动 ANSYS 的时间非常短,并不会影响程序的执行;但是如果用 system()来进行后处理的调用,则存在较大的困难。因为 ANSYS 在后处理的过程中,涉及很大的计算量,需要耗费大量的时间和内存,在此过程中,system()函数将一直处于"等待"状态,直到执行完毕,而这会造成软件主界面的"假死",有违软件设计"良好人机界面"的原则。解决方法有两种,一是为 system()开辟单独的工作线程,一直等待调用过程执行完毕;二是采用其他的三个函数。

ShellExecute()、CreateProcess()、WinExec()这三个 Windows API 函数都是异步进程调用函数,函数开始执行后立刻返回,无需等待调用过程结束。用它们启动 ANSYS 也没有任何问题,区别只在于形参不同;但是如果用这三个函数之一进行后处理调用,则需要对是否执行完调用进程进行检测,解决方法是启动后处理之后,单独开辟一个检测线程对后处理进程实时检测,等待整个计算过程结束后,再执行后续的操作。

2) ANSYS 启动的调用过程

ANSYS 11.0 启动的命令行参数为:

```
"d:\Program Files (x86)\ANSYS Inc\v110\CommonFiles\TCL\bin\intel\wish.exe" "d:\Program Files (x86)\ANSYS Inc\v110\CommonFiles\Launcher\launchermain.itcl" -runae
```

只要将此命令行传递至各个函数的形参,便可以完成对 ANSYS 的启动调用。软件中采用的函数为 CreateProcess(),具体代码如下:

```
STARTUPINFO stStartUpInfo={sizeof(stStartUpInfo)};
PROCESS_INFORMATION pProcessInfo;
ZeroMemory(&stStartUpInfo,sizeof(stStartUpInfo));   //分配内存
ZeroMemory(&pProcessInfo,sizeof(pProcessInfo));     //分配内存
stStartUpInfo.cb=sizeof(STARTUPINFO);               //初始化
CString strCmdLine;
CString s,s1,s2,s3,s4,s0,s01,s02;
s=dlg.GetAnsysPath();
if(s.GetLength()>0){
```

```
    s=s.Left(s.GetLength()-5);
    s0="\"";
    //s01="CommonFiles\\TCL\\bin\\winx64\\wish.exe\" ";  //11.0,64位调用方法
    s01="CommonFiles\\TCL\\bin\\intel\\wish.exe\" ";     //11.0,32位调用方法
    s02="CommonFiles\\Launcher\\LauncherMain.itcl\" ";
    s1=s0+s+s01;
    s2=s0+s+s02;
    s3="-runae";
    strCmdLine=s1+s2+s3;
    //判断ANSYS是否已经启动
    if(GetProcessidFromName("ANSYS.exe"))
        MessageBox("ANSYS已经启动或未正常关闭!","提示!",MB_OK
                |MB_ICONINFORMATION);
        else
        {
        bool bret=CreateProcess(NULL,(LPSTR)(LPCTSTR)(strCmdLine),NULL,
        NULL,FALSE,0,NULL,NULL,&stStartUpInfo,&pProcessInfo);//创建进程
        if(!bret)
            MessageBox("ANSYS调用失败!","错误!",MB_OK);
        else exit(0);
}
```

这里给出其他三个函数的调用方法以供参考：

① 使用 system()：system(strCmdLine)。

② 使用 ShellExecute()：

ShellExecute(NULL,NULL,NULL,strCmdLine,NULL,SW_HIDE)。

③ 使用 WinExec：WinExec(strCmdLine,SW_HIDE)。

3) 后处理的调用过程

后处理的调用过程与启动 ANSYS 类似，差别在于命令行参数。ANSYS 帮助文件中所给出的 Windows 系统下的调用格式如下：

```
"X:\…\ansys110" -b -p featurecode -i inputname -o outputname
```

其中，"X:\…\ansys110"代表"ansys110.exe"的绝对路径；"-b"代表 ANSYS 批处理(BATCH)模式；"-p featurecode"代表产品的特征代码，如"ane3fl"代表 ANSYS Multiphysics、"struct"代表"ANSYS Structural"等；"-i inputname"代表所要输入的后处理宏文件；"-o outputname"代表完成分析之后的结果文件。

参考该格式，便可以在 VC++ 中构造出后处理所需要的命令行参数，使用 WinExec()进行调用，代码如下：

```
CString s0,s1,s2;
CString m_anspath,m_code,m_input1,m_input2,m_output,m_cmdline;
s0="\"";
s1=GetAnsysPath();
s2="\\bin\\intel\\ansys110.exe\" ";
int result=0;
m_anspath=s0+s1+s2;
int m_rst=-1;
m_code="-b -p ane3fl";
m_input1="-i d:\\sdust_gear\\post\\mac\\";
m_input2="zdcgyl.mac";
m_output="-o d:\\sdust_gear\\post\\info\\post_result.mac";
m_cmdline =m_anspath+m_code+m_input1+m_input2+m_output;
if(GetProcessidFromName("ANSYS.exe"))
    MessageBox("正在计算!","提示!",MB_OK);
else
{
    WinExec(m_cmdline,SW_HIDE);
    Sleep(1000); //等待 ANSYS 后处理程序的启动
    AfxBeginThread(Running,this,THREAD_PRIORITY_NORMAL);
}
```

上述代码中,使用 GetAnsysPath()函数获取了 ANSYS 的安装路径,通过一系列的字符串组合出命令行参数 m_cmdline。在用 WinExec()进行调用之前,首先使用 GetProcessidFromName()函数判断 ANSYS 是否运行(ANSYS 运行时只允许存在一个实例),由于 WinExec()、CreateProcess()、ShellExecute()这三个函数属于异步进程函数,函数开始执行后不等待程序结束而是立即返回,无法对 ANSYS后处理进程的运行状态进行监控,所以在后处理启动之后单独开辟一个检测线程 Running 实时检测 ANSYS 的运行状态,在计算完成之后会给出相应的提示。

8.3.3 应用实例

以某单级圆柱齿轮传动为例,使用所开发的渐开线圆柱齿轮传动智能设计及仿真分析系统进行智能设计和仿真分析。已知小齿轮传递的额定功率 $P=250\text{kW}$,小齿轮的转速 $n_1=750\text{r/min}$,名义传动比 $i=3.15$,单向运转,满载工作时间为 $L_h=50000\text{h}$。图 8.8 为系统界面。

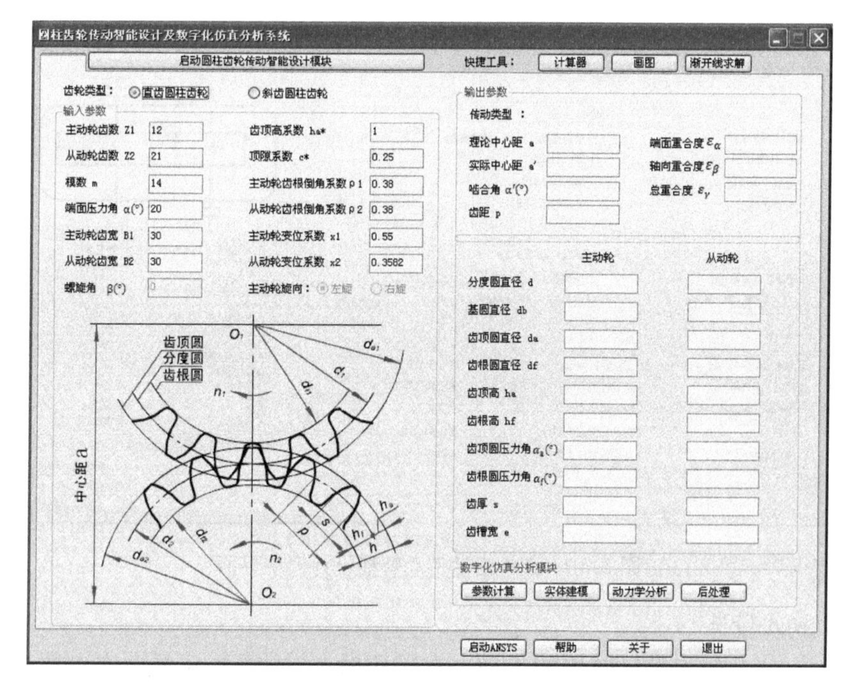

图 8.8　渐开线圆柱齿轮传动智能设计及仿真分析系统界面

1. 渐开线圆柱齿轮传动智能设计

如图 8.9 所示，点击软件界面上部的“启动圆柱齿轮传动智能设计模块”按钮，进入渐开线圆柱齿轮传动智能设计模块，如图 8.10 所示。

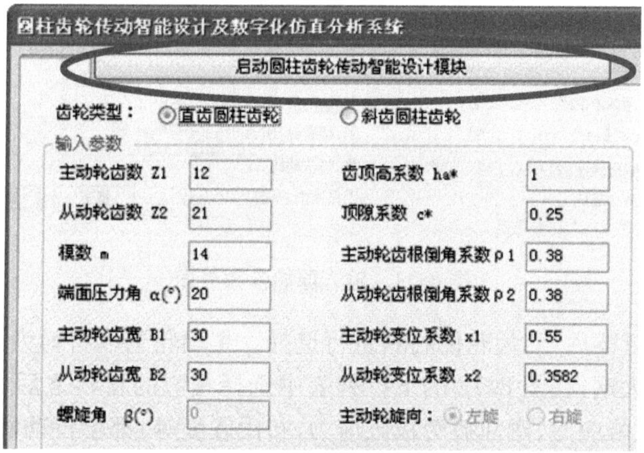

圆柱齿轮传动智能设计及数字化仿真分析系统
启动圆柱齿轮传动智能设计模块
齿轮类型：直齿圆柱齿轮　斜齿圆柱齿轮
输入参数
主动轮齿数 Z1　12　齿顶高系数 ha*　1
从动轮齿数 Z2　21　顶隙系数 c*　0.25
模数 m　14　主动轮齿根倒角系数 ρ1　0.38
端面压力角 α(°)　20　从动轮齿根倒角系数 ρ2　0.38
主动轮齿宽 B1　30　主动轮变位系数 x1　0.55
从动轮齿宽 B2　30　从动轮变位系数 x2　0.3582
螺旋角 β(°)　0　主动轮旋向：左旋　右旋

图 8.9　圆柱齿轮传动智能设计模块入口

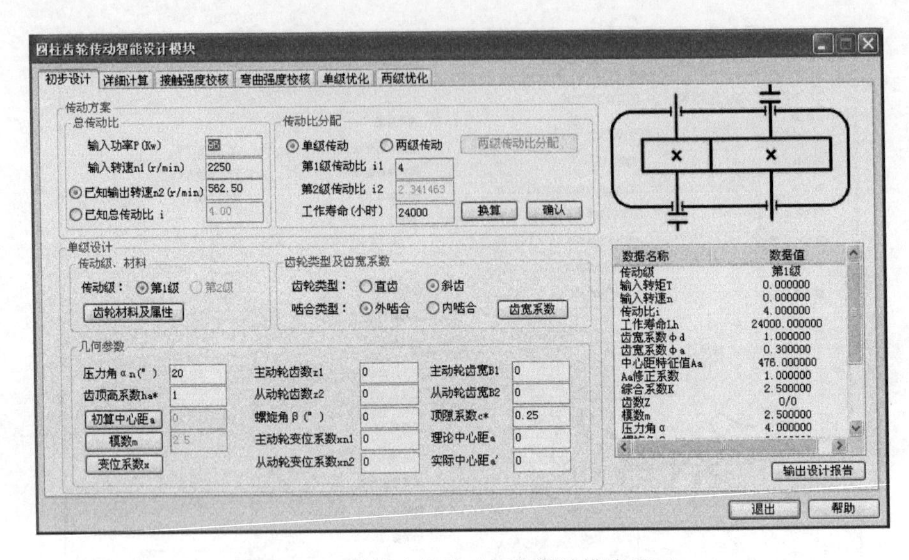

图 8.10　圆柱齿轮传动智能设计模块界面

1) 初步设计

图 8.10 为初步设计模块的界面。在使用时，首先需要根据已有参数确定方案，对于多级传动还需要分配传动比。然后需要针对每一级分别选定材料、确定齿轮类型及齿宽系数，并最终计算出各几何参数。

(1) 传动方案和材料属性。

已知该减速器输入功率、输入转速及传动比，由于传递功率较大，确定传动方案为单级圆柱斜齿轮传动。首先需要将所有初始参数输入系统中，才能进行后续运算。图 8.11 为原始参数的输入。

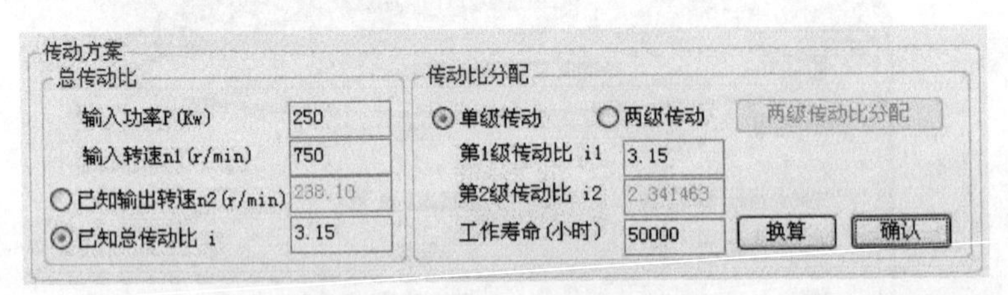

图 8.11　输入原始参数界面

确定传动方案后，对齿轮的材料进行选择。主动轮选取材料为渗碳淬火钢，从动轮为感应淬火钢，在图 8.12 的下拉列表中选择相应的材料之后，材料属性参数(如接触疲劳极限应力、弯曲疲劳极限应力、布氏硬度等)都会自动确定。为了保证程序使用时的灵活性，各参数也可以根据实际需要自行修改。

第1级：齿轮材料及属性

精度等级IQ 8

主动轮材料 渗碳淬火钢

从动轮材料 感应淬火钢

材料参数

	主动轮	从动轮
接触疲劳极限应力σHlim(MPa)	1500	1200
弯曲疲劳极限应力σFlim(MPa)	450	360
齿面布氏硬度HB	570	570
弹性模量E(MPa)	206000	206000
泊松比μ	0.3	0.3
密度ρ(Kg/m^3)	7800	7800

注：上述数据仅为参考值，需查阅手册确定准确数值。

√　×

图 8.12　材料属性对话框

(2) 初算中心距。

确定齿轮材料之后，便可以对中心距进行初算。中心距的计算依赖于齿宽系数和中心距特征值等参数的确定。由于传递功率较大，本设计方案采用斜齿轮传动，啮合类型为外啮合，单击图 8.10 中的“齿宽系数”按钮，弹出如图 8.13 所示的齿宽系数对话框。本次设计中的齿宽系数 Φ_d 选取为 0.8，齿宽系数 Φ_a 将由系统自动计算并圆整为 0.35。

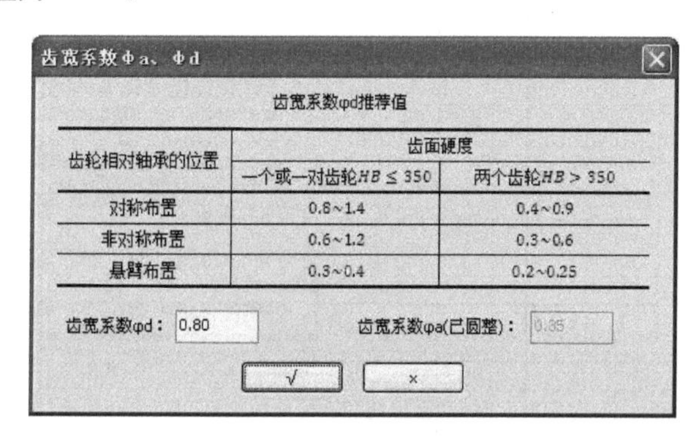

齿宽系数Φa、Φd

齿宽系数φd推荐值

齿轮相对轴承的位置	齿面硬度	
	一个或一对齿轮HB ≤ 350	两个齿轮HB > 350
对称布置	0.8~1.4	0.4~0.9
非对称布置	0.6~1.2	0.3~0.6
悬臂布置	0.3~0.4	0.2~0.25

齿宽系数φd：0.80　齿宽系数φa(已圆整)：0.35

√　×

图 8.13　齿宽系数对话框

传统方法在初算中心距时，需要根据齿轮的类型及啮合形式，确定中心距特征值。本系统可以自动确定中心距特征值 A_a 以减少计算工作量。然后根据综合系数 K 的选择条件，确定 $K=2.5$，初算中心距为 362.68mm，系统自动将中心距圆整至 400mm，如图 8.14 所示。

(3) 初选模数。

模数的选取不仅需要遵循国家标准第一系列或第二系列，还应考虑载荷冲击

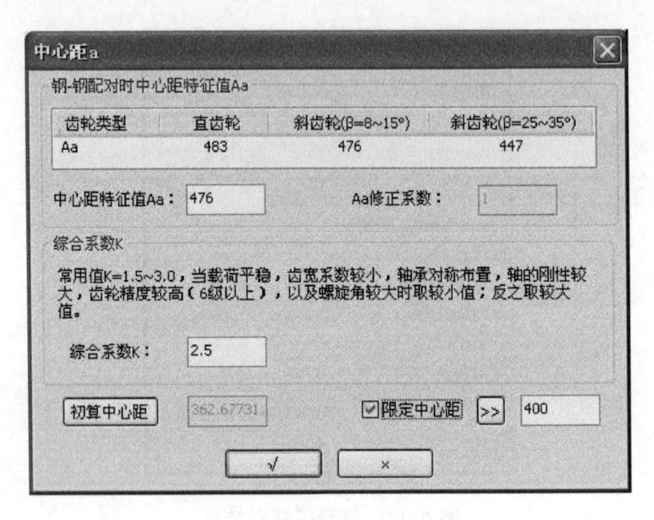

图 8.14 初算中心距对话框

的影响，不同载荷下的模数不同。系统可以根据所选工况及已有中心距，自动计算出平稳载荷、中等载荷和较大冲击下的模数，同时给定模数范围以供参考。根据图 8.15中所示的推荐值并结合国家标准第一系列，本次设计初选模数为 6mm。

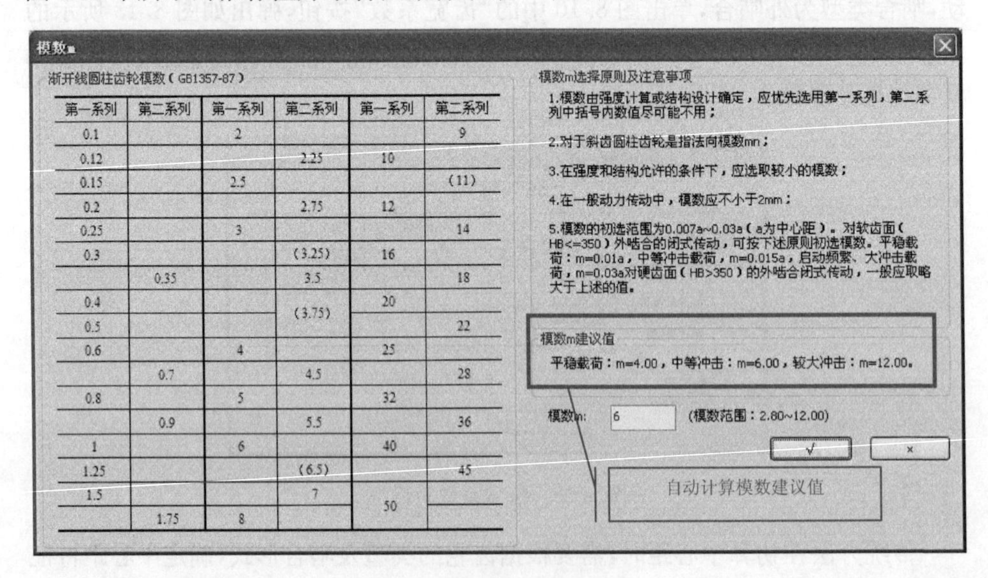

图 8.15 模数选取对话框

(4) 初算变位系数。

本系统中变位系数的分配原则为等弯曲强度原则或者等滑动率原则，由于此时涉及弯曲强度计算的各参数尚未计算，因此初步设计中的变位系数仅按等滑动率原则分配，如图8.16所示。

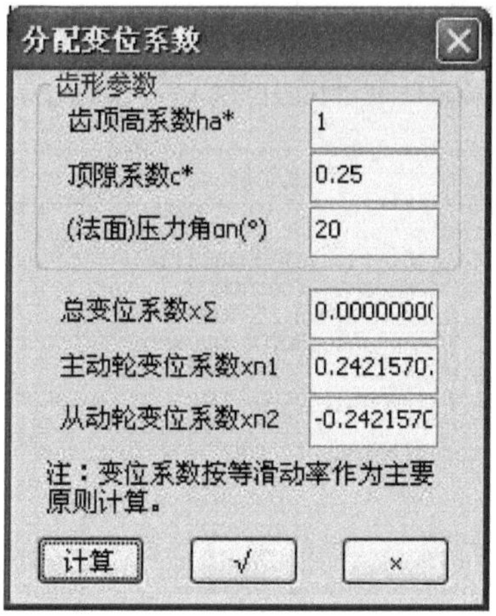

图8.16 初始分配变位系数

(5) 初始传动方案。

经过以上步骤的选取和计算，得到了主动轮齿数、从动轮齿数、模数、变位系数、螺旋角和齿宽等初步设计结果，如图8.17所示。

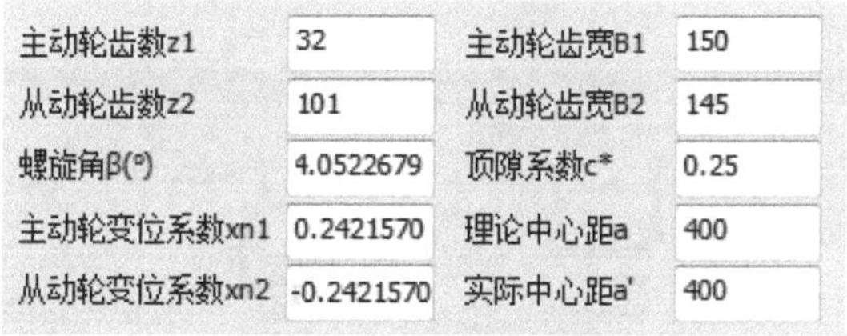

图8.17 初步设计结果

为了保留设计结果，系统提供了结果保存功能，单击图8.10中的“输出设计报告”按钮，可以将初步设计得到的结果以文本报告的形式输出至本地文件中，如图8.18所示。至此，初步设计工作结束。

2) 强度校核

(1) 中间参数详细计算。

在中间参数详细计算模块中，首先需要选择参数的来源，如图8.19所示。本系统提供手动输入、第1级设计参数、第2级设计参数三种形式。如果已有现成的设计参数，可以选择手动输入的方式来输入几何参数、材料属性参数和工况参数等。由于在初步设计模块已经得到设计方案，这里选择第1级设计参数，这样系统将自动导入初步设计阶段得到的各参数，而不必再手动输入。

第1级-初步设计报告.txt - 记事本

文件(F)　编辑(E)　格式(O)　查看(V)　帮助(H)

***************************初步设计报告*************************

数据名称	主动轮	从动轮
第1级传动参数设计		
输入转矩T	3183.333333	
输入转速n1	750.000000	
传动比i	3.150000	
工作寿命Lh	50000.000000	
齿宽系数φd	0.800000	
齿宽系数φa	0.350000	
中心距特征值Aa	476.000000	
Aa修正系数	1.000000	
综合系数K	2.500000	
齿数Z	32	101
模数m	6.000000	
压力角α	3.150000	
螺旋角β	4.052268	
变位系数x	0.242157	-0.242157
齿宽B	150.000000	145.000000
齿顶高系数ha*	1.000000	
顶隙系数c*	0.250000	
理论中心距a	400.000000	
实际中心距a'	400.000000	

图 8.18　初步设计模块计算报告

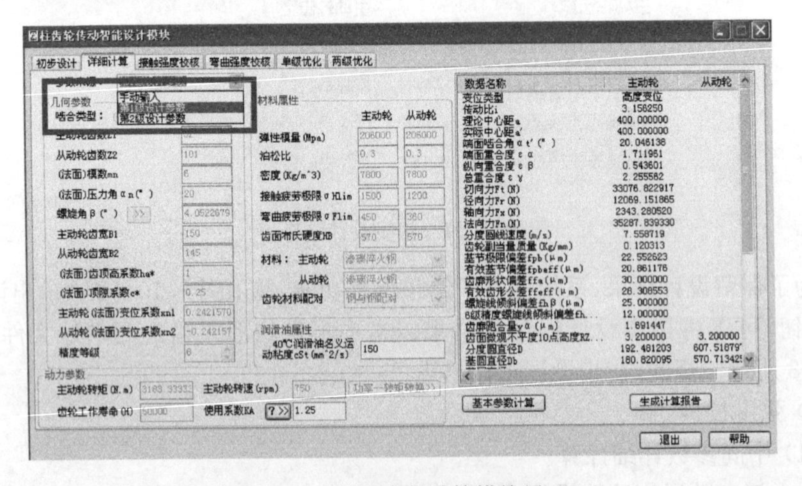

图 8.19　详细参数计算模块界面

在已有初步设计方案的情况下，详细参数计算模块只需要输入润滑油的名义运动黏度及使用系数 K_A 即可完成全部参数的计算，计算的结果将显示在右侧的显示区，在详细计算模块中，仍可以采用报告的形式输出详细计算模块得到的各参数。

(2) 齿面接触强度校核。

如果已经对详细参数进行了计算，则系统进入齿面接触强度计算模块时，将自动计算修正载荷系数、修正计算应力系数及修正许用应力系数，不需要设计人员做过多的干预。图 8.20 为齿面接触强度校核模块的界面。

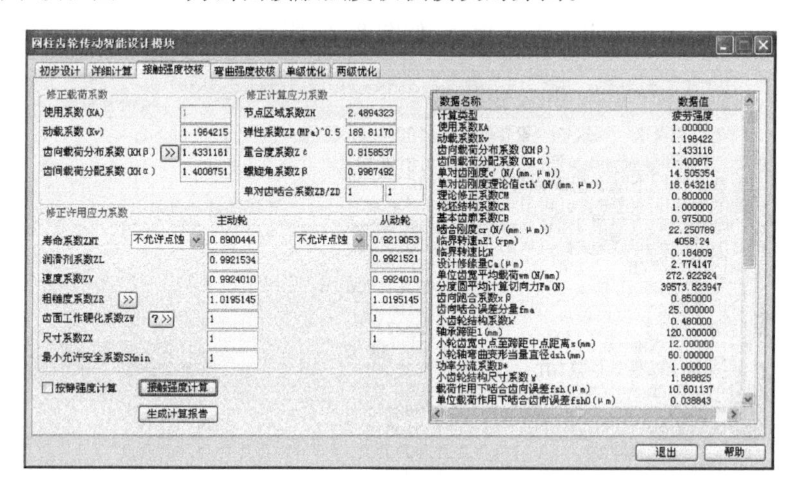

图 8.20　齿面接触强度校核模块界面

在齿面接触强度校核模块中，齿向载荷分布系数 $K_{H\beta}$ 的确定比较复杂，涉及齿轮的结构形式、结构尺寸系数及各参数的计算方式。国家标准 GB/T 3480—1997 中的图 5 给出了中小齿轮 5 种常见的结构形式，本次设计在计算时采用结构 a，其他参数使用默认值，如图 8.21 所示。

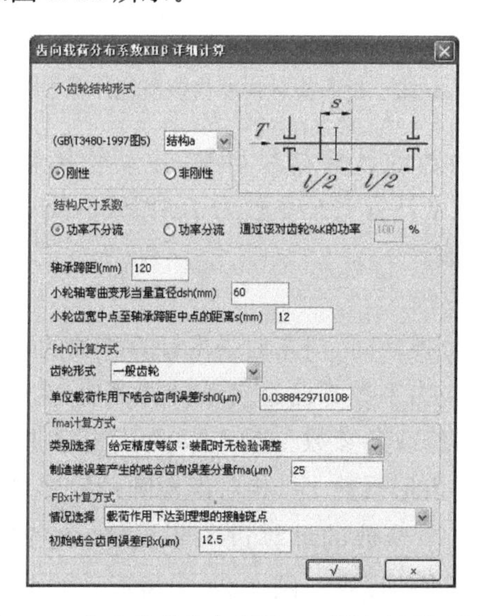

图 8.21　齿向载荷分布系数 $K_{H\beta}$ 详细计算对话框

除齿面接触强度校核模块中的齿向载荷分布系数 $K_{H\beta}$外,界面中的其他参数均已自动计算,因此只需要单击“接触强度计算”按钮便可以完成校核,计算得到的各参数值及安全系数将显示在界面右侧的参数栏中。为了同国家标准保持一致,本系统还提供是否按静强度计算的选项。完成计算后,可以将齿面接触强度校核过程中的所有参数以报告的形式保存,如图 8.22 所示。

第1级-齿面接触强度计算结果.txt - 记事本

文件(F) 编辑(E) 格式(O) 查看(V) 帮助(H)

载荷作用下啮合齿向误差fsh(μm)	12.872816	
单位载荷作用下啮合齿向误差fsh0(μm)	0.038843	
初始啮合齿向误差Fβx(μm)	12.500000	
初始啮合齿向误差最小值Fβxmin(μm)	12.500000	
跑合后啮合齿向误差Fβy(μm)	10.625000	
节点区域系数ZH	2.489432	
弹性系数ZE(MPa)^0.5	189.811700	
重合度系数Zε	0.815854	
螺旋角系数Zβ	0.998749	
单对齿啮合系数ZBD	1.000000	1.000000
接触强度计算寿命系数ZNT	0.890044	0.921905
润滑剂系数ZL	0.992153	0.992152
速度系数ZV	0.992401	0.992401
粗糙度系数ZR	1.019515	1.019515
齿面工作硬化系数ZW	1.000000	1.000000
尺寸系数ZX	1.000000	1.000000

计算结果

计算类型	疲劳强度	
最小允许接触强度安全系数SHmin	1.000000	
节点处计算接触应力基本值σH0(MPa)	480.995436	
计算接触应力σH(MPa)	780.443080	780.443080
计算齿轮接触极限应力σHG(MPa)	1340.177868	1110.520367
许用接触应力σHP(MPa)	1340.177868	1110.520367
计算安全系数SH	1.717201	1.422936

图 8.22 齿面接触强度校核模块计算报告

由图 8.22 中安全系数的计算结果可知,主动轮接触强度计算安全系数为 1.717201,从动轮接触强度计算安全系数为 1.422936,均满足强度要求,因此可以继续对弯曲强度进行校核。

(3) 齿根弯曲强度校核。

在进入弯曲强度校核模块时,与弯曲强度计算相关的修正载荷系数、修正计算应力系数以及修正许用应力系数都已经自动计算完成,为了保证程序使用时的灵活性,可以随时在界面中修改各参数。图 8.23 为齿根弯曲强度校核模块的界面。

在该界面中,可以对齿形系数 Y_F、相对齿根圆角敏感系数 $Y_{\delta relT}$ 以及相对齿根表面状况系数 Y_{RrelT} 这三个参数的计算进一步设置。在这三个参数的右侧均有“≫”按钮,可以进行进一步的设置。图 8.24 为齿形系数 Y_F 对应的刀具基本齿廓尺寸对话框,系统提供了普通型和挖根型两种形式,本例采用的刀具形式为普通

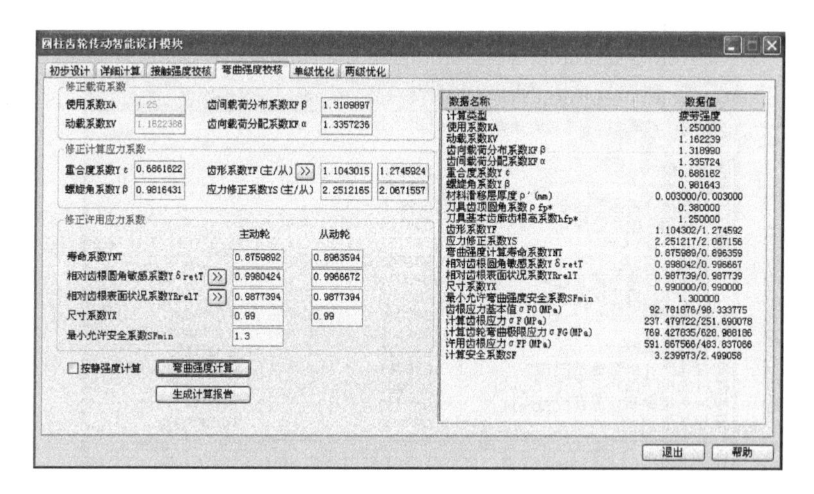

图 8.23　齿根弯曲强度校核模块界面

型。对于相对齿根圆角敏感系数 $Y_{\delta relT}$ 以及相对齿根表面状况系数 Y_{RrelT}，系统会自动查取数值，一般不需修改。

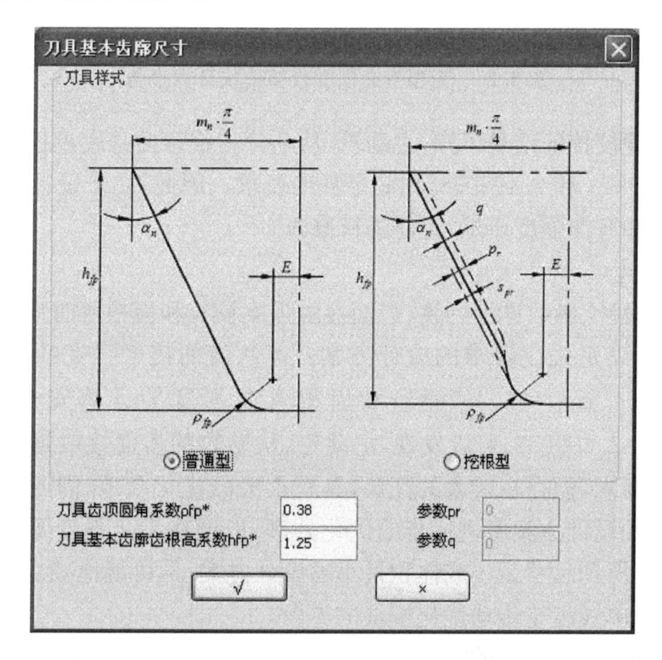

图 8.24　刀具基本齿廓尺寸对话框

确定了该界面中的各系数后，单击"弯曲强度计算"按钮便可对齿根弯曲强度进行校核并得到弯曲强度计算的安全系数。同齿面接触强度模块类似，系统仍提供按静强度计算的选项，计算后的各参数显示在界面右侧，并以报告的形式保存至文本文件，如图 8.25 所示。

第1级-齿根弯曲强度计算结果.txt - 记事本

文件(F) 编辑(E) 格式(O) 查看(V) 帮助(H)

使用系数KA	1.250000	
动载系数KV	1.162239	
齿向载荷分布系数KFβ	1.318990	
齿间载荷分配系数KFα	1.335724	
重合度系数Yε	0.686162	
螺旋角系数Yβ	0.981643	
刀具齿顶圆角系数ρfp*	0.380000	
刀具基本齿廓齿根高系数hfp*	1.250000	
材料滑移层厚度ρ'(mm)	0.003000	0.003000
齿形系数YF	1.104302	1.274592
应力修正系数YS	2.251217	2.067156
弯曲强度计算寿命系数YNT	0.875989	0.896359
相对齿根圆角敏感系数YδretT	0.998042	0.996667
相对齿根表面状况系数YRrelT	0.987739	0.987739
尺寸系数YX	0.990000	0.990000

计算结果

计算类型	疲劳强度	
最小允许接触强度安全系数SFmin	1.300000	
齿根应力基本值σF0(MPa)	92.781876	98.333775
计算齿根应力σF(MPa)	237.479722	251.690078
计算齿轮弯曲极限应力σFG(MPa)	769.427835	628.988186
许用齿根应力σFP(MPa)	591.867566	483.837066
计算安全系数SF	3.239973	2.499058

图 8.25 齿根弯曲强度校核模块计算报告

由弯曲强度校核的结果可知，主动轮、从动轮齿根弯曲强度校核的计算安全系数分别为 3.239973 和 2.499058，均满足强度要求。因此，初步设计的方案均满足接触强度要求和弯曲强度要求，无需进行修改。

3) 结构优化

经过初步设计、参数详细计算、齿面接触强度校核和齿根弯曲强度校核这四个阶段，已得到了满足强度要求的设计方案。但从齿面接触强度的计算安全系数($S_{H1}=1.717201$、$S_{H2}=1.422936$)和齿根弯曲强度的计算安全系数($S_{F1}=3.239973$、$S_{F2}=2.499058$)可以发现，主动轮、从动轮的齿面接触强度和齿根弯曲强度虽然满足要求，但存在较大的冗余，具有很大的优化余地，因此需要使用优化模块对校核完的设计方案做进一步的优化处理，以便在满足强度要求及其他限制条件的情况下，得到尺寸最小或体积最小的设计方案，尽可能地减少齿轮材料的用量。图 8.26 为单级齿轮传动优化模块的界面。

默认情况下，该界面中的初始参数为经过校核之后的初步设计方案，一般不需要做修改。在优化之前，需要设置优化选项，确定各优化变量的限制范围。

(1) 优化选项。图 8.27 为优化模块中的优化选项设置界面，需要设置的选项为优化目标和齿宽。系统中提供最小中心距和最小体积两种优化目标；对于齿宽，基于前文的讨论，在优化过程中分为固定齿宽和固定齿宽系数两种形式，默认形式

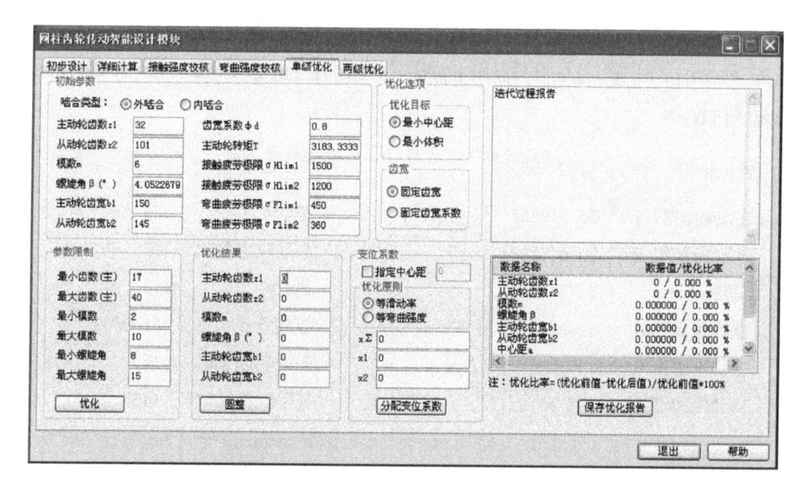

图 8.26 单级齿轮传动优化模块界面

为固定齿宽。

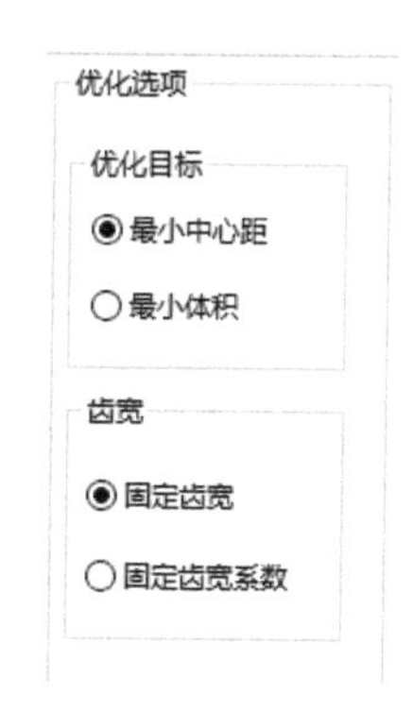

图 8.27 优化选项设置界面

(2) 优化变量限制。同优化问题中各变量的边界约束条件类似，系统中需要指定主动轮齿数、模数以及螺旋角的范围，默认设置为主动轮齿数[17,40]，模数[2mm,10mm]，螺旋角[8°,15°]。由于过大的螺旋角通常会引起较大的轴向力，本次优化将螺旋角的最大值设置为12°。

设置完优化参数限制后，单击“优化”按钮便可以对初步设计的结果进行优化，优化过程中右侧上方的状态框中将实时显示每次优化迭代的信息，优化计算完成后，系统将弹出对话框提示优化结束，并显示优化过程所用时间，如图 8.28 所示。

图 8.28 优化结束提示对话框

点击“确定”按钮，系统将显示初始的优化结果，但这时的齿数、模数、螺旋角等尚未进行圆整处理，因此需要单击“圆整”按钮将各参数按照一定的规则圆整。系统中对于齿数采取“四舍五入”的圆整方法；对于模数则按照国家标准中的第一系列、第二系列圆整；对于螺旋角不做圆整处理；根据经验，主动轮的齿宽通常较从动轮的齿宽大 5mm。圆整之后的结果仍然可以满足强度要求。图 8.29 为圆整前后的优化结果对比。

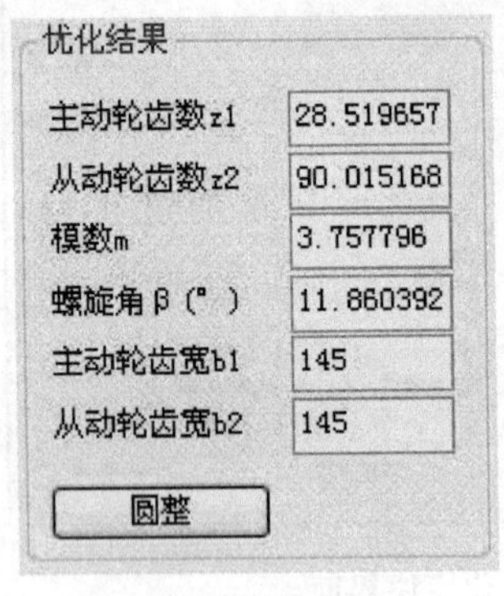

(a) 圆整前的优化结果

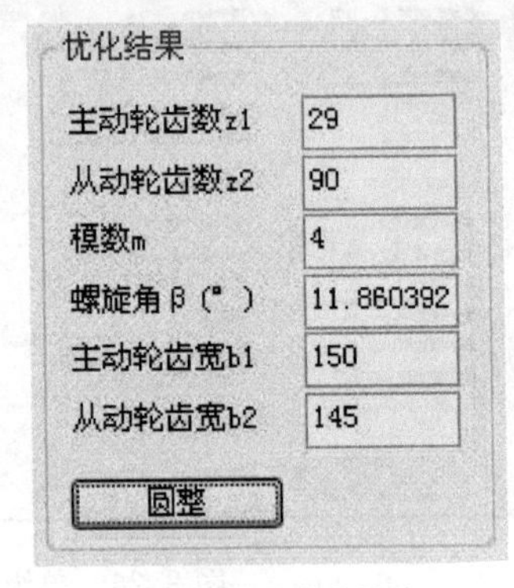

(b) 圆整后的优化结果

图 8.29 圆整前后优化结果对比

结构优化完成后，得到的各优化变量分别为：主动轮齿数 $z_1=29$，从动轮齿数 $z_2=90$，模数 $m=4$mm，螺旋角 $\beta=11.860392°$，主动轮齿宽 $b_1=150$mm，从动轮齿宽 $b_2=145$mm。

4) 变位系数优选

优化结果圆整结束后，如果对中心距没有要求，则优化阶段告一段落。但实际设计过程中，中心距往往要圆整至标准值或者整数值，这时需要对主动轮、从动轮分配变位系数以达到配凑中心距的目的。基于前述章节的方法，开发的变位系数优选模块可以按等滑动率优选，也可以按等弯曲强度原则优选。

根据结构优化的结果，计算得到中心距为 243.19mm，采取向上圆整的方法将中心距圆整至 250mm，得到总变位系数为 1.860018，然后分别按照等滑动率原则和等弯曲强度原则分配变位系数。图 8.30 为按照等滑动率原则和等弯曲强度原则分配的主动轮、从动轮变位系数。

按照等滑动率原则得到的主动轮、从动轮变位系数分别为 0.650021、1.209997，而按照等弯曲强度原则得到的变位系数分别为 0.602690、1.257328。

为了定量显示设计方案的优化程度，系统中使用了优化比率的概念来衡量优化效果，其定义为

$$\text{优化比率}=\frac{\text{优化前值}-\text{优化后值}}{\text{优化前值}}\times 100\%$$

由于变位系数对齿轮的强度有显著的影响，在变位系数优选结束后，系统将重新计算各齿轮的接触强度安全系数和弯曲强度安全系数，并以报告的形式输出，如图 8.31 所示。

(a) 等滑动率原则结果

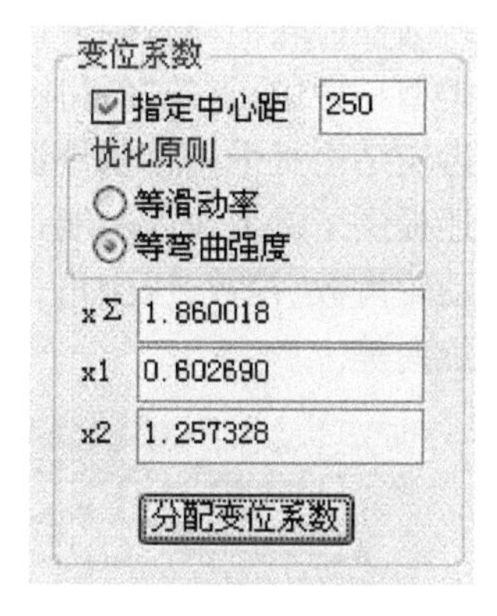

(b) 等弯曲强度原则结果

图 8.30　按两种分配原则得到的变位系数

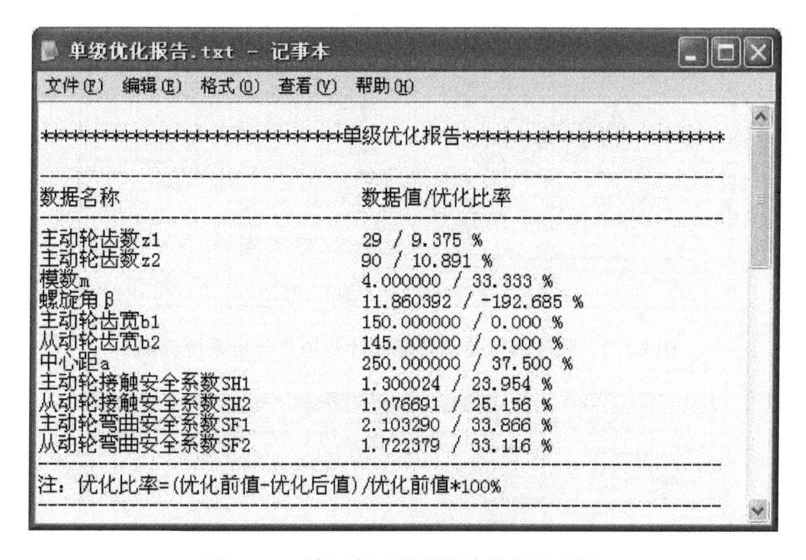
单级优化报告.txt - 记事本

文件(F)　编辑(E)　格式(O)　查看(V)　帮助(H)

****************************单级优化报告************************

数据名称	数据值/优化比率
主动轮齿数z1	29 / 9.375 %
主动轮齿数z2	90 / 10.891 %
模数m	4.000000 / 33.333 %
螺旋角β	11.860392 / -192.685 %
主动轮齿宽b1	150.000000 / 0.000 %
从动轮齿宽b2	145.000000 / 0.000 %
中心距a	250.000000 / 37.500 %
主动轮接触安全系数SH1	1.300024 / 23.954 %
从动轮接触安全系数SH2	1.076691 / 25.156 %
主动轮弯曲安全系数SF1	2.103290 / 33.866 %
从动轮弯曲安全系数SF2	1.722379 / 33.116 %

注：优化比率=(优化前值-优化后值)/优化前值*100%

图 8.31　单级渐开线圆柱齿轮优化报告

由报告中的优化结果数据可以看出，除螺旋角有所增大外，主动轮、从动轮齿数和模数均有所下降，优化后的中心距与优化之前相比减少 37.5%，降到 250mm，且各齿轮安全系数仍然满足要求，因此优化后的结果可作为最终的设计结果使用。变位系数优选过程结束后，圆柱齿轮传动的整个设计、校核、优化阶段结束。

2. 渐开线圆柱齿轮传动仿真分析

1) 斜齿圆柱齿轮传动参数化实体建模

(1) 斜齿轮传动参数的直接输入。

渐开线圆柱齿轮传动智能设计及仿真分析系统界面如图 8.32 所示，在齿轮传动的齿轮类型一栏中，点选“斜齿圆柱齿轮”按钮，进入斜齿圆柱齿轮传动仿真分析模式。若齿轮结构是采用本软件设计的，系统将自动读取相关参数，如图 8.33 所示。系统还提供了参数输入功能，可以直接输入斜齿圆柱齿轮副的基本几何参数，包括主从动轮齿数、模数、压力角、齿宽、齿顶高系数、顶隙系数、变位系数、螺旋角和主动轮旋向等。

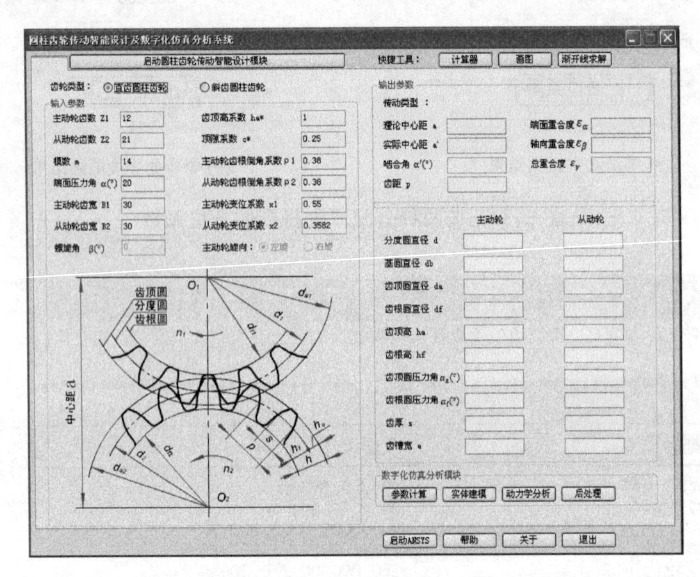

图 8.32　圆柱齿轮传动智能设计及仿真分析系统界面

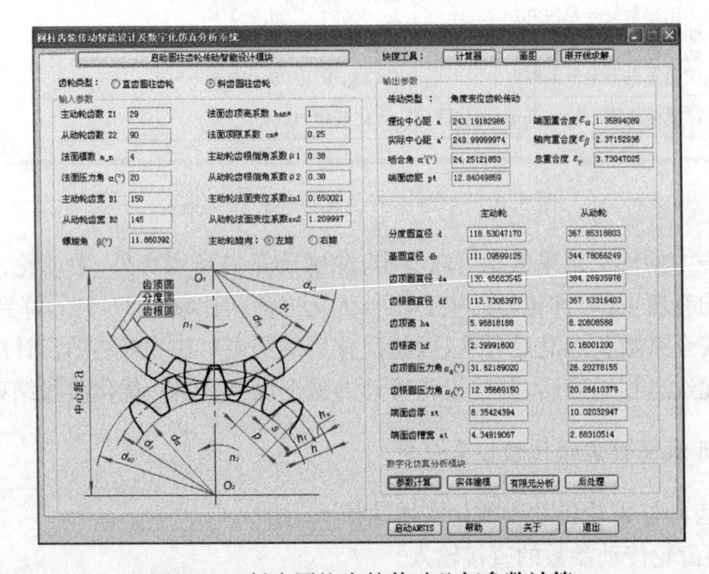

图 8.33　斜齿圆柱齿轮传动几何参数计算

(2) 斜齿轮传动几何尺寸参数的输出。

在图 8.33 所示软件主窗口界面，单击“参数计算”按钮，程序自动计算齿轮传动的几何尺寸，并显示在主窗口右侧“输出参数”一栏下对应参数项目的输出框中。“输出参数”上半部分为齿轮传动的公共参数，包括传动类型、理论中心距、实际中心距、重合度以及啮合角；“输出参数”下半部分为主动轮和从动轮的基本几何尺寸参数，包括分度圆直径、基圆直径、齿顶圆直径、齿根圆直径、齿顶高、齿根高、齿顶圆压力角、齿根圆压力角、端面齿厚和端面齿槽宽。

(3) 启动 ANSYS 系统。

单击图 8.33 软件主窗口界面中的“启动 ANSYS”按钮，选择工作目录之后，启动 ANSYS 界面，从而打开 ANSYS 有限元分析软件。

(4) 斜齿圆柱齿轮实体建模。

单击图 8.33 软件主窗口界面中的“实体建模”按钮，弹出圆柱齿轮实体建模对象选择对话框，如图 8.34 所示。

图 8.34　实体建模对象选择对话框

系统提供了三种建模功能：主动轮单独建模、从动轮单独建模和齿轮副建模。若选择主动轮或从动轮单独建模，系统将分别弹出相应的结构参数对话框。若选择齿轮副建模，系统将首先弹出主动轮实体建模结构参数对话框，然后弹出从动轮实体建模结构参数对话框。本例为了进行齿轮副啮合仿真分析，选择齿轮副建模，系统首先弹出主动轮建模结构参数输入对话框，如图 8.35 所示。

针对渐开线圆柱齿轮结构的多种结构形式，系统根据齿轮齿顶圆的大小提供了实体式、腹板式和轮辐式三种建模类型。系统将根据齿轮的尺寸自动选择推荐的结构形式。如果设计人员对建议的结构形式不满意，可自行选定其他结构形式，并输入相应的结构参数。

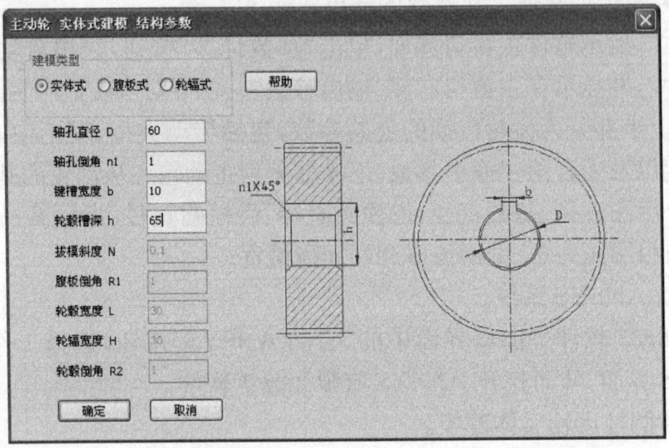

图 8.35　主动齿轮实体式建模结构参数输入

本例中主动轮的齿顶圆直径为 46mm，属于实体式结构范围，在打开的主动轮实体式建模类型中，系统自动选择实体式类型。实体式齿轮建模需要输入的参数有轴孔直径、轴孔倒角、键槽宽度和轮毂槽深。在对话框中输入相应的主动轮结构参数，然后单击“确定”按钮，系统弹出从动轮实体建模结构参数输入对话框，如图 8.36 所示。

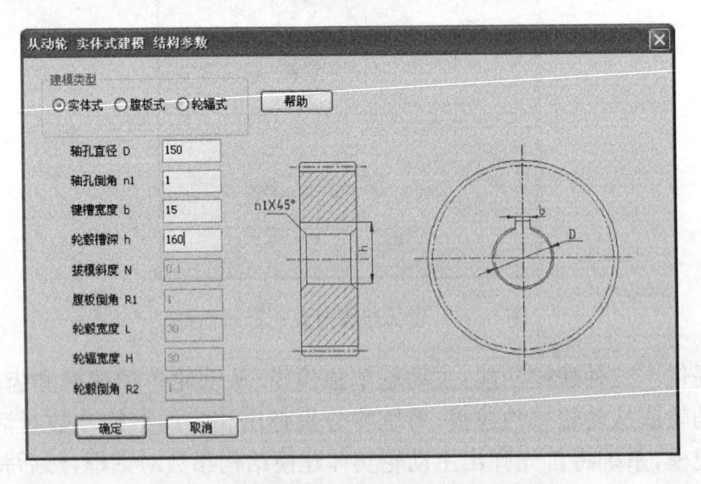

图 8.36　从动轮实体式建模结构参数输入

本例中从动轮的齿顶圆直径为 131.49mm，仍属于实体式结构范围，在打开的从动轮实体式建模类型中，系统自动选择实体式类型。与主动轮一样，在对话框中输入相应的齿轮结构参数，然后点击“确定”按钮，回到系统主界面，可将其最小化，以便实现在 ANSYS 中的建模。

切换窗口到 ANSYS 主窗口界面，为了便于观察，将图形显示窗口的背景颜色改为白色。在 ANSYS 主界面中单击工具条中的“MODELING_RUN”按钮，ANSYS 内部会自动运行齿轮建模程序，运行完毕后，在 ANSYS 图形显示窗口建立了一个完整的齿轮副装配结构模型，如图 8.37 所示。

2）齿轮副瞬态啮合仿真分析

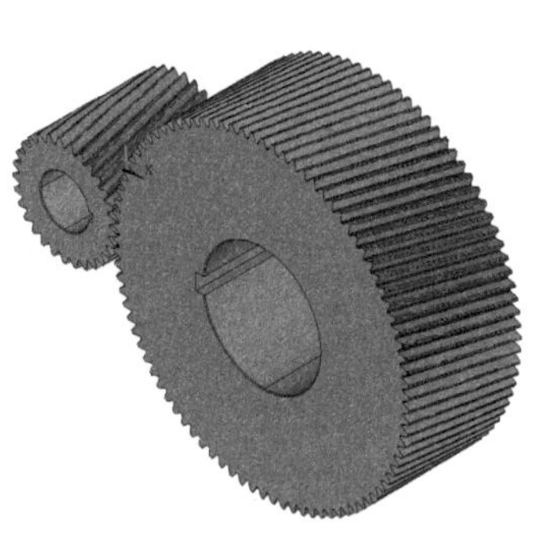

图 8.37　齿轮副装配结构模型

单击如图 8.33 所示软件主窗口界面中的“有限元分析”按钮，进入渐开线圆柱齿轮传动啮合仿真分析模式。

（1）确定分析类型和主动轮旋转方向。

在软件主窗口点击“有限元分析”按钮后，系统弹出有限元建模与分析对话框，如图 8.38 所示。按照从上到下、从左到右的界面操作顺序，首先在分析类型一栏中点选“瞬态啮合仿真分析”选项，此时与齿轮静接触分析有关的主动轮啮合位置一栏，编辑框变为灰色，呈不可用状态。在主动轮旋转方向一栏中有顺时针和逆时针选项，分析时可根据实际情况进行选择。本例中主动轮旋转方向选择逆时针。

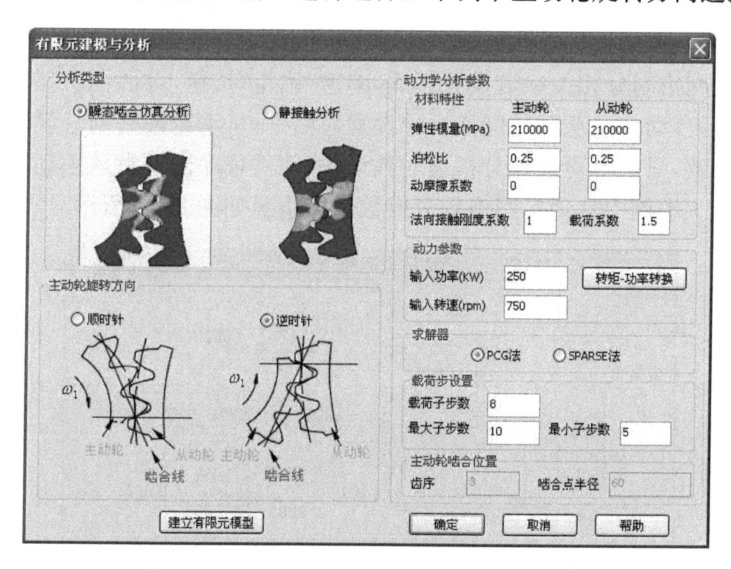

图 8.38　啮合分析参数设置对话框

（2）齿轮副有限元模型网格设置。

在图 8.38 所示的有限元建模与分析对话框中，单击“建立有限元模型”按钮，首先弹出主动轮网格划分设置对话框，如图 8.39 所示。主动轮网格划分需要设置的参数有刚化半径系数、手工划分半径系数、LDX1 分段数、LDX2 分段数、LDX3

分段数、LDX4 分段数、LDX5 分段数和齿对数。用户可根据对话框中主动轮轮齿端面网格设置示意图设置相应的参数，本例中主动轮网格划分按照图 8.39 所示参数进行设置。

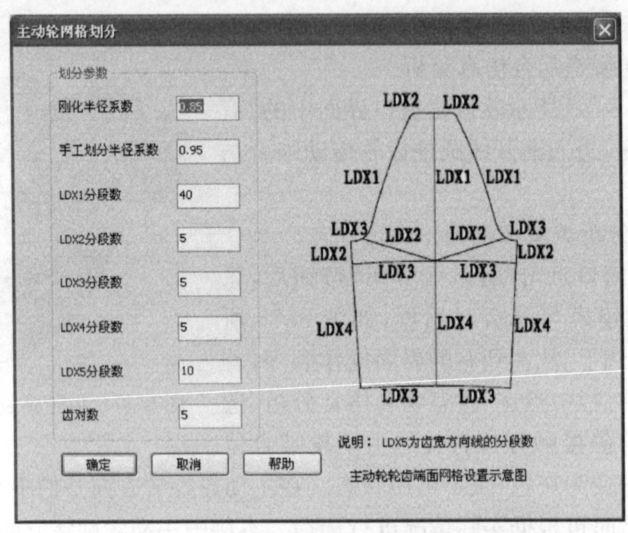

图 8.39 主动轮网格划分参数设置对话框

主动轮网格划分相关参数设置好后，单击“确定”按钮，对话框将保存相关参数并退出，然后自动弹出从动轮网格划分设置对话框，从动轮网格划分设置和主动轮步骤基本一致，只是不再进行分析齿对数设置，软件程序内部默认主动轮和从动轮的齿数相等。本例中从动轮网格划分参数设置情况如图 8.40 所示。

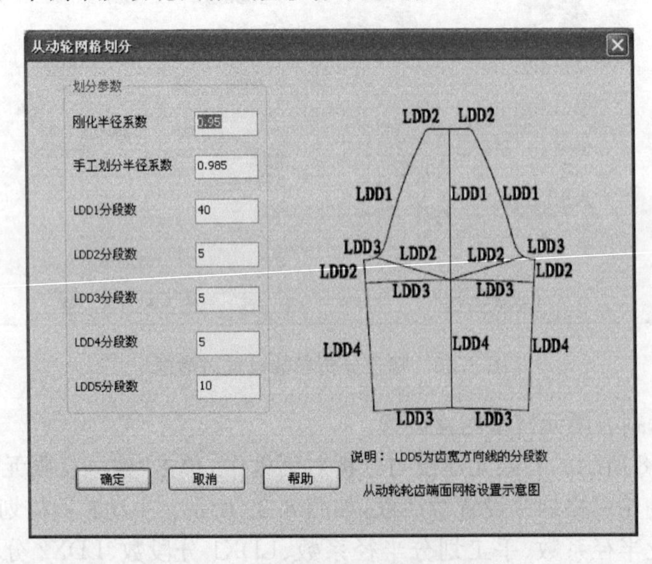

图 8.40 从动轮网格划分设置对话框

当从动轮网格划分参数设置完后，单击"确定"按钮，返回到有限元建模与分析设置对话框。

(3) 瞬态啮合仿真分析参数设置。

如图 8.38 所示，齿轮副瞬态啮合分析的"分析参数"包括材料特性参数、计算参数、动力参数、求解器类型和载荷步设置参数。

材料特性参数包含主动轮和从动轮的弹性模量、泊松比和摩擦系数。在不考虑摩擦作用的条件下，可以将主、从动轮的材料摩擦系数设为零，接触对之间的摩擦系数程序默认按照接触单元所属材料的摩擦系数设定。主、从动轮的材料特性参数要根据实际情况分别输入。

计算参数包括法向接触刚度系数和载荷系数。法向接触刚度系数的设置最为重要，它影响到接触界面处的穿透性，同时对计算收敛有一定的影响，法向接触刚度系数的初始设置为默认值 1，根据齿轮有限元分析后处理结果和实际齿轮工作状况可以对法向接触刚度系数进行更改。载荷系数由使用系数、动载系数和齿向载荷分布系数三部分组成，参照传统齿轮设计方法取值。

动力参数包含主动轮的输入功率(传递功率)和输入转速。如已知的是输入转矩，可使用系统提供的换算工具自动换算成输入功率。

系统提供的求解器有两种：预条件件求解器(PCG)和稀疏矩阵求解器(SPARSE)。齿轮瞬态啮合仿真分析时，建议优先选用 PCG。

载荷步的设置要考虑齿轮分析的复杂性和有限元模型单元数量，载荷子步数为用户设置的基准值，系统根据设置的载荷子步数设置各载荷步的相关参数，最大子步数和最小子步数为用户预设的载荷步范围，用以控制计算规模与时间。

本例中斜齿轮传动瞬态啮合仿真分析参数设置情况如图 8.38 所示。

(4) 有限元建模与分析。

在图 8.38 所示有限元建模与分析对话框中，设置完所有参数，单击"确定"按钮，将回到系统主界面，可将其最小化(注意：系统主界面不能关闭)。然后将打开的 ANSYS 主窗口界面最大化，单击主界面工具条中的"MODELING_RUN"按钮，ANSYS 自动运行齿轮建模程序，在 ANSYS 图形显示窗口生成一个完整的齿轮副有限元模型，如图 8.41 所示。

此时需要检查生成的斜齿轮副分析模型是否正确、网格划分是否合适以及生成的单元质量和数量。若有限元模型不合适，可以返回重新设置网格划分参数，若模型合适，直接单击 ANSYS 主界面工具条中的"ANALYSIS_RUN"按钮，ANSYS 自动运行齿轮分析求解程序，求解完成并保存分析结果后，进入通用后处理，进行结果分析与解读。

3) 斜齿圆柱齿轮传动瞬态啮合仿真分析后处理

在进行瞬态啮合仿真分析后处理之前，首先需要完成参数计算和有限元建模

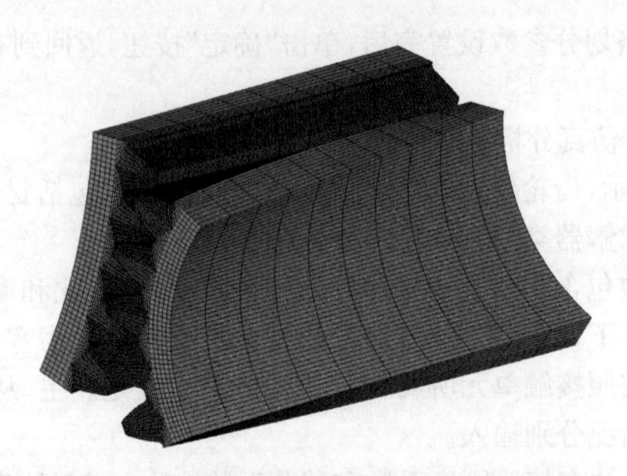

图 8.41　斜齿轮副瞬态啮合仿真分析有限元模型

及瞬态啮合仿真分析，以本次计算为例，在进行完瞬态啮合仿真分析后，其结果保存在 D:\ANSYS_TEST 下。在软件主界面单击“后处理”按钮，进入如图 8.42 所示的后处理主界面。

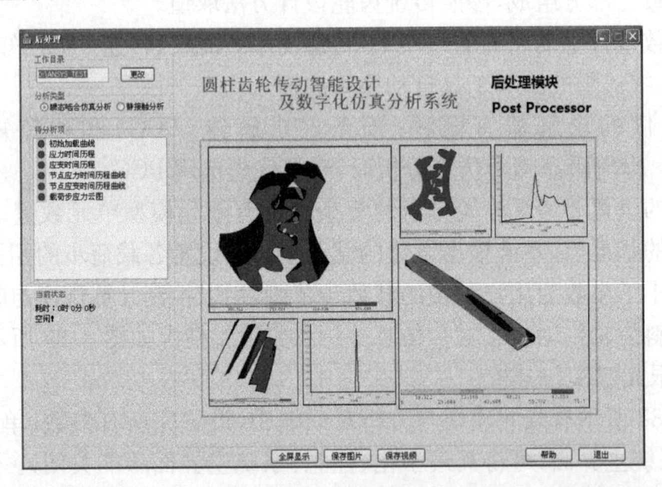

图 8.42　斜齿圆柱齿轮传动瞬态啮合仿真分析后处理

首先需要检查界面中的工作目录是否与当前待分析的工作目录相对应，如果不一致，单击“更改”按钮更改工作目录，此处需要将其更改为 D:\ANSYS_TEST。然后选择分析类型(此处为瞬态啮合仿真分析)，根据所选的分析项目读取分析结果。

(1) 初始加载曲线。

双击“初始加载曲线”，下级列表中显示“转矩时间历程”、“转速时间历程”和“角位移时间历程”；可以单击某一项，如“转矩时间历程”，此时将弹出提示，如图 8.43 所示，单击“是”后，将开始进行“转矩时间历程”后处理分析。分析完成后，转矩时间历程的结果将显示在界面上，如图 8.44 所示。可以通过单击“全屏查看”按钮进行全屏查看，或者单击“保存图片”按钮保存该图片。转速时间历程和角位移时间历程与此类似。

图 8.43　后处理分析提示框

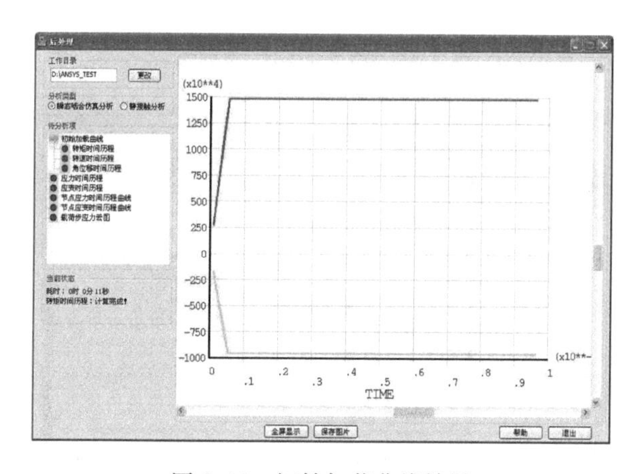

图 8.44　初始加载曲线结果

（2）应力时间历程。

双击“应力时间历程”，下级列表显示“齿根弯曲应力…”、“齿面接触应力”、“齿面接触部位等效应力…”，其中的“…”表示存在下级列表，此处以齿根弯曲应力为例。双击“齿根弯曲应力”，下级列表显示“主动轮齿根弯曲应力”、“从动轮齿根弯曲应力”，如图 8.45 所示。

单击“主动轮齿根弯曲应力”后，弹出如图 8.43 所示的提示框，该提示框用于提示分析即将开始，单击“是”后，即可开始主动轮齿根弯曲应力后处理分析。分析时间因计算机配置而有所差异。分析结束后，将生成主动轮齿根弯曲应力的动画并在界面上播放，如图 8.46 所示。可以通过单击“保存视频”按钮将该视频保存以便查看。齿面接触应力和齿面接触部位等效应力的分析过程与此类似。

（3）应变时间历程。

应变时间历程的操作步骤与应力时间历程类似。如图 8.47 所示，双击“应变时间历程”，下级列表显示“齿根部位应变…”和“齿面接触部位应变…”。

以主动轮齿根部位应变为例，单击“主动轮齿根部位应变”，弹出如图 8.43 所

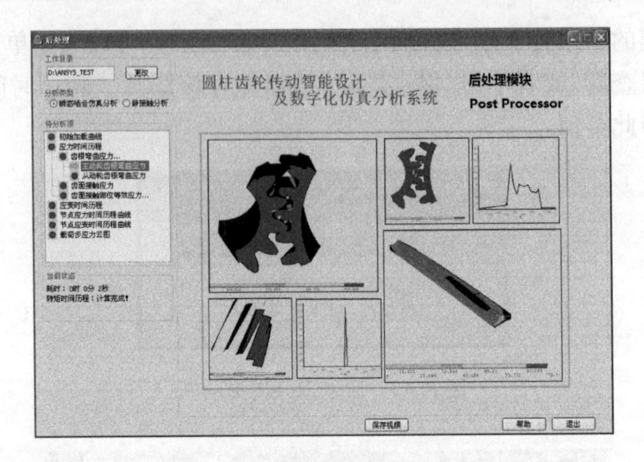

图 8.45　应力时间历程列表

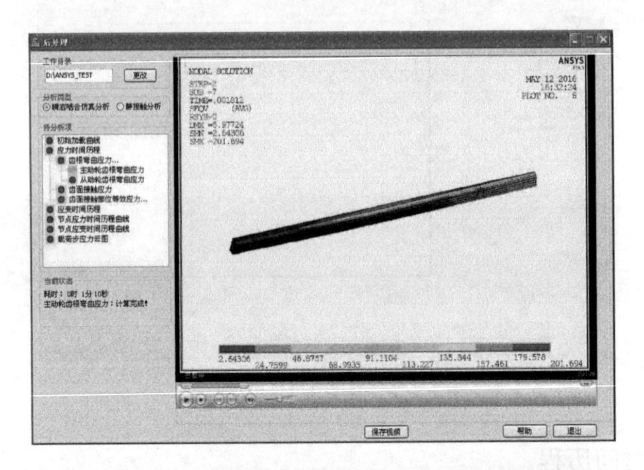

图 8.46　主动轮齿根弯曲应力时间历程动画截屏

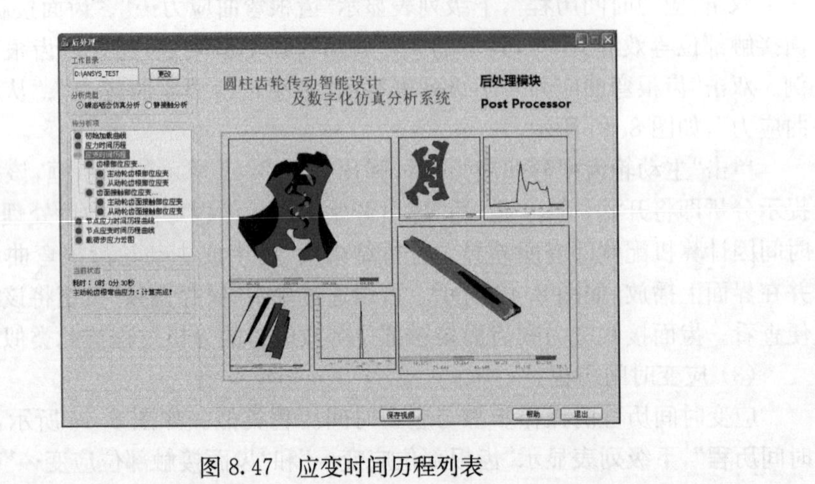

图 8.47　应变时间历程列表

示的提示框,单击“是”后,即可开始分析。分析结束后,将生成主动轮齿根弯曲部位应变的动画并在界面播放。齿根弯曲部位应变动画也可保存以便查看。

(4) 节点应力时间历程曲线。

“节点应力时间历程曲线”所包含的分析项有“齿面接触应力曲线…”、“齿根等效应力曲线…”,如图 8.48 所示。其中,“指定节点接触应力”、“指定节点等效应力”需要自行设置节点位置的参数,如节点位置宽度和节点位置半径;而“齿面极限接触应力点”、“齿根极限等效应力点…”则不需要指定,软件将自动查找最大接触应力和最大弯曲应力的节点。

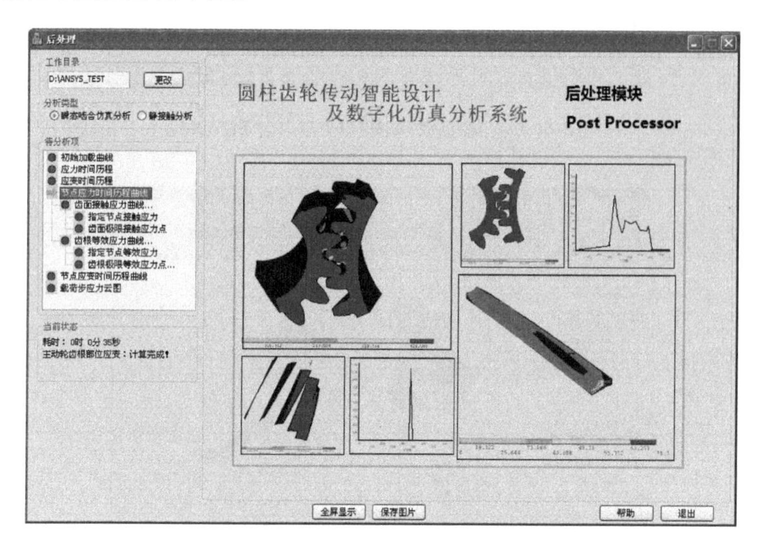

图 8.48 节点应力时间历程曲线列表

单击“齿面极限接触应力点”,将开始分析节点最大接触应力,分析完成后除在界面显示最大接触应力图片外,还将显示应力值、所属载荷步以及节点编号等信息,如图 8.49 所示。“齿根极限等效应力点”的操作步骤与“齿面极限接触应力点”类似。

(5) 载荷步应力云图。

双击“载荷步应力云图”,显示下级列表如图 8.50 所示,分析项包含“各载荷步接触应力”、“各载荷步弯曲应力…”。

单击“各载荷步接触应力”,弹出如图 8.51 所示载荷步编号设置对话框,在载荷步的参考范围内,输入载荷步的编号,即可开始分析。分析之后的结果将以图片的形式显示在界面上,如图 8.52 所示。“各载荷步弯曲应力”的操作步骤与“各载荷步接触应力”类似。

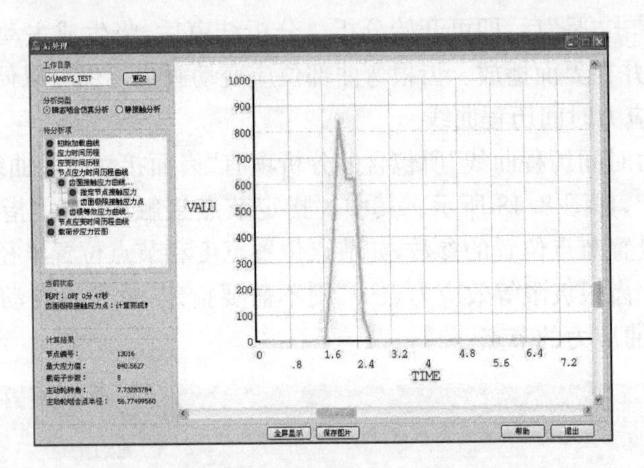

图 8.49　齿面极限接触应力点分析结果

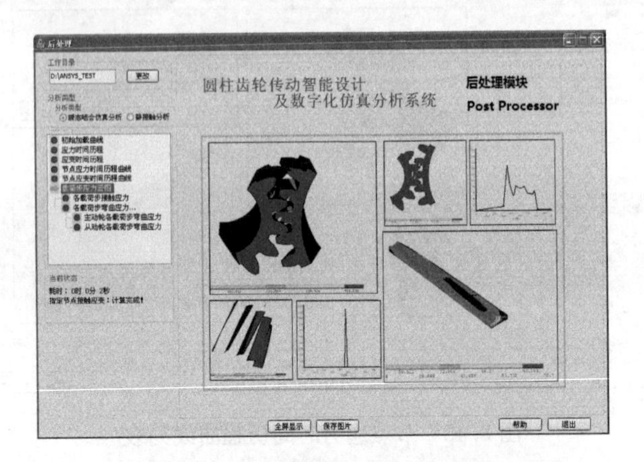

图 8.50　载荷步应力云图列表

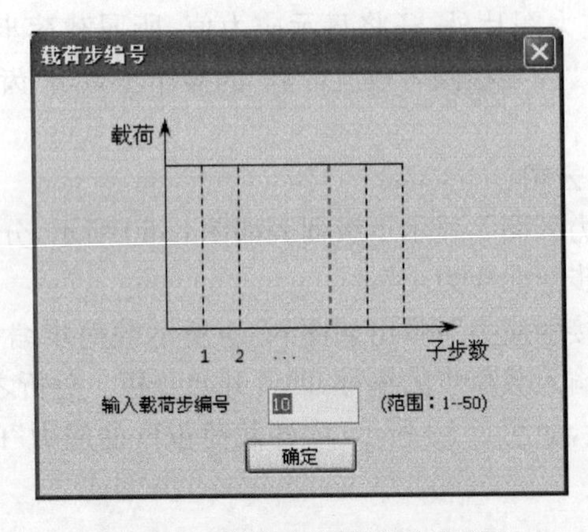

图 8.51　载荷步编号设置对话框

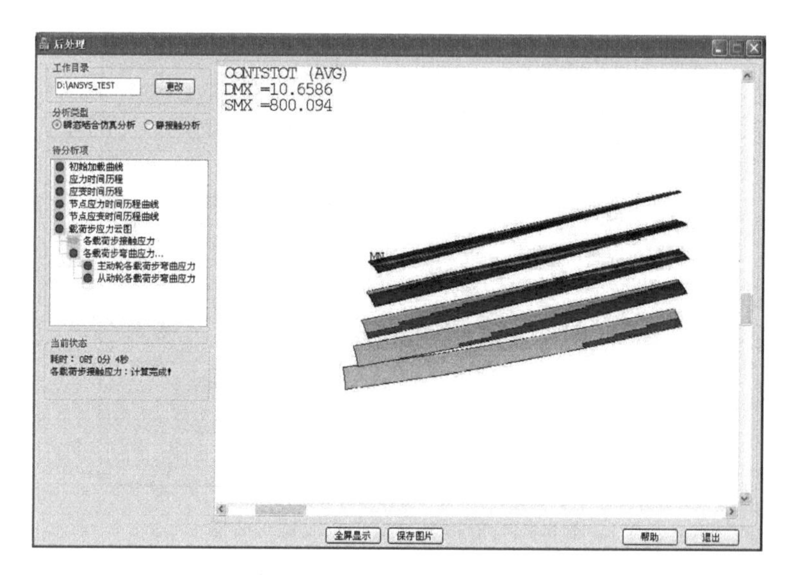

图 8.52　各载荷步接触应力结果

4）齿轮副静接触分析

齿轮副瞬态啮合分析可以有效模拟齿轮副在任意啮合位置的应力、应变等啮合性能参数及其变化规律，但分析时间较长，对计算机性能要求高，特别是要对齿轮副的某一啮合位置进行性能研究时，瞬态分析并不适合，应采用静接触分析方法处理。静接触分析可以根据设定的参数实现齿轮副在任意指定位置的啮合及静接触分析，具体步骤如下。

(1) 确定分析类型和主动轮旋转方向。

单击如图 8.33 所示软件主窗口界面中的“有限元分析”按钮，弹出有限元建模与分析设置对话框，如图 8.53 所示。在分析类型一栏中点选“静接触分析”选项，在主动轮旋转方向一栏中有顺时针和逆时针选项，可根据实际情况进行选择。本例中主动轮旋转方向选择逆时针。

(2) 齿轮副有限元模型网格参数设置。

在图 8.53 所示对话框中，单击“建立有限元模型”按钮，弹出主、从动轮网格划分设置对话框，齿轮静接触分析有限元模型网格划分设置和瞬态啮合分析类似。

(3) 静接触分析参数设置。

齿轮副静接触分析的分析参数设置与瞬态啮合分析基本一致。由于静接触问题较瞬态啮合仿真问题相对容易，在设置静接触分析求解载荷步时可以比在设置瞬态啮合仿真分析的载荷步小很多。

与瞬态啮合分析不同的是，齿轮副静接触分析需要指定主动轮啮合位置。静接触分析主要是计算在静载荷作用下结构的响应，用户对齿轮副静接触分析感兴

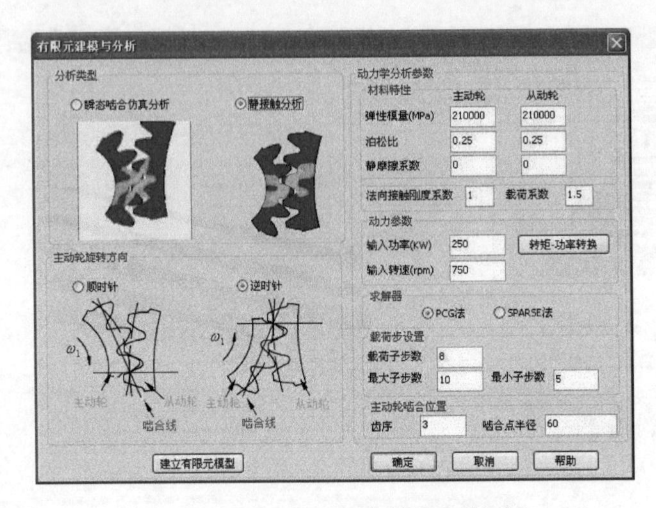

图 8.53　静接触分析参数设置对话框

趣的位置通常是渐开线齿廓啮合的位置，以主动轮为基准，可以通过设置啮合主动轮的齿序和啮合点半径来实现一对齿轮副在任意位置的啮合。本例中齿轮副选择在主动轮第 3 个齿、啮合点半径为 60mm 的位置啮合，具体静接触分析参数设置如图 8.53 所示。

(4) 建模与分析。

设置完图 8.53 所示对话框中的所有参数后，单击“确定”按钮，将回到系统主界面，将其最小化，然后打开 ANSYS 主窗口并将其最大化，单击主界面工具条中的“MODELING_RUN”按钮，ANSYS 自动运行齿轮建模程序，在 ANSYS 图形显示窗口生成一个完整的齿轮副(在第 3 对齿的指定位置啮合)静接触分析模型，如图 8.54 所示。

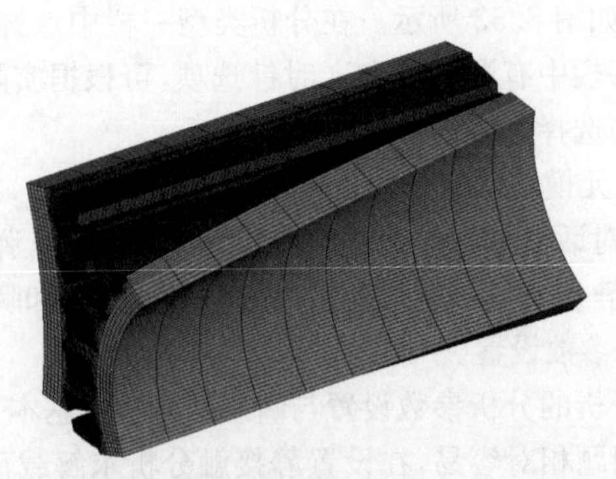

图 8.54　齿轮副静接触分析有限元模型

此时需要检查生成的齿轮副分析模型是否正确、网格划分是否合适以及网格模型的单元质量和数量。若生成的模型不合适，可以返回重新设置网格划分参数，若模型合适，直接单击 ANSYS 主界面工具条中的“ANALYSIS_RUN”按钮，ANSYS 自动运行齿轮静接触分析程序，求解完成并保存结果后，进入通用后处理，读取静接触分析结果数据。

5) 静接触分析后处理

在进行静接触后处理之前，必须完成齿轮静接触分析计算，否则后处理程序无法执行。本例中静接触分析完成后，结果保存在 D:\STATIC 下。在软件主界面单击“后处理”按钮，进入如图 8.55 所示的静接触分析后处理主界面。

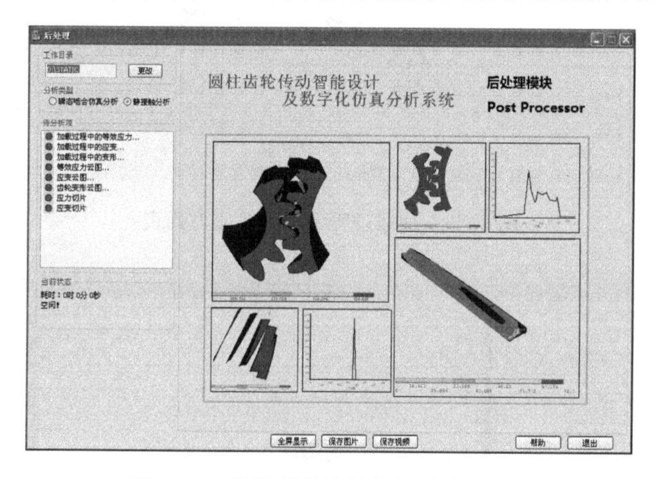

图 8.55　齿轮副静接触分析后处理界面

与瞬态啮合分析后处理一样，首先需要检查界面中的工作目录是否与当前待分析的工作目录相对应，如果不一致，单击“更改”按钮更改工作目录；然后选择分析类型为静接触分析，进入静接触分析后处理界面。

静接触分析后处理的待分析项共分为三类 8 项，分别为：加载过程中的等效应力(应变、变形)、等效应力(应变、变形)云图、应力(应变)切片。各类中分析项的操作方法基本相同，所以此处仅以加载过程中的等效应力、等效应力云图、应力切片为例，进行简单介绍。

(1) 加载过程中的等效应力。

双击“加载过程中的等效应力”，展开下级列表如图 8.56 所示，该列表中含有主动轮等效应力、从动轮等效应力、齿轮副等效应力。

单击“主动轮等效应力”，在随后弹出的确认对话框中单击“是”，即可开始主动轮应力的结果后处理。结果分析完毕后，将生成主动轮加载过程中的等效应力云图并在界面中播放，如图 8.57 所示。可以通过单击“保存视频”按钮保存该视频。从动轮等效应力及齿轮副等效应力与此操作类似。

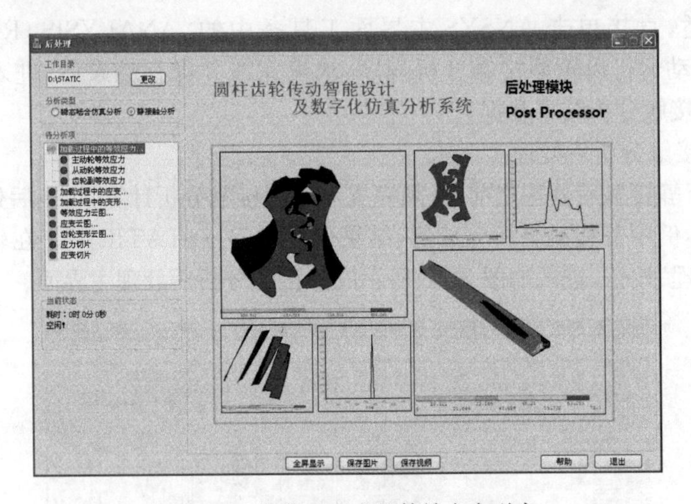

图 8.56　加载过程中的等效应力列表

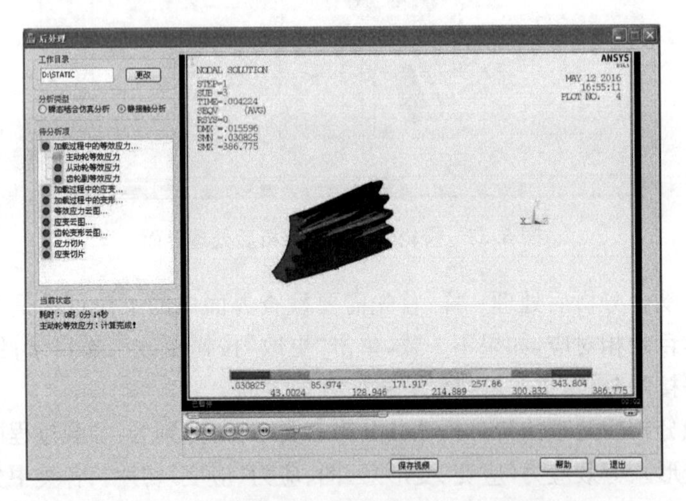

图 8.57　加载过程中主动轮等效应力视频截图

(2) 等效应力云图。

双击“等效应力云图”，展开如图 8.58 所示的下级列表，该列表包含主、从动轮和齿轮副等效应力云图，主、从动轮齿根应力云图以及齿面接触应力云图。

以“主动轮齿根应力云图”为例，其他分析项的操作与此类似。单击“主动轮齿根应力云图”，在随后弹出的确认对话框中单击“是”，即可开始主动轮齿根应力的后处理分析。分析完成后，界面中将显示如图 8.59 所示的主动轮齿根应力云图后处理结果。

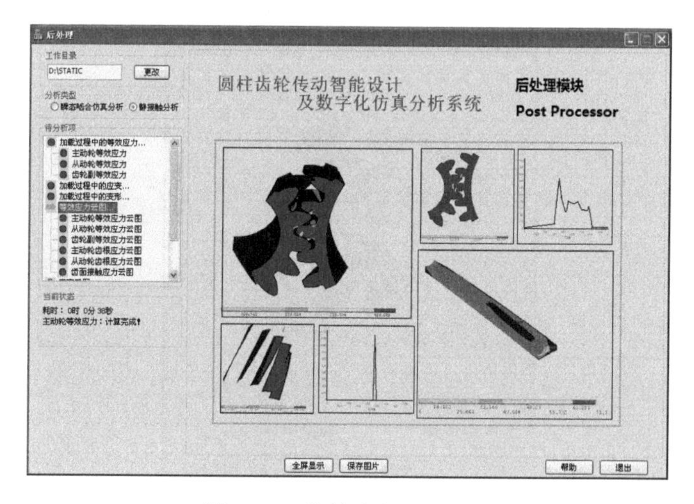

图 8.58　等效应力云图列表

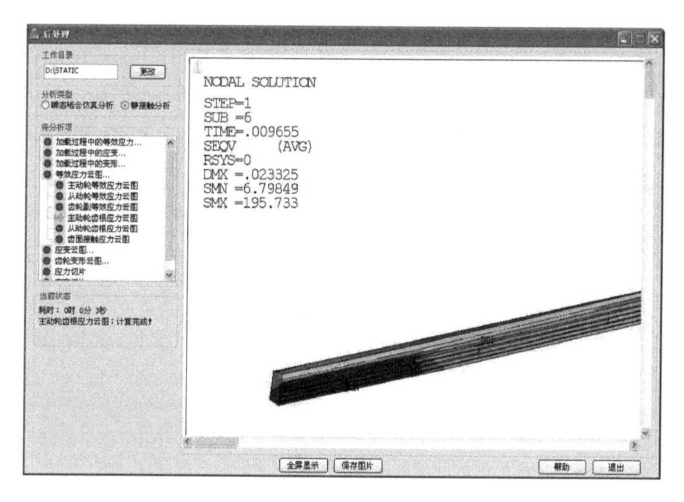

图 8.59　主动轮齿根应力云图结果

(3) 应力切片。

单击“应力切片”，弹出如图 8.60 所示的切片参数设置对话框，设置切片沿齿宽方向的位置，其数值范围已在对话框中显示，可参考此范围选择切片的位置。单击“确定”按钮后，在随后弹出的确认对话框中单击“确定”按钮，即可开始应力切片的后处理分析。分析完成后，界面中将显示如图 8.61 所示的应力切片后处理结果。

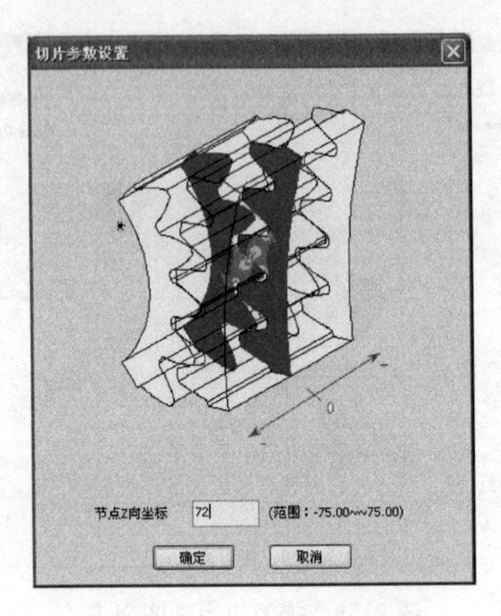

图 8.60　应力切片参数设置对话框

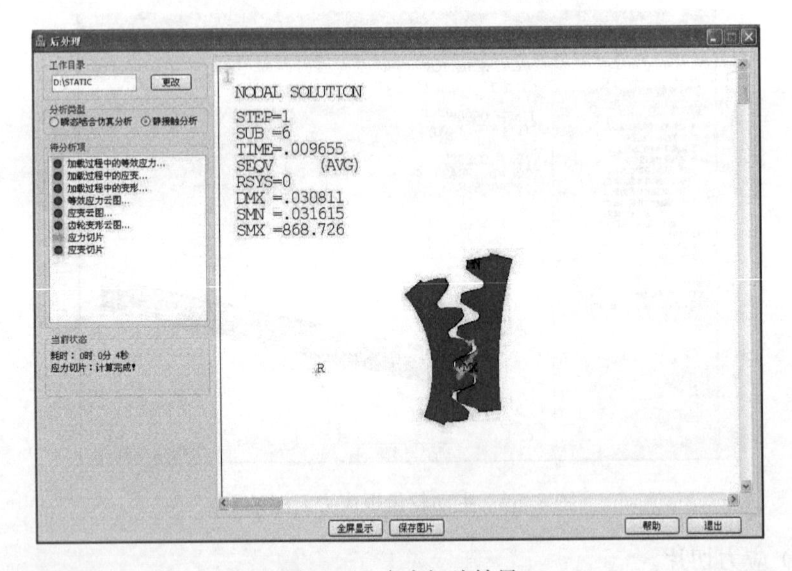

图 8.61　应力切片结果

8.4　本章小结

本章首先介绍了渐开线圆柱齿轮传动智能设计及仿真分析系统的开发思路、总体框架以及所用到的开发工具，对系统中的各个模块进行了详细的功能介绍。其次重点介绍了开发过程中 VC 与 MATLAB 的联合编程优化问题，利用 MATLAB 提供的编程接口将优化代码封装为 dll 文件以便可以在 VC 中直接调用。最后以实际的设计示例，对某圆柱齿轮传动进行了智能设计和仿真分析，验证了系统的可靠性和实用性。

参考文献

[1] 仇谷烽，张京，曹黎明. 基于 Visual C++的 MFC 编程. 北京：清华大学出版社，2015.

[2] 杨森，曹宝香，李天盟. 国家赛艇队管理系统上数据同步的研究与实现. 微计算机应用，2009，30(1)：72-76.

[3] 龚纯，王正林. 精通 MATLAB 最优化计算. 北京：电子工业出版社，2009.

[4] 张朝晖. ANSYS 11.0 结构分析工程应用实例解析. 2 版. 北京：机械工业出版社，2008.

[5] 齿轮手册编委会. 齿轮手册. 2 版. 北京：机械工业出版社，2010.

[6] 成大先. 机械设计手册. 北京：化学工业出版社，2007.

[7] 国家技术监督局. GB/T 3480—1997. 渐开线圆柱齿轮承载能力计算方法. 北京：中国标准出版社，1997.

[8] 国家质量监督检验检疫总局，中国国家标准化管理委员会. GB/T 10095.1—2008. 圆柱齿轮精度制 第 1 部分：轮齿同侧齿面偏差的定义和允许值. 北京：中国标准出版社，2008.

[9] MathWorks. MATLAB 帮助文件. Natick：MathWorks，2010.

[10] 张亮. MATLAB 与 C/C++混合编程. 北京：人民邮电出版社，2008.

附　录

1. 圆柱齿轮两级优化目标函数 targ(x)代码

```
function y=targ(x)
% 两级圆柱齿轮传动优化目标函数
% 目标函数为:最小总中心距或最小总体积
% 仅针对两级齿轮传动均为外啮合的情况
% *******************************************************
%    x(1):高速级-主动轮齿数 Z1
%    x(2):低速级-法面模数 mn1
%    x(3):高速级-(螺旋角 β1,单位:rad)
%    x(4):高速级-齿数比 u1
%    x(5):低速级-主动轮齿数 Z3
%    x(6):低速级-法面模数 mn2
%    x(7):低速级-(螺旋角 β2,单位:rad)
% *******************************************************
global USIGMA B1 B2 AGOAL EXPAND
% *******************************************************
d1=x(1) * x(2)/cos(x(3));                          % 高速级-主动轮直径
d3=x(5) * x(6)/cos(x(7));                          % 低速级-主动轮直径
a1=0.5 * d1 * (x(4)+1);                            % 高速级-中心距
a2=0.5 * d3 * (USIGMA/x(4)+1);                     % 低速级-中心距
v1=0.25 * pi * d1^2 * B1 * (x(4)^2+1);             % 高速级-体积
v2=0.25 * pi * d3^2 * B2 * ((USIGMA/x(4))^2+1);    % 低速级-体积

if EXPAND==1                                       % 两级展开式减速器
    if AGOAL==1                                    % 以最小总中心距为优化目标
        y=a1+a2;
    else
        y=v1+v2;                                   % 以最小总体积为优化目标
    end;
else                                               % 两级同轴式减速器
    if AGOAL==1                                    % 以最小总中心距为优化目标
        y=a1;
```

```
    else
        y=v1+v2;                                  % 以最小总体积为优化目标
    end;
end;
end
```

2. 圆柱齿轮两级优化约束函数 cons(x)代码

```
function [c,ceq]=cons(x)
% 两级圆柱齿轮传动约束条件
% *************************************************************************
%    x(1):高速级-主动轮齿数 Z1
%    x(2):低速级-法面模数 mn1
%    x(3):高速级-(螺旋角 β1,单位:rad)
%    x(4):高速级-齿数比 u1
%    x(5):低速级-主动轮齿数 Z3
%    x(6):低速级-法面模数 mn2
%    x(7):低速级-(螺旋角 β2,单位:rad)
% 约束条件除保证高速级、低速级满足接触和弯曲强度外,
% 还应满足尺寸不发生干涉、两级大齿轮均保证润滑等条件
% *************************************************************************
global BFIX1 BFIX2 FD1 FD2 USIGMA STAGE EXPAND SH1 SH2 SF1 SF2 SH3 SH4 SF3 SF4
global EQUALBETA B1 B2 PATH T1 T3 HLIM1 HLIM2 FLIM1 FLIM2
global HLIM3 HLIM4 FLIM3 FLIM4 DSH1 DSH2 inum
global VSH1 VSH2 VSF1 VSF2 VSH3 VSH4 VSF3 VSF4

inum=inum+1;
dir=strcat(PATH,'\2stages\flag.txt');
dir=['del',dir];
dos(dir);                                   % 删除标识文件
dir=strcat(PATH,'\2stages\2stagesmatlab.exe');
open(dir);                                  % 调用 VC 模块重新计算各参数
while 1                                     % 判断标识文件是否存在
    dir=strcat(PATH,'\2stages\flag.txt');
    fileexist=exist(dir,'file');
    if fileexist~=0                         % 计算完成
        break;
    end;
end;
```

```
D1=x(1)*x(2)/cos(x(3));
D3=x(5)*x(6)/cos(x(7));

if BFIX1==0                                    % 高速级固定齿宽系数
    B1=FD1*D1;
end;
if BFIX2==0                                    % 低速级固定齿宽系数
    B2=FD2*D3;
end;

% 高速级
STAGE=1;
varied_factors();                              % 初始化各系数
% 计算中间参数
a1=0.5*x(2)*x(1)*(x(4)+1)/cos(x(3));           % 中心距
SIGH0=ZH*ZE*ZEPS*ZBETA*sqrt(2000*T1*(x(4)+1)/(D1^2*B1*x(4)));
                                               % 接触应力基本值
SIGH1=ZB*SIGH0*(sqrt(KA*KV*KHB*KHA));          % 主动轮计算接触应力
SIGH2=ZD*SIGH0*(sqrt(KA*KV*KHB*KHA));          % 从动轮计算接触应力
SIGHG1=HLIM1*ZNT1*ZL1*ZV1*ZR1*ZW1*ZX1;         % 主动轮接触极限应力
SIGHG2=HLIM2*ZNT2*ZL2*ZV2*ZR2*ZW2*ZX2;         % 从动轮接触极限应力
SIGHP1=SIGHG1/SHMIN;                           % 主动轮许用接触应力
SIGHP2=SIGHG2/SHMIN;                           % 从动轮许用接触应力

SH1=SIGHG1/SIGH1;                              % 主动轮安全系数
SH2=SIGHG2/SIGH2;                              % 从动轮安全系数

SIGF01=2000*T1*YF1*YS1*YBETA/(D1*B1*x(2));
                                               % 主动轮弯曲应力基本值
SIGF02=2000*T1*YF2*YS2*YBETA/(D1*B1*x(2));
                                               % 从动轮弯曲应力基本值
SIGF1=SIGF01*KA*KV*KFB*KFA;                    % 主动轮计算弯曲应力
SIGF2=SIGF02*KA*KV*KFB*KFA;                    % 从动轮计算弯曲应力
SIGFG1=FLIM1*YST1*YNT1*YDRT1*YRRT1*YX1;        % 主动轮弯曲极限应力
SIGFG2=FLIM2*YST2*YNT2*YDRT2*YRRT2*YX2;        % 从动轮弯曲极限应力
SIGFP1=SIGFG1/SFMIN;                           % 主动轮许用弯曲应力
SIGFP2=SIGFG2/SFMIN;                           % 从动轮许用弯曲应力
```

```
SF1=SIGFG1/SIGF1;                              % 主动轮安全系数
SF2=SIGFG2/SIGF2;                              % 从动轮安全系数

% 低速级
STAGE=2;
varied_factors();                              % 初始化各系数
U2=USIGMA/x(4);
a2=0.5*x(6)*x(5)*(U2+1)/cos(x(7));             % 中心距
T3=x(4)*T1;

SIGH01=ZH*ZE*ZEPS*ZBETA*sqrt(2000*T3*(U2+1)/(D3^2*B2*U2));
                                               % 接触应力基本值
SIGH3=ZB*SIGH01*(sqrt(KA*KV*KHB*KHA));         % 主动轮计算接触应力
SIGH4=ZD*SIGH01*(sqrt(KA*KV*KHB*KHA));         % 从动轮计算接触应力
SIGHG3=HLIM3*ZNT1*ZL1*ZV1*ZR1*ZW1*ZX1;         % 主动轮接触极限应力
SIGHG4=HLIM4*ZNT2*ZL2*ZV2*ZR2*ZW2*ZX2;         % 从动轮接触极限应力
SIGHP3=SIGHG3/SHMIN;                           % 主动轮许用接触应力
SIGHP4=SIGHG4/SHMIN;                           % 从动轮许用接触应力

SH3=SIGHG3/SIGH3;                              % 主动轮安全系数
SH4=SIGHG4/SIGH4;                              % 从动轮安全系数

SIGF03=2000*T3*YF1*YS1*YBETA/(D3*B2*x(6));
                                               % 主动轮弯曲应力基本值
SIGF04=2000*T3*YF2*YS2*YBETA/(D3*B2*x(6));
                                               % 从动轮弯曲应力基本值
SIGF3=SIGF03*KA*KV*KFB*KFA;                    % 主动轮计算弯曲应力
SIGF4=SIGF04*KA*KV*KFB*KFA;                    % 从动轮计算弯曲应力
SIGFG3=FLIM3*YST1*YNT1*YDRT1*YRRT1*YX1;        % 主动轮弯曲极限应力
SIGFG4=FLIM4*YST2*YNT2*YDRT2*YRRT2*YX2;        % 从动轮弯曲极限应力
SIGFP3=SIGFG3/SFMIN;                           % 主动轮许用弯曲应力
SIGFP4=SIGFG4/SFMIN;                           % 从动轮许用弯曲应力

SF3=SIGFG3/SIGF3;                              % 主动轮安全系数
SF4=SIGFG4/SIGF4;                              % 从动轮安全系数

d2=x(4)*D1;
da2=d2+2*x(2)/cos(x(3));
```

```
da3=D3+2*x(6)/cos(x(7));
%非线性约束条件
c(1)=SIGH1-SIGHP1;                      %高速级-主动轮计算接触应力约束条件
c(2)=SIGH2-SIGHP2;                      %高速级-从动轮计算接触应力约束条件
c(3)=SIGF1-SIGFP1;                      %高速级-主动轮计算弯曲应力约束条件
c(4)=SIGF2-SIGFP2;                      %高速级-从动轮计算弯曲应力约束条件
c(5)=SIGH3-SIGHP3;                      %低速级-主动轮计算接触应力约束条件
c(6)=SIGH4-SIGHP4;                      %低速级-从动轮计算接触应力约束条件
c(7)=SIGF3-SIGFP3;                      %低速级-主动轮计算弯曲应力约束条件
c(8)=SIGF4-SIGFP4;                      %低速级-从动轮计算弯曲应力约束条件

if EXPAND==1
    c(9)=0.5*da3-a1+(0.5*DSH1+10);      %低速级小齿轮不与输入轴干涉
    c(10)=0.5*da2-a2+(0.5*DSH2+10);     %高速级大齿轮不与输出轴干涉
    if EQUALBETA==1
        ceq(1)=x(3)-x(7);
    else
        ceq=[];                          %两级展开式无等式约束条件
    end;
else
    if EQUALBETA==1
        ceq(1)=x(3)-x(7);
ceq(2)=a1-a2;                            %两级同轴式的等式约束条件
    else
        ceq(1)=a1-a2;
    end;
end;

%保存设计变量并重新计算各参数
dir=strcat(PATH,'\2stages\DgnPara.txt');
fid=fopen(dir,'wt');
fprintf(fid,'Z1=%.6f\n',x(1));
fprintf(fid,'Z2=%.6f\n',x(1)*x(4));
fprintf(fid,'M1=%.6f\n',x(2));
fprintf(fid,'BETA1=%.6f\n',x(3)*180/pi);
fprintf(fid,'B1=%.6f\n',B1);
fprintf(fid,'Z3=%.6f\n',x(5));
fprintf(fid,'Z4=%.6f\n',x(5)*U2);
```

```
fprintf(fid,'M2=%.6f\n',x(6));
fprintf(fid,'BETA2=%.6f\n',x(7)*180/pi);
fprintf(fid,'B2=%.6f\n',B2);
fclose(fid);
end
```

3. 建立单个齿轮实体的APDL命令流代码

```
p1
/PREP7
! ***************************************************************************
! ** 齿轮1(基圆半径小于齿根圆的情况,此时没有齿根过渡线)生成第一个单元齿轮
! ***************************************************************************

ALLSEL
*GET,knmax0,kp,,num,max
*GET,knmax,kp,,num,max
*GET,lnmax,line,,num,max
*GET,anmax,area,,num,max
*IF,db_d,lt,df_d,then

alfa_f=acos(db_d/df_d)*180/pi
*ULIB,sdust_gearmodeling,mlib
*USE,Create_JKX

csys,0

ALLSEL
*GET,knmax,kp,,num,max
*GET,lnmax,line,,num,max
*GET,anmax,area,,num,max

KSEL,S,,,knmax0+1,knmax0+30,1     !选择所有的点
*ELSEIF,db_d,ge,df_d              !如果基圆大于等于齿根圆,则选择下面的程序
alfa_f=0
*ULIB,sdust_gearmodeling,mlib
*USE,Create_JKX
k,knmax+34,df_d/2,0
k,knmax+33,df_d/2+(db_d/2-df_d/2)*0.5,0
```

```
k,knmax+32,df_d/2+(db_d/2-df_d/2)*0.75,0
k,knmax+31,df_d/2+(db_d/2-df_d/2)*0.875,0
csys,0

ALLSEL
*GET,knmax,kp,,num,max
*GET,lnmax,line,,num,max
*GET,anmax,area,,num,max
KSEL,S,,,knmax0+1,knmax0+34,1       !齿根圆压力角(角度表示)

*ELSE                               !如果上述两者都不成立,则选择其他的
*ENDIF
!***********************************************************************
BSPLIN,ALL                          !绘制齿廓线
csys,4                              !工作平面
fai_s=st_d/d_d                      !端面分度圆处弧齿厚 st(此处为增加)
wprota,(theta_s+fai_s)*180/pi
wpstyl,,,,,,0
LSYMM,Y,lnmax+1
ALLSEL
csys,1                              !选择所有
*GET,knmax1,kp,,num,max             !得到当前最大关键点的编号
K,knmax1+1                          !建立一个新点

!在当前圆柱坐标系下
LARC,knmax0+1,knmax+1,knmax1+1,da_d/2 !创建齿顶圆弧
KGEN,2,knmax,,,0,deata_ang_d          !生成一半的齿根关键点
KGEN,2,knmax+2,,,0,-deata_ang_d       !生成一半的齿根关键点
larc,knmax+2,knmax+4,knmax1+1,df_d/2!生成第一个齿的齿根圆弧
larc,knmax,knmax+5,knmax1+1,df_d/2    !生成第一个齿的齿根圆弧

kl,lnmax+4,0.5                        !截取齿根多余的线
kl,lnmax+5,0.5                        !截取齿根多余的线
ALLSEL                                !选择所有
*GET,knmax2,kp,,num,max               !得到当前最大关键点的编号
lstr,knmax1+1,knmax2                  !生成两点之间的直线
lstr,knmax1+1,knmax2-1                !生成两点之间的直线
```

```
!!!!!!!
! *GET,lnmax2,line,,num,max             !得到当前最大关键点的编号
!!!!!!!
rf=df_d/2                               !齿根圆半径
! *GET,lnmax,line,,num,max              !得到当前最大关键点的编号
LSBL,lnmax+4,lnmax+7,,delete,KEEP       !剪断线 1
LSBL,lnmax+5,lnmax+6,,delete,KEEP       !剪断线 2

LDELE,lnmax+6,,,1
LDELE,lnmax+7,,,1
LDELE,lnmax+9,,,1                       !删除线 1
LDELE,lnmax+10,,,1                      !删除线 2
numcmp,kp                               !压缩点的编号
numcmp,line                             !压缩线的编号
ALLSEL                                  !选择所有

!ALLSEL
! *GET,knmax,kp,,num,max
*GET,lnmax1,line,,num,max
!ALLSEL                                 !选择所有
! *GET,lnmin,line,,num,min              !得到当前最大关键点的编号
lfillt,lnmax1-4,lnmax1-2,dd             !生成齿顶圆的圆弧
lfillt,lnmax1-3,lnmax1-2,dd
lfillt,lnmax1-4,lnmax1-1,dfr
lfillt,lnmax1,lnmax1-3,dfr              !生成齿根圆的圆弧

*GET,knmax,kp,,num,max

ALLSEL
*DO,i,knmax0+1,knmax,1
*IF,ky(i),GT,ky(knmax-2),AND,ky(i),LT,ky(knmax-3),THEN
KSEL,U,,,i
*ELSEIF,ky(i),GT,ky(knmax-7),AND,ky(i),LT,ky(knmax-6),THEN
  KSEL,U,,,i

*ELSEIF,ky(i),GT,ky(knmax-3),AND,ky(i),LT,ky(knmax-6),THEN
  *IF,kx(i),LT,kx(knmax-3),THEN
  KSEL,U,,,i
```

```
  *ELSE
  *ENDIF
 *ELSE
 *ENDIF
 *ENDDO

KSEL,INVE
KDELE,ALL
ALLSEL

*DO,i,1,7,1
kl,lnmax+8,i/8
*enddo

*DO,i,1,7,1
kl,lnmax+6,i/8
*enddo

*DO,i,1,5,1
kl,lnmax+3,i/6
*enddo

LDELE,lnmax+1,lnmax+9,1

ALLSEL
*GET,knmax3,kp,,num,max                          !得到当前最大关键点的编号

*DO,i,knmax0+1,knmax3,1                          !knmax=34
*IF,ky(i),GT,ky(knmax3-2),THEN
KDELE,i
*ELSE
*ENDIF
*ENDDO

NUMCMP,ALL

*GET,knmax3,kp,,num,max                          !得到当前最大关键点的编号
```

```
CSYS,4

KSYMM,Y,knmax0+1,knmax3,1
KPLOT,ALL
*GET,knmax4,kp,,num,max                    !得到当前最大关键点的编号
KDELE,knmax4

*GET,knmax5,kp,,num,max                    !得到当前最大关键点的编号
WPCSYS,-1,0
CSYS,1
kGEN,2,knmax0+1,knmax5,1,,-(theta_s+fai_s)*180/pi,,,,1
KSEL,S,,,knmax0+1,knmax5,1
knmax=knmax0
*get,enum,kp,0,count                       !取节点数目
*dim,kn,array,knmax5

csys,0
KSEL,S,,,knmax+1,knmax+(enum+1)/2,1

*do,j,knmax+1,knmax+(enum+1)/2

*GET,kxmin,kp,,mnloc,x                     !提取选择的关键点中X坐标值的最小值

*DO,i,knmax+1,knmax+(enum+1)/2,1
*IF,kx(i),eq,kxmin,then
kn(j)=i
ksel,u,,,i
*ELSE
*ENDIF
*ENDDO
*ENDDO

allsel
KSEL,S,,,knmax+(enum+1)/2+1,knmax5,1
*do,j,knmax+(enum+1)/2+1,knmax5
*GET,kxmax,kp,,mxloc,x                     !提取选择的关键点中X坐标值的最大值
*DO,i,knmax+1,knmax+enum,1
*IF,kx(i),eq,kxmax,then
```

```
kn(j)=i
ksel,u,,,i
*ELSE
*ENDIF
*ENDDO
*ENDDO
ALLSEL

CSYS,1
*do,i,1,2
h=b_d/4
r=d_d/2                                      !分度圆半径
w=((h)*tan(beita*pi/180)/r)*180/pi
Kgen,2,knmax0+1,knmax5,1,0,i*w,i*h           !旋转齿轮 1 的面
*enddo
KDELE,knmax0+1,2*knmax5-knmax0,1
NUMCMP,ALL
*do,i,1,19
Kgen,2,knmax0+1,knmax5,1,0,-i*w*4/19,-i*h*4/19
                                             !旋转齿轮 1 的面
*enddo

allsel
CSYS,0
/input,D:\sdust_gear\spur_gear\kparea\numw,TXT
*GET,knmax6,kp,,num,max                      !得到当前最大关键点的编号
KDELE,knmax+1,knmax6,1

!/copy,D:\ANSYS\chimian2\para,txt,,E:\xiechilun\para,txt
!/copy,D:\ANSYS\chimian2\data,txt,,E:\xiechilun\data,txt
!/sys,D:\ANSYS\chimian2\surfcreat.exe

/sys,copy D:\sdust_gear\spur_gear\kparea\para.txt
/sys,copy D:\sdust_gear\spur_gear\kparea\data.txt
/sys,D:\sdust_gear\spur_gear\kparea\surfcreat.exe
/aux15
ioptn,iges,nodefeat
igesin,output,igs
finish
```

```
/PREP7
NUMCMP,ALL
ASEL,S,,,anmax+1,anmax+6,1
CSYS,1
AGEN,Z_d,anmax+1,anmax+6,1,,360/Z_d
AGLUE,ALL
NUMCMP,ALL
CSYS,0
lsla,all
lsel,R,loc,Z,b_d/2
AL,ALL
lsla,all
lsel,r,loc,Z,-b_d/2
AL,ALL
VA,ALL

allsel
*DEL,kn,,NOPR

/EOF
```

4. 齿轮副的自适应装配

```
p3
!**斜齿轮的装配
!*************************************************************************
allsel
csys,1
VGEN,2,2,,,,360/(Z_d*2),,,,1
VGEN,2,2,,,,180,,,,1
CSYS,0
vgen,2,2,,,a_true,0,0,,,1                    !移动齿轮 2
vgen,2,1,,,0,0,-b1/2,,,1
vgen,2,2,,,0,0,-b2/2,,,1

/EOF
```

5. 有限元建模

```
gearelement

FINISH
/CLEAR
/prep7

/UIS,MSGPOP,3
/input,D:\sdust_gear\post\info\info.txt
/CWD,ANSWS                                        !设置工作目录
!*****************************************************************************
!** 生成主动轮
!*****************************************************************************
/input,D:\sdust_gear\spur_gear\ParameterFiles\para_gears,mac
*ULIB,sdust_gearmodeling,mlib
*use,p6
*if,p_t,eq,0,then
*ULIB,sdust_gearmodeling,mlib
*use,p4
*use,p7

!*****************************************************************************
!** 生成从动轮
!*****************************************************************************
*elseif,p_t,eq,1
*ULIB,sdust_gearmodeling,mlib
*use,p5
*use,p7

!*****************************************************************************
!** 生成两个装配齿轮
!*****************************************************************************
*else                                             !建立两个齿轮
*ULIB,sdust_gearmodeling,mlib
MPTEMP,1,0
MPDATA,EX,1,,em                                   !定义材料的弹性模量
MPDATA,PRXY,1,,pr                                 !定义材料的泊松比
```

```
MPDATA,MU,1,,friction1                   !定义材料的摩擦系数

MPDATA,EX,2,,em2                         !定义材料的弹性模量 2
MPDATA,PRXY,2,,pr2                       !定义材料的泊松比 2
MPDATA,MU,2,,friction2                   !定义材料的摩擦系数 2
MAT,1
*use,p4
*use,p7

/input,D:\sdust_gear\spur_gear\ParameterFiles\flag.txt
*IF,zdlxx,eq,1,then                      !主动轮旋向为逆时针(默认)
ASEL,S,,,anmax+2
ASEL,A,,,anmax+37,anmax+127,30
CM,contmian1,area

*elseif,zdlxx,eq,-1,then
ASEL,S,,,anmax+5
ASEL,A,,,anmax+43,anmax+133,30
CM,contmian1,area

*else
*endif
allsel
ASEL,S,,,anmax+27,anmax+29,2
ASEL,A,,,anmax+55,anmax+145,30
ASEL,A,,,anmax+59,anmax+149,30
CM,contmian2,area
allsel

!*************************************************************************
!** 建立第二个齿轮
!*************************************************************************
MAT,2
*use,p5
*use,p7

/input,D:\sdust_gear\spur_gear\ParameterFiles\flag.txt
*IF,zdlxx,eq,1,then                      !主动轮旋向为逆时针(默认)
```

```
ASEL,S,,,anmax+2
ASEL,A,,,anmax+37,anmax+127,30
CM,targmian1,area

*elseif,zdlxx,eq,-1,then
ASEL,S,,,anmax+5
ASEL,A,,,anmax+43,anmax+133,30
CM,targmian1,area

*else
*endif

allsel
ASEL,S,,,anmax+27,anmax+29,2
ASEL,A,,,anmax+55,anmax+145,30
ASEL,A,,,anmax+59,anmax+149,30
CM,targmian2,area
allsel
*use,p8
*endif
ALLSEL
WPSTYL,,,,,,,,0                              !关闭工作平面
/VIEW,1,1,1,1                                !改变视角为等轴侧视角
/ANGLE,1
/FOCUS,1,AUTO                                !指定焦点位置
/DIST,1                                      !指定视角的距离

/REPLOT
/DIST,1,0.8,1
/REPLOT
*use,ParaReplace
!****************************************
!*use,WGJC

!CHECK,ESEL,WARN
!/RGB,INDEX,100,100,100,0
!/RGB,INDEX,80,80,80,13
!/RGB,INDEX,60,60,60,14
```

```
!/RGB,INDEX,0,0,0,15
!/REPLOT
!/image,save,'D:\sdust_gear\spur_gear\pictures\wgjc',bmp
!*use,wgjcjc
!ALLSEL
!/CMAP
!/REPLOT
!*USE,model                                  !检查是否建立模型
!****************************************
/input,D:\sdust_gear\commonfiles\yzhcl.txt !输出后处理数据
/UIS,DEFA
/eof
```

6. 瞬态啮合仿真分析 APDL 命令流代码

```
tanalysis

MAT,1
nummrg,all
numcmp,all
!********************************
!1 建立模型,并划分网格
!2 识别接触对
!********************************
local,12                                    !定义局部坐标系
local,11,,a_true                            !定义局部坐标系

/GSAV,cwz,gsav,,temp         !将当前的图形设置保存在 cwz.gsav 文件中

ET,3,targe170                               !定义目标单元的类型
ET,4,conta174                               !定义接触单元的类型

!生成目标面
cmsel,s,targmian1,area                      !选择目标面组件 targmian1
type,3                                      !激活单元类型 3
NSLA,S,1                                    !选择面所属的节点
ESLN,S,0                                    !选择节点依附的单元
esurf                                      !在当前选择的单元上覆盖生成单元
```

```
!生成接触面
cmsel,s,contmian1,area             !选择接触面组件 targmian1
type,4                             !激活单元类型 4
keyopt,4,5,3                       !初始调整闭合间隙或减少穿透,
                                   !设定单元类型 4 的关键项 5
NSLA,S,1                           !选择面所属的节点
ESLN,S,0                           !选择节点依附的单元
esurf                              !在当前选择的单元上覆盖生成单元

allsel                             !选择全部图元
/GRES,cwz,gsav                     !从 cwz.gsav 文件中恢复图形设置

!FK=0.5
R,1,,,FK                           !定义法向接触刚度因子
!*********************************
!3 对齿轮内圈表面进行刚化
!*********************************
*GET,nmax1,node,,num,max           !得到当前最大单元的编号

CSYS,11
N,nmax1+1,0,0,0                    !定义接触节点
CSYS,12
N,nmax1+2,0,0,0                    !定义接触节点

/GSAV,cwz,gsav,,temp
MAT,1                              !激活材料属性 1
R,3                                !定义接触对编号(!定义实常数 3)
REAL,3                             !激活实常数 3
ET,5,170                           !定义单元类型 5
ET,6,174                           !定义单元类型 6
KEYOPT,6,12,5                      !设定单元类型 6 的关键项 12,绑定接触
KEYOPT,6,4,2                       !设定单元类型 6 的关键项 4,刚性表面约束
KEYOPT,6,2,2                       !设定单元类型 6 的关键项 2,接触算法为 MPC 算法
KEYOPT,5,2,0                       !设定单元类型 5 的关键项 2,ANSYS 自动约束
KEYOPT,5,4,111111                  !设定单元类型 5 的关键项 4,约束所有自由度
TYPE,5
TSHAP,PILO                         !为目标单元指定 3D 几何表面(引导节点)
E,nmax1+1                          !通过节点生成一个单元
```

```
TYPE,6
cmsel,s,contmian2,area
NSLA,S,1
ESLN,S,0
esurf
ALLSEL
/GRES,cwz,gsav

/GSAV,cwz,gsav,,temp
MAT,1
R,4                                 !定义接触对编号
REAL,4                              !定义生成单元的实常数编号
ET,7,170
ET,8,174
KEYOPT,8,12,5                       !关键定义
KEYOPT,8,4,2
KEYOPT,8,2,2
KEYOPT,7,2,0
KEYOPT,7,4,111111
TYPE,7
TSHAP,PILO                          !定义目标单元的引导节点
E,nmax1+2

TYPE,8
cmsel,s,targmian2,area
NSLA,S,1
ESLN,S,0
esurf
ALLSEL
/GRES,cwz,gsav

! ********************************
!4 定义旋转单元
! ********************************
! * USE,XZMP
ET,9,MPC184                         !定义旋转单元类型
KEYOPT,9,1,6                        !设定单元类型 9 的关键项 1,定义二节点销轴连接
KEYOPT,9,2,0                        !设定单元类型 9 的关键项 2,采用直接去除法
```

```
keyopt,9,4,1                          !设定单元类型 9 的关键项 4,
                                      !MPC 销轴单元以 Z 轴作为旋转轴

sectype,1,joint,revo,master01         !定义截面的类型
secjoint,,11,11                       !选择 I,J 节点的坐标系
SECSTOP,4,,                           !限制 X 旋转局部自由度
SECLOCK,4,,                           !锁定 X 旋转局部自由度

TYPE,9
MAT,2                                 !为随后生成的单元指定材料参考号
REAL,4                                !为随后生成的单元指定实常数参考号
ESYS,0                                !为随后生成的单元指定一个单元坐标系统
SECNUM,1                              !为随后生成的单元指定剖面 ID 号
TSHAP,PILO                            !定义目标单元的引导节点
E,nmax1+1

sectype,2,joint,revo,master02         !定义截面的类型
secjoint,,12,12                       !选择 I,J 节点的坐标系
SECSTOP,4,,
SECLOCK,4,,

TYPE,9
MAT,
REAL,4
ESYS,0
SECNUM,2
TSHAP,PILO
E,nmax1+2

!*********************************
!5 设置材料特性
!*********************************
*GET,emax,elem,,num,max               !得到当前最大单元的编号
!MPTEMP,1,0                           !为材料属性定义一个温度表
!MPDATA,EX,1,,em                      !定义材料的弹性模量
!MPDATA,PRXY,1,,pr                    !定义材料的泊松比
!*********************************************************************
!** 斜齿轮的加载和约束(动态接触分析)
!*********************************************************************
```

```
/SOL                                   !进入求解模块
DJ,emax-1,OMGZ,zdlxx*n*2*pi/60         !主动轮(小齿轮)输入转速
FJ,emax,MZ,ka*zdlxx*1000*9550*p*z2/(z1*n)
                                       !从动轮(大齿轮)输入功率-转矩
ANTYPE,4                               !进行一次瞬态动力学分析

TRNOPT,FULL                            !指定瞬态分析的求解方法为完全法
NLGEOM,ON                              !包含大变形效应
t1=60*0.2/(n*z1)
TIME,t1                                !第一载荷步的时间
AUTOTS,ON                              !打开自动时间步
NSUBST,20,30,15                        !载荷步的多少
OUTRES,ERASE                           !恢复默认设置
OUTRES,ALL,4                           !每隔 4 个子步输出全部数据

*IF,pcgxz,eq,1,then
EQSLV,PCG                              !选用预条件共轭梯度迭代方程求解器
*elseif,parsexz,eq,1
EQSLV,PARSE
*elseif,iterxz,eq,1
EQSLV,ITER
*elseif,frontxz,eq,1
EQSLV,FRONT
*else
*endif

TIMINT,ON                              !打开瞬态响应
KBC,0                                  !指定载荷为递增载荷

/STATUS,SOLU                           !列出求解设置总结
!LSWRITE,1                             !写入载荷步文件载荷步 1
SOLVE                                  !开始求解

/SOL
DJ,emax-1,OMGZ,zdlxx*n*2*pi/60
FJ,emax,MZ,ka*zdlxx*1000*9550*p*z2/(z1*n)
ANTYPE,4
```

```
TRNOPT,FULL
NLGEOM,ON
t2=60 * 3.5/(n * z1)
TIME,t2                              !第二载荷步的时间
AUTOTS,ON
NSUBST,40,50,30                      !载荷步的多少
OUTRES,ERASE
OUTRES,ALL,ALL

*IF,pcgxz,eq,1,then
EQSLV,PCG                            !选用预条件共轭梯度迭代方程求解器
*elseif,parsexz,eq,1
EQSLV,PARSE
*elseif,iterxz,eq,1
EQSLV,ITER
*elseif,frontxz,eq,1
EQSLV,FRONT
*else
*endif

TIMINT,ON
KBC,1                                !指定载荷为阶跃方式

/STATUS,SOLU
!LSWRITE,2                           !写入载荷步文件载荷步 2
!LSSOLVE,1,2,1                       !求解载荷步文件 1,2

SOLVE
finish
```

7. 静接触分析 APDL 命令流代码

```
sanalysis

MAT,1
nummrg,all
numcmp,all
!*********************************
!1 建立模型,并划分网格
!2 识别接触对
!*********************************
```

```
local,12                            !定义局部坐标系
local,11,,a_true                    !定义局部坐标系
/GSAV,cwz,gsav,,temp                !将当前的图形设置保存在 cwz.gsav 文件中
ET,3,targe170                       !定义目标单元的类型
ET,4,conta174                       !定义接触单元的类型
!生成目标面
cmsel,s,targmian1,area              !选择目标面组件 targmian1
type,3                              !激活单元类型 3
NSLA,S,1                            !选择面所属的节点
ESLN,S,0                            !选择节点依附的单元
esurf                               !在当前选择的单元上覆盖生成单元
!生成接触面
cmsel,s,contmian1,area              !选择接触面组件 targmian1
type,4                              !激活单元类型 4
keyopt,4,5,3                        !初始调整闭合间隙或减少穿透,
                                    !设定单元类型 4 的关键项 5
NSLA,S,1                            !选择面所属的节点
ESLN,S,0                            !选择节点依附的单元
esurf                               !在当前选择的单元上覆盖生成单元
allsel                              !选择全部图元
/GRES,cwz,gsav                      !从 cwz.gsav 文件中恢复图形设置
R,1,,,FK                            !定义法向接触刚度因子
! *********************************
!3 对齿轮内圈表面进行刚化
! *********************************
*GET,nmax1,node,,num,max            !得到当前最大单元的编号
CSYS,11
N,nmax1+1,0,0,0                     !定义接触节点
CSYS,12
N,nmax1+2,0,0,0                     !定义接触节点
/GSAV,cwz,gsav,,temp
MAT,1                               !激活材料属性 1
R,3                                 !定义接触对编号(!定义实常数 3)
REAL,3                              !激活实常数 3
ET,5,170                            !定义单元类型 5
ET,6,174                            !定义单元类型 6
```

```
KEYOPT,6,12,5                    !设定单元类型 6 的关键项 12,绑定接触
KEYOPT,6,4,2                     !设定单元类型 6 的关键项 4,刚性表面约束
KEYOPT,6,2,2                     !设定单元类型 6 的关键项 2,接触算法为 MPC 算法
KEYOPT,5,2,0                     !设定单元类型 5 的关键项 2,ANSYS 自动约束
KEYOPT,5,4,111111                !设定单元类型 5 的关键项 4,约束所有自由度
TYPE,5
TSHAP,PILO                       !为目标单元指定 3D 几何表面(引导节点)
E,nmax1+1                        !通过节点生成一个单元

TYPE,6
cmsel,s,contmian2,area
NSLA,S,1
ESLN,S,0
esurf
ALLSEL
/GRES,cwz,gsav

/GSAV,cwz,gsav,,temp
MAT,1
R,4                                        !定义接触对编号
REAL,4                                     !定义生成单元的实常数编号
ET,7,170
ET,8,174
KEYOPT,8,12,5                              !关键定义
KEYOPT,8,4,2
KEYOPT,8,2,2
KEYOPT,7,2,0
KEYOPT,7,4,111111
TYPE,7
TSHAP,PILO                                 !定义目标单元的引导节点
E,nmax1+2

TYPE,8
cmsel,s,targmian2,area
NSLA,S,1
ESLN,S,0
esurf
ALLSEL
/GRES,cwz,gsav
```

```
!**********************************
!4 定义旋转单元
!**********************************
*USE,XZMP
!**********************************
!5 设置材料特性
!**********************************
*GET,emax,elem,,num,max                 !得到当前最大单元的编号
!MPTEMP,1,0                             !为材料属性定义一个温度表
!MPDATA,EX,1,,em                        !定义材料的弹性模量
!MPDATA,PRXY,1,,pr                      !定义材料的泊松比
!**************************************************************************
!** 斜齿轮的加载和约束(静态接触分析)
!**************************************************************************
!**** 定义载荷与求解 *************************

/SOL
FJ,emax-1,MZ,ka*zdlxx*1000*9550*p/n     !设定主动轮的扭矩
DJ,emax,ROTZ,0                          !设定从动轮固定不动
ANTYPE,0                                !设置分析类型为静态分析
NLGEOM,ON                               !考虑大变形
t2=60*3.5/(n*z1)
TIME,t2                                 !设置载荷步终止时间
AUTOTS,ON                               !打开自动时间步开关
NSUBST,ns,nsmax,nsmin                   !设置时间步范围
OUTRES,ALL,ALL                          !输出所有求解结果

*IF,pcgxz,eq,1,then
EQSLV,PCG                               !选用预条件共轭梯度迭代方程求解器
*elseif,parsexz,eq,1
EQSLV,PARSE
*elseif,iterxz,eq,1
EQSLV,ITER
*elseif,frontxz,eq,1
EQSLV,FRONT
*else
*endif
```

```
TIMINT,OFF                              !不使用瞬态效应(即为静态,默认)
KBC,0                                   !指定载荷为递增方式(默认)
/STATUS,SOLU
SOLVE                                   !求解计算
finish

/EOF
```